Linear Integrated Circuit

선형IC

실무 이론

유근형 / 안태원 공저

D.B.Info

머 리 말

PREFACE

반도체 집적 회로(Integrated Circuit) 관련 분야에서 선형 IC(Linear IC)라고 하면, 입력량에 대응하여 출력량이 선형인 특성을 가지며 값이 시간적으로 연속되는 전기 신호의 증폭, 발진, 변환, 연산, 필터링 등의 기능이 있는 아날로그 집적 회로를 의미한다. 흔히 OP Amp라고 부르고 있는 연산 증폭기(Operational Amplifier)가 그 대표적인 예로서 원래 아날로그 컴퓨터에서 덧셈, 뺄셈, 곱셈, 나눗셈, 미분, 적분 등과 같은 연산 작업을 수행하기 위한 기본 소자로 개발된 아날로그 IC이다. 최근에는 디지털 방식으로 초고속의 연산 처리가 가능한 컴퓨터 및 프로세서의 개발로 아날로그 연산의 응용 분야의 범위가 적어진 것이 사실이다. 하지만 우리가 접하게 되는 이 세상의 모든 정보는 기본적으로 아날로그 형태이므로 아날로그 신호를 디지털로 바꾸는 과정 및 디지털 신호를 아날로그로 바꾸는 과정은 필수적이며, 오디오 및 무선 응용 분야에서는 아직도 디지털 방식으로 신호 처리를 수행하는 것 보다는 연산 증폭기를 활용한 응용 회로에 의해 보다 효율적인 구현이 가능한 분야도 많다. 따라서, 연산 증폭기의 기본 및 실무 응용 회로에 대한 이해는 각종 아날로그 IC 관련 분야에 대한 실무 활용 능력 배양에 필수적이다.

본서는 아날로그 IC 응용 회로의 핵심이 되는 연산 증폭기의 기본 개념을 실무적인 관점에서 이해하고, 기본적인 응용 회로 및 실무 회로의 분석을 통한 OP Amp 실무 활용 능력 배양에 중점을 두었다. 본서의 구성은 전자회로의 기초에서 시작하여 연산 증폭기 구조 및 연산 증폭기 기본 응용 회로를 다룬다. 이와 같은 기본 지식을 바탕으로 하여 Active Filter, Noise 및 실제 제품에 적용되는 실무 회로를 소개하여 활용 능력을 높이도록 하였다. 또한 뒷부분에는 아날로그 회로의 가장 주요한 회로 구성 블록인 Power Supply와 발진기에 대한 내용을 포함하였다.

본서의 미흡한 부분은 앞으로도 계속 보완할 예정이며, 본서가 출간되기까지 수고해주신 복두출판사 관계자 여러분의 노고에 감사드린다.

2011년 7월 저자일동

ANALOG AMP로 주로 사용되는 OPERATIONAL AMPLIFILER(OP AMP)에 대해

- 간단한 IC 내부 회로 설계에 대한 해석
- OP AMP IC SPECIFICATION
- OP AMP IC 사용법 및 설계에 대해 주로 다루고
- 그 외에 POWER SUPPLY, SCR, 발진기 등에 대한 설명

Operational Amplifier(OP Amp)는 Analog 신호의 증폭(Amplification)을 쉽게 하기 위해 만들어진 집적회로 IC이다. General Purpose(일반 용도)의 OP Amp인 "4558" 에 대한 예를 아래에 표시하였다.

이 책에서는 IC의 내부 구조 및 활용(Application)에 대해 다룬다.

Dual general-purpose operational amplifier **NE/SA/SE4558**

DESCRIPTION

The 4558 is a dual operational amplifier that is internally compensated. Excellent channel separation allows the use of a dual device in a single amp application, providing the highest packaging density. The NE/SA/SE4558 is a pin-for-pin replacement for the RC/RM/RV4558.

FEATURES

- 2MHz unity gain bandwidth guaranteed
- Supply voltage ±22V for SE4558 and ±18V for NE4558
- Short-circuit protection
- No frequency compensation required
- No latch-up
- Large common-mode and differential voltage ranges
- Low power consumption

PIN CONFIGURATIONS

D and N Packages

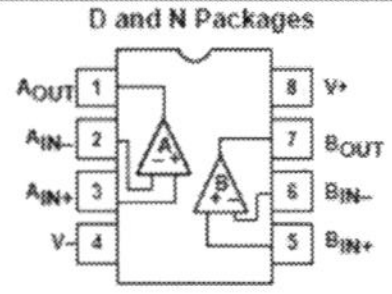

이 책의 구성

CONTENTS

CHAPTER 3 Operational Amplifier 응용 • 84

CHAPTER 1 전자회로의 기초

이 장에서는 Operational Amplifier의 동작을 이해하기 위해 Common Emitter 증폭기, Emitter Follower, AB class Push Pull 회로, Decibel 표현, Miller 효과 등에 대한 간단한 설명을 한다.

1.1 CE(Common Emitter) 증폭기

Transistor 증폭기의 기본형인 CE 증폭기의 증폭률 등을 구한다.

회로 해석은 전압 중첩의 원리를 이용해서 DC는 DC대로, AC는 AC대로 따로따로 계산하여 최종 출력에서 합산을 한다.

Transistor 증폭기의 계산시 정해진 아래의 사실을 적용한다.

- Transistor의 Current gain $\beta(h_{fe}) = \dfrac{I_C}{I_B}$로 대략 100 이상이다.
- Base Emitter 사이는 순방향 전압 $V_{BE} = 0.7\,V(0.6 \sim 0.9\,V)$로 DC 전압은 정해진다.
- AC Emitter 저항은 $r_e = \dfrac{26m\,V}{I_E}$, $h_{ie} = \beta r_e$로 표시되며

AC 계산을 간단히 하기 위해 Transistor는 아래와 같이 저항 전류 소스의 2가지 등가 회로 중 하나로 바꾸어 계산한다.

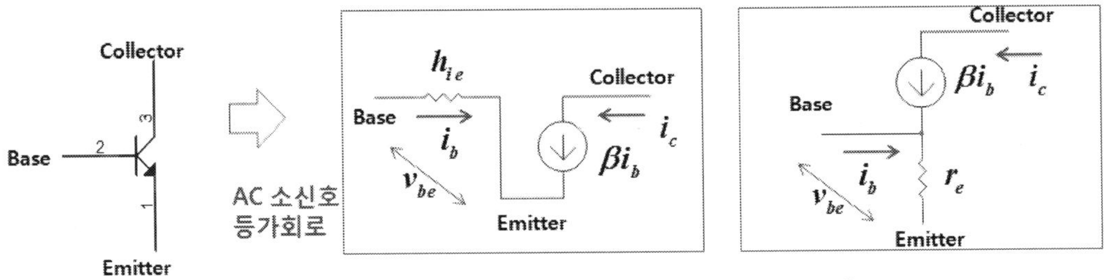

h parameter등가 r_e 등가

Emitter에 저항 있는 Common Emitter(CE) 회로의 대표적인 경우는 아래와 같다.

입력의 AC 신호가 위상은 반전되고 증폭되어서 출력에 크게 나타난다.

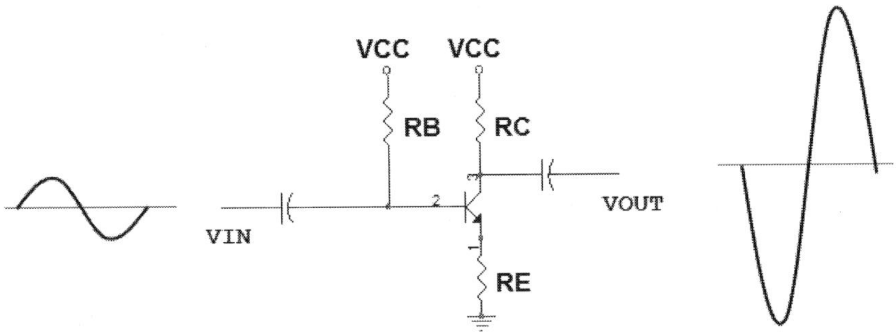

(1) DC 회로 해석 - DC 성분만 계산한다.

Capacitor의 저항은 $1/j\omega C$로 표시되며 주파수 $\omega(2\pi f)$가 작으면 저항이 커진다. DC는 주파수 = "0" 이므로 저항값이 무한대가 되어 "Open" (회로개방)으로 봐도 된다. 아래 회로와 같이 Capacitor 제거한 회로가 된다.

키르호프의 전압 법칙을 사용하면

키르호프 loop 1

$$V_{CC} = I_B R_B + 0.7 + I_E R_E$$
$$= I_B R_B + 0.7 + (1+\beta) I_B R_E$$
$$I_B = \frac{V_{CC} - 0.7}{R_B + (1+\beta)R_E} \approx \frac{V_{CC} - 0.7}{R_B + \beta R_E}, \quad I_C = \beta \times \frac{V_{CC} - 0.7}{R_B + \beta R_E}$$

키르호프 loop 2

$$V_{CC} = I_C R_C + V_{CE} + I_E R_E$$
$$V_{CE} = V_{CC} - (I_C R_C + I_E R_E) = V_{CC} - I_C (R_C + R_E)$$

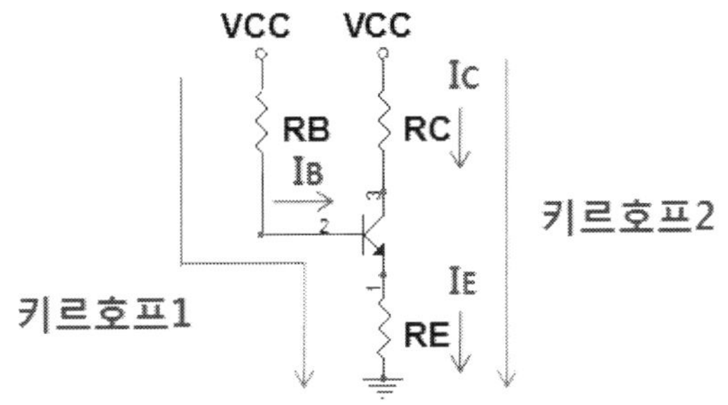

(2) AC 회로 해석 - AC 성분만 계산한다.

Capacitor의 저항은 $1/j\omega C$로 표시되며 주파수 $\omega(2\pi f)$가 커지면 저항이 매우 작아진다. 계산의 편의를 위해 저항이 거의 "0" 라 하고 Short(회로단락)로 가정한다.

DC 전압은 "0 = Ground" 로 취급해도 된다. AC에서는 아래 회로와 같이 된다.

Transistor는 소신호 AC 등가 회로로 바꾸면 Ohm 법칙만 이용해서 계산 가능하다.

키르호프 loop 3

$$v_{in} = i_e r_e + i_e R_E, \quad i_c \times i_e \approx \frac{v_{in}}{r_e + R_E}$$

$$v_{out} = -i_c \times R_C = -\frac{v_{in}}{r_e + R_E} \times R_C$$

전압증폭률 $A_V = \dfrac{v_{out}}{v_{in}} = -\dfrac{R_C}{r_e + R_E}$로 표시된다.

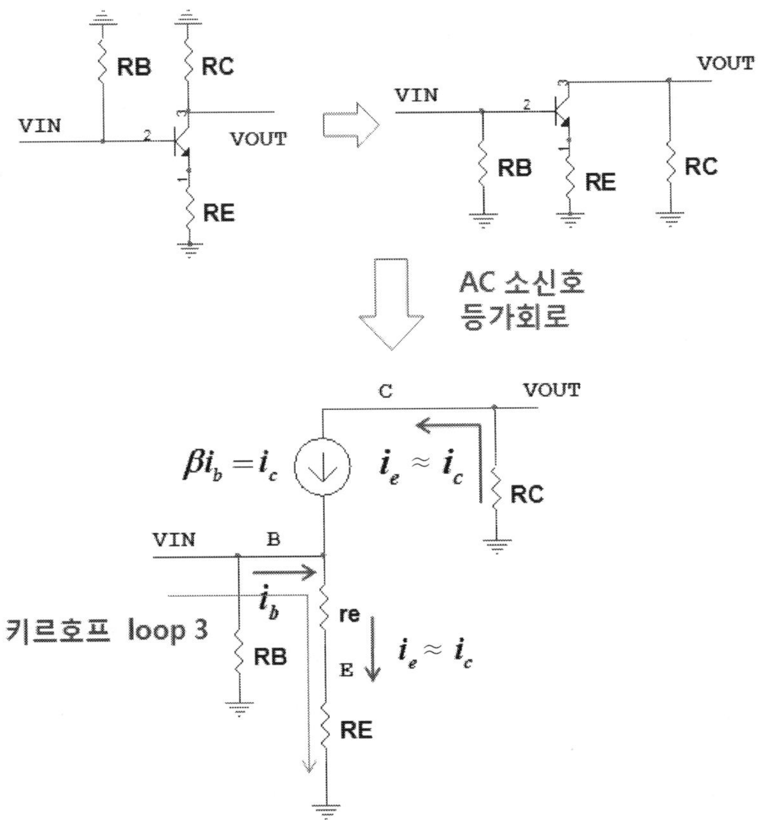

입력 등가 저항은 $Z_{in} = \dfrac{v_{in}}{i_{in}}$로 표시된다.

전류가 다른 R_B과 $(r_e + R_E)$가 같이 있어 단순 병렬로 계산할 수 없다.

$(r_e + R_E)$를 i_b의 전류에 대한 등가 저항을 계산한다.

$$Z_{in(BASE)} = \frac{v_{in}}{i_b} = \frac{i_e(r_e + R_E)}{i_b} \approx \frac{\beta i_b(r_e + R_E)}{i_b} = \beta(r_e + R_E)$$

로 표시된다.

Emitter에 있는 저항을 Base에서 보면 항상 β 만큼 커진다.

따라서 $Z_{in} = \dfrac{v_{in}}{i_{in}} = R_B // Z_{in(BASE)} = \dfrac{R_B \times Z_{in(BASE)}}{R_B + Z_{in(BASE)}}$로 표시된다.

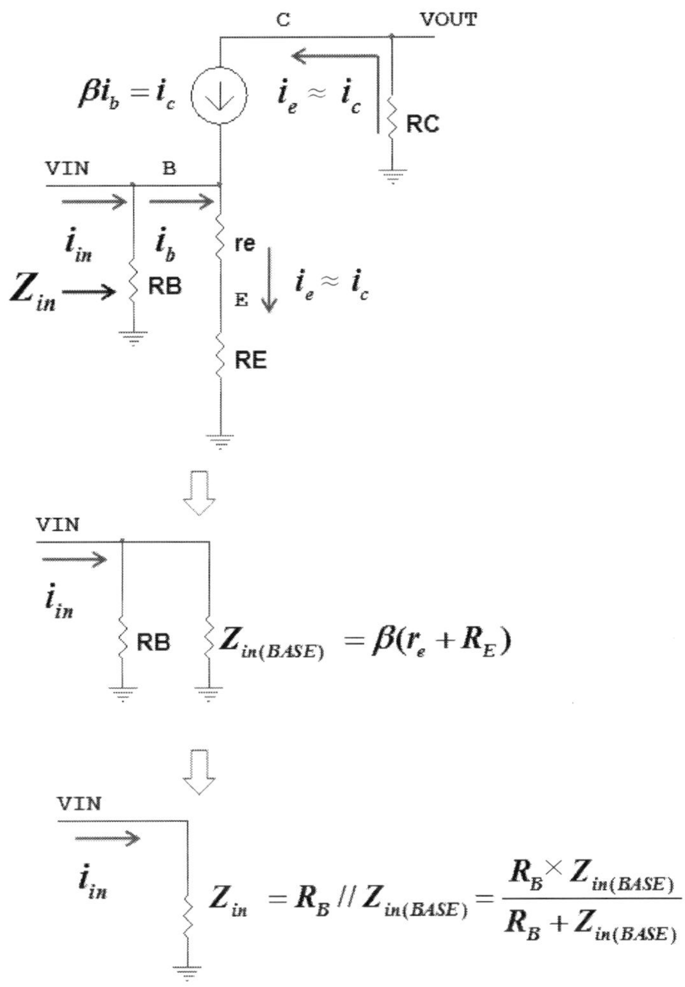

출력 등가 저항은 $Z_{out} = \dfrac{v_{out}}{i_{out}}(v_{in} = 0)$로 표시된다.

입력 v_{in}이 "0V" 일 때 출력에서 본 등가 저항 값을 표시한다.

입력 전압 이 "0" 이면 입력 전류 i_{in}, i_b가 "0" , 따라서 전류 소스 βi_b가 "0" 이 되어 전류 소스가 Open 된 것과 같다.

$$Z_{out} = R_C$$

이 된다.

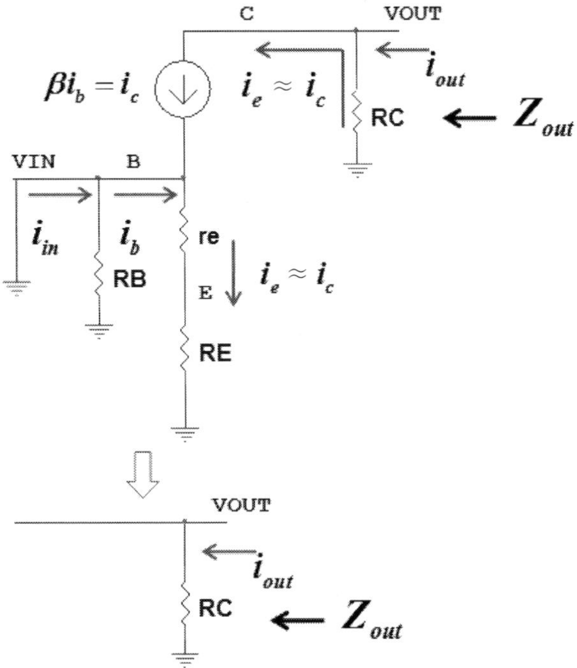

AC 소신호 경우 최종 등가회로는 다음과 같아진다.

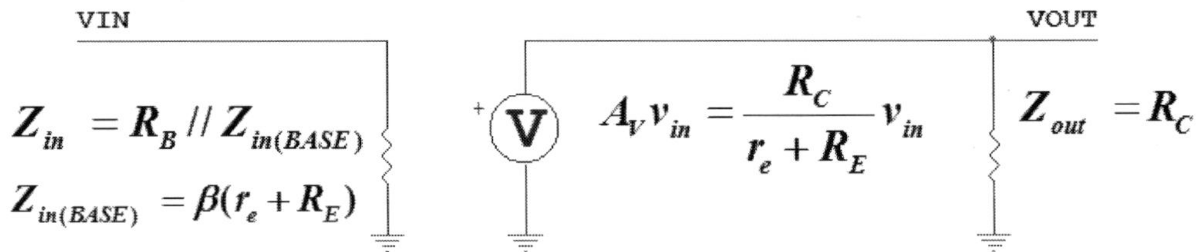

예제 1-1-1

아래 회로의 A_v, Z_{in}, Z_{out}를 등가회로를 이용해서 구하시오.

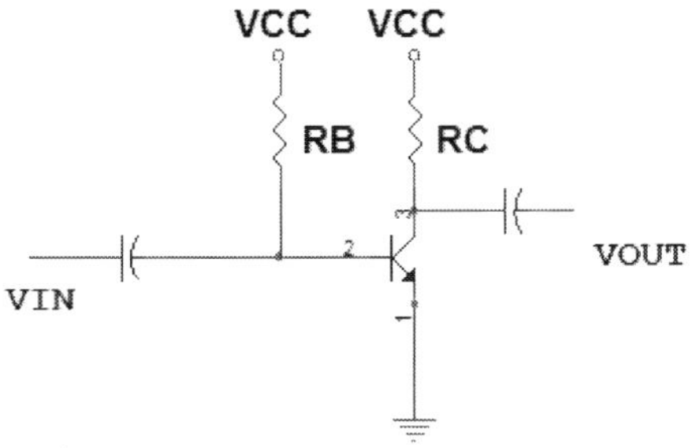

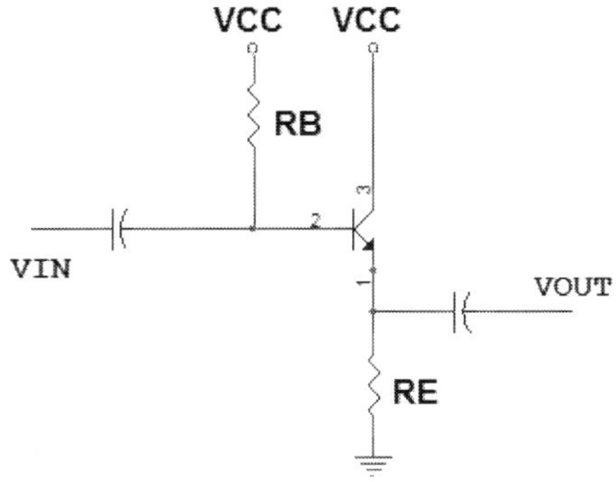

$$A_V = \frac{v_{out}}{v_{in}} = -\frac{R_C}{r_e}$$

$$Z_{in} = \frac{v_{in}}{i_{in}} = R_B // Z_{in(BASE)} = R_B // \beta r_e$$

$$Z_{out} = R_C$$

$$A_V = \frac{v_{out}}{v_{in}} = \frac{R_E}{r_e + R_E} \approx 1$$

$$Z_{in} = \frac{v_{in}}{i_{in}} = R_B // Z_{in(BASE)} = R_B // \beta(r_e + R_E)$$

$$Z_{out} = r_e$$

1.2 Miller 효과

입력과 출력 사이에 저항 Capacitor가 연결되면 계산하기가 쉽지 않다.

우측 Collector Feedback 저항 RF가 달려있는 회로를 보면 쉽지 않음을 알 수 있다.

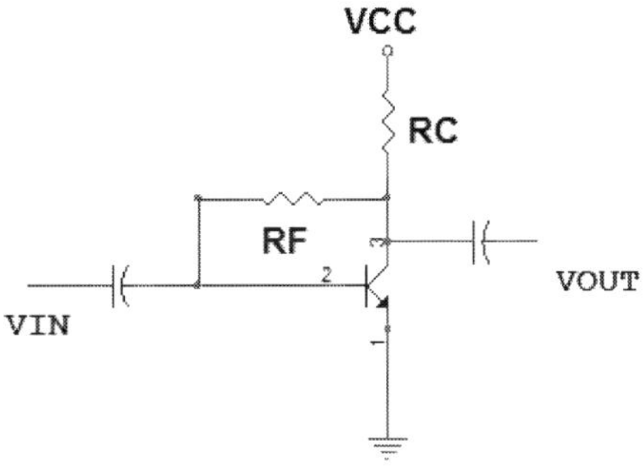

이런 경우 쉽게 계산하기 위한 방법 중 하나가 Miller 효과를 이용하는 것이다.

다음 그림은 입력부와 출력부 사이에 저항 Z_F가 연결되어 있는 경우, 전압 증폭률을 $A_V = \frac{v_{out}}{v_{in}}$이라 하면, 입력 측에서 본 등가 저항은

$$Z_{in(M)} = \frac{V_{in}}{I_{in}} = \frac{V_{in}}{\frac{V_{in} - V_{out}}{Z_F}} = Z_F\left(\frac{V_{in}}{V_{in} - V_{out}}\right)$$

$$= Z_F\left(\frac{1}{1 - \frac{V_{out}}{V_{in}}}\right) = Z_F\left(\frac{1}{1 - A_V}\right)$$

$$\approx \frac{Z_F}{|A_V|} (if \ A_V \gg 1)$$

출력 측에서 본 등가 저항은

$$Z_{out(M)} = \frac{V_{out}}{I_{out}} = \frac{V_{out}}{\frac{V_{out} - V_{in}}{Z_F}} = Z_F\left(\frac{1}{1 - \frac{V_{in}}{V_{out}}}\right) = Z_F\left(\frac{1}{1 - \frac{1}{A_V}}\right)$$

$$\approx Z_F \ (if \ A_V \gg 1)$$

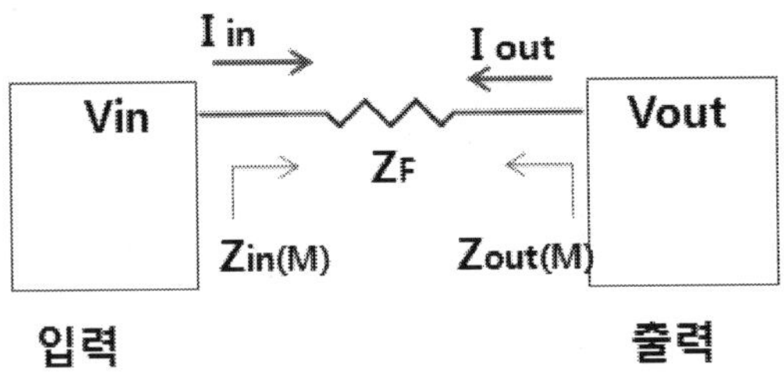

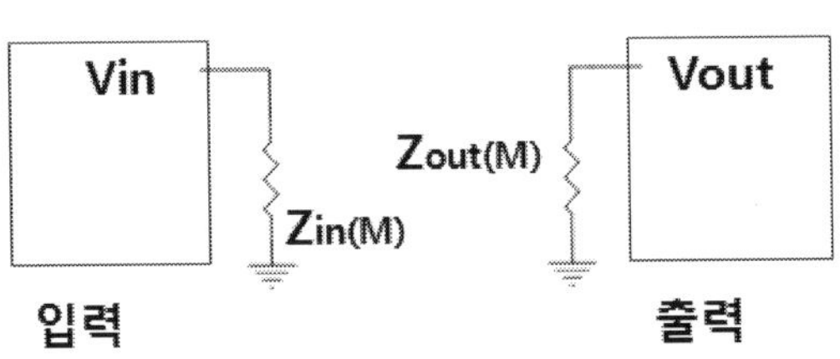

예제 1-2-1

아래 회로에서 등가의 저항 Capacitir 값은?

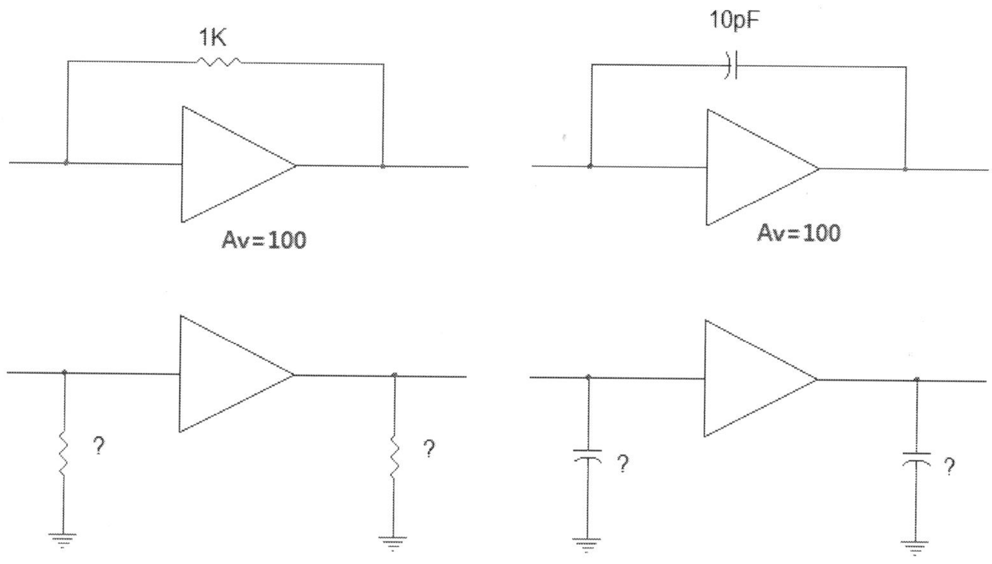

1.3 DeciBel dB 표시

주파수에 따른 증폭률 등을 표시하는 것은 dB(log) 표시가 훨씬 좋다. 특히 통신 관련에서는 대부분의 경우 dB 표시를 한다.

Power의 경우 dB 표시

$$G_{dB} = 10\log_{10}\frac{P_{out}}{P_{in}}$$

전압 전류 경우

$$G_{dB} = 20\log_{10}\frac{V_{out}}{V_{in}}$$

dB 값은 기본적으로 상대적인 값이다. 기준에 대한 값이다.

만약 1mW의 Power가 기준이면

$$dBm = 10\log_{10}\frac{P_{out}}{1m\,W}$$

로 표시한다.

예제 1-3-1
$dB\mu V$는?

1.4 AB급 Push Pull 회로

아래의 그림은 B급 Push Pull 회로이다. 같은 특성의 NPN(Q1) Transistor, PNP(Q2) Transistor와 (+), (-)의 2개의 전원으로 구성된다. RL은 다음 회로의 등가 load 저항을 표시한다.

Q2가 동작하기 위해서는 Base-Emitter 사이에 순방향 전압이 0.7V 이상이 되어야 한다.

Q1이 동작하기 위해서는 Base-Emitter 사이에 순방향 전압이 -0.7V 이하가 되어야 한다.

입력 전압이 0V을 기준으로 Swing하는 Sine Wave라 가정하면 -0.7V ~ 0.7V 사이일 경우에는 Q1, Q2의 B-E 사이에 0.7V 이하의 전압이 공급되어 Q1, Q2는 Off가 된다.

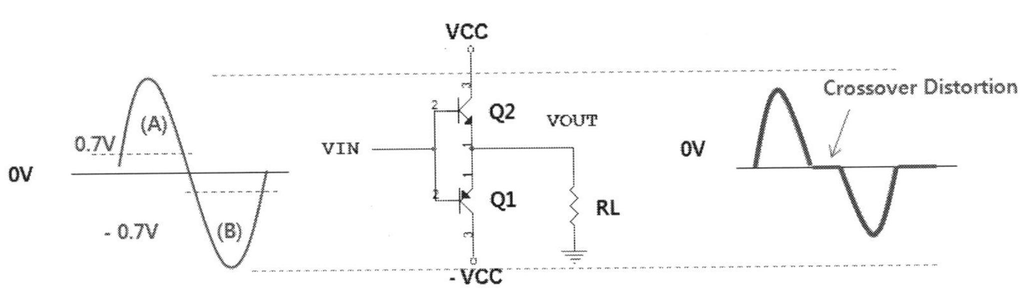

입력이 0.7V 이상인 경우 (A)에는 Q2의 B–E가 0.7V 이상이므로 활성영역에서 동작한다. Q1은 Off.
Emitter Follower와 같다. 즉 Sine의 (+) 부분 중 0.7V만큼 제외한 부분이 출력이 된다.

입력이 –0.7V 이하인 경우 (B)에는 Q1의 B–E가 –0.7V 이하이므로 활성영역에서 동작한다. Q2은 Off.
Emitter Follower 같다. 즉 Sine의 (–) 부분 중 – 0.7V만큼 제외한 부분이 출력이 된다.

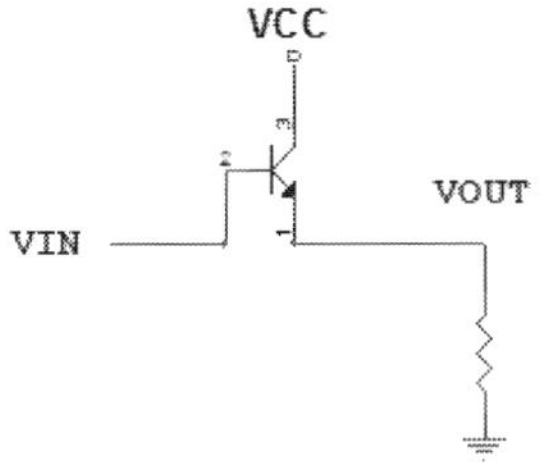

–0.7 ~ 0.7 사이는 출력이 안된다. Crossover Distortion이 발생한다.

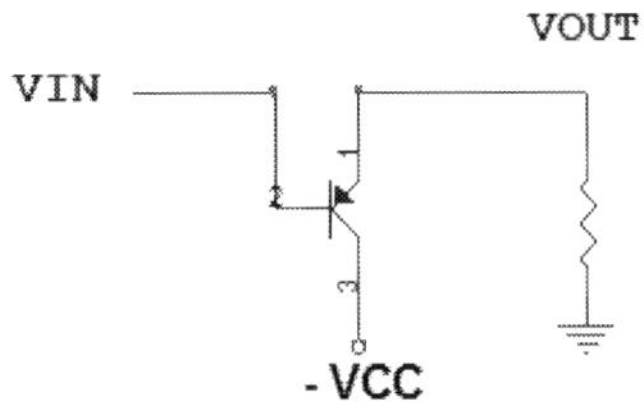

AB급 Push Pull 회로는

B급 Push Pull의 Crossover Distortion을 없애기 위해 TR 앞에 Diode D1, D2을 추가한다.

실제 회로에서는 Diode를 On 시키기 위해 별도의 저항 전류 소스가 첨가되나, 간단히 취급하기 위해 생략한다.

일단 2개의 Diode는 순방향으로 On 되어 있다고 가정한다. Diode 양단에는 0.7V가 인가된 상태이다.

D2의 Anode와 Q2의 Base는 Vin에 비해 0.7V만큼 높아진다.

D1의 Cathode와 Q1의 Base는 Vin에 비해 0.7V 낮아진다.

높아지고 낮아진 0.7V는 Transistor를 On 시켜서 sine wave의 반주기가 제대로 출력이 된다.

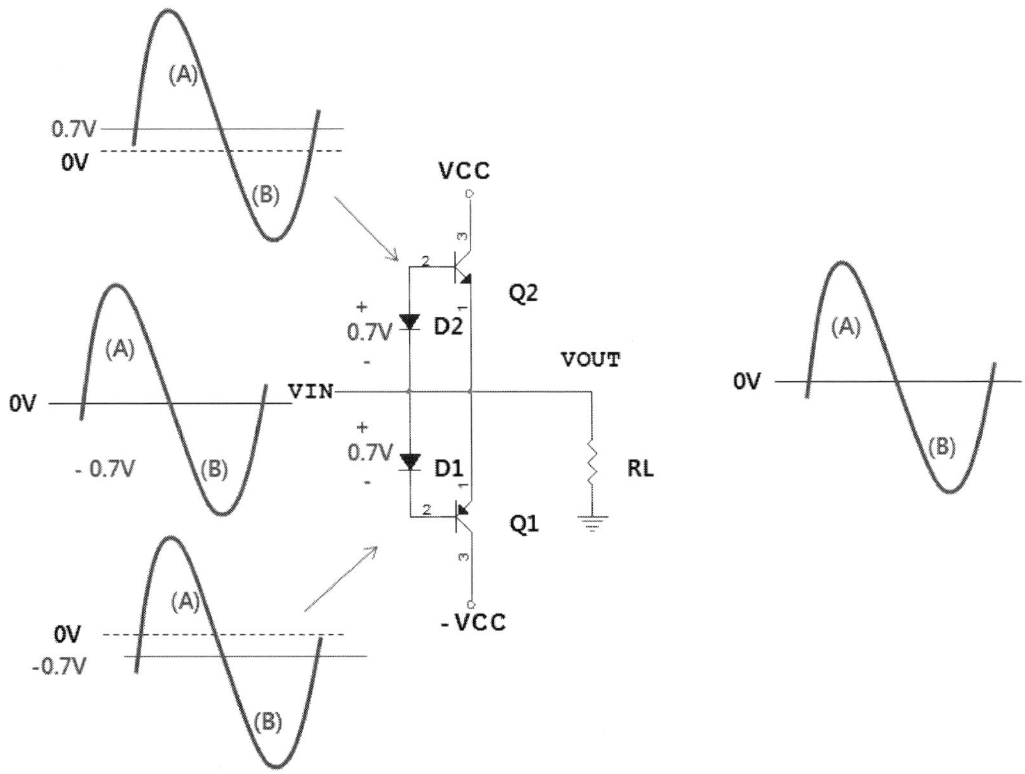

예제 1-4-1

아래 회로에서 Av, Zin, Zout ?

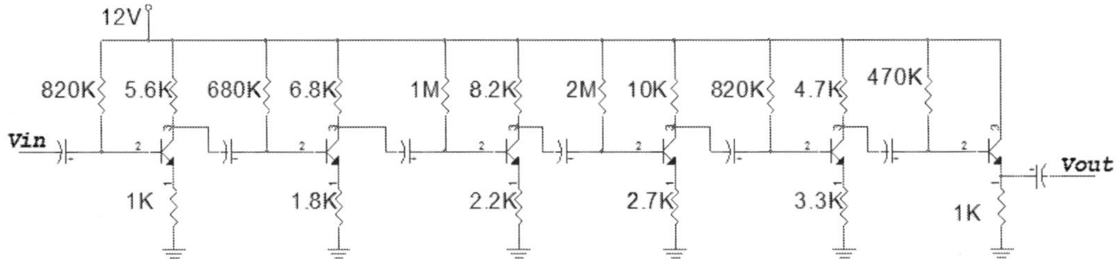

1.5 차동 증폭기(Differential Amplifier)

Differential Amplifier는 Common Noise 제거를 목적으로 만들어진 회로이다.

중요한 특징은 Input이 2개이고 Output도 2개이고, 2개의 차이가 Input Output이 된다. 이상적으로는 똑같은 Transistor와 저항을 사용한다.

입력(Input)의 차이(Differential)가 증폭이 되어 출력(Output)의 차이로 나타난다. (Differential mode)

입력(Input)이 같으면(Common) 차이가 없어져서 출력도 없다. 출력은 "0" 이 된다.(Common mode)

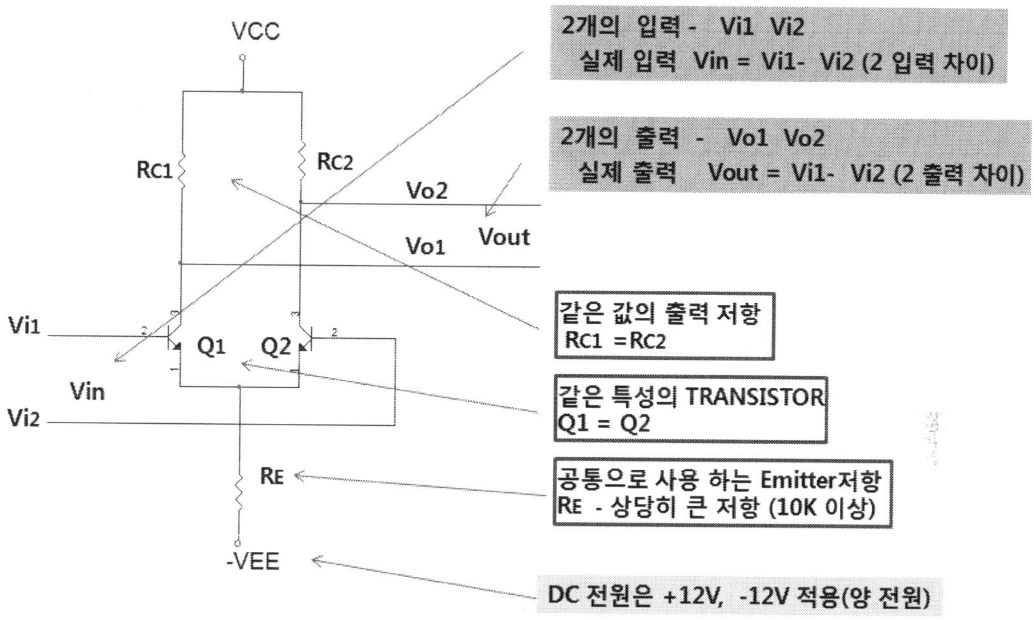

Transistor 증폭기 해석 시에는 DC는 DC대로, AC는 AC대로 해석하여 전압중첩에 의해 더해 주었으나 차동 증폭기(Differential AMP)의 경우는 같은 입력(Common mode, 공통 모드)과 다른 입력(Differential mode, 차동 모드)으로 해석한다.

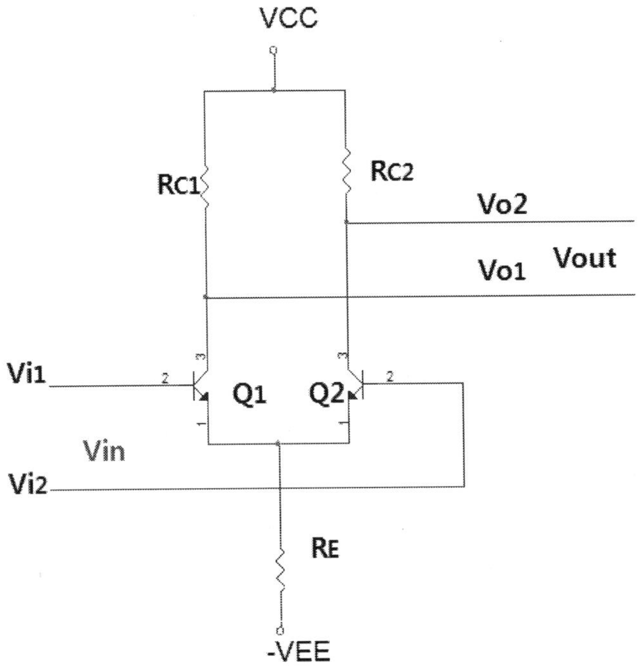

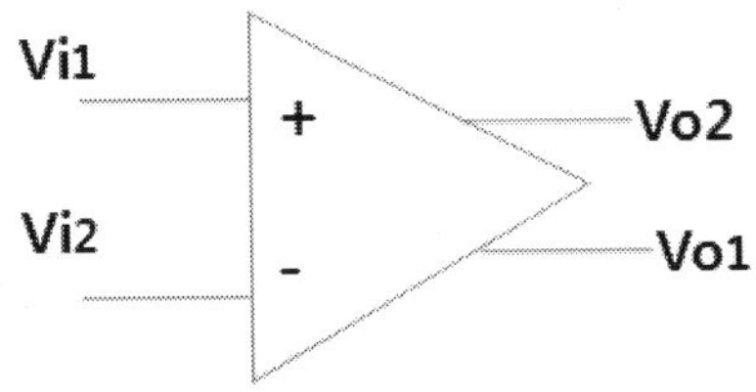

차동 증폭기 Symbol

예를 들어 $V_{i1} = 3V$가 $V_{i2} = 1V$인 경우는 DC AC 상관없이

$$V_{i1} = 2V + 1V = 3V$$
$$V_{i2} = 2V - 1V = 1V$$

로 표시 가능하고 앞의 2V는 두 입력에 같이 인가되므로 Common mode, 입력인 V_c로, 뒤의 1V는 (+), (−)로 다르게 인가되므로 Differential mode 입력 V_d로 표시 가능하다. 위의 입력을 V_c와 V_d로 표시하면

$$V_{i1} = 2V + 1V = V_c + V_d$$
$$V_{i2} = 2V - 1V = V_c - V_d$$

로 표시된다.

임의의 2개의 입력에 대해

$$V_c = (V_{i1} + V_{i2})/2$$
$$V_d = (V_{i1} - V_{i2})/2$$

로 표시 가능하다.

$$V_{in} = V_{i1} - V_{i2} = 2V_d$$

로 표시된다.

예제 1-5-1

V_c, V_d로 표기하기

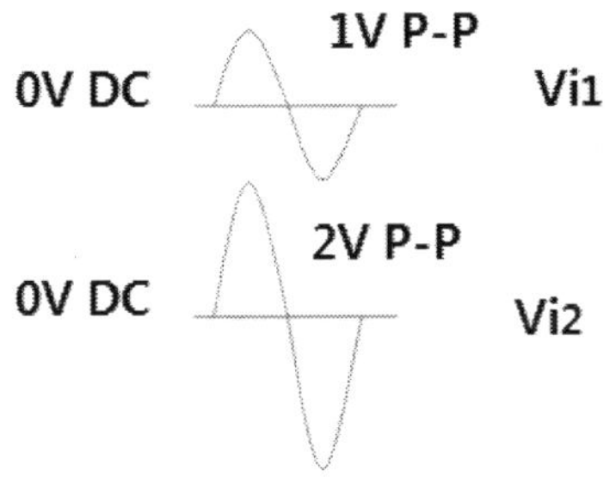

$V_c =$

$V_d =$

$V_{i1} =$

$V_{i2} =$

$V_{in} =$

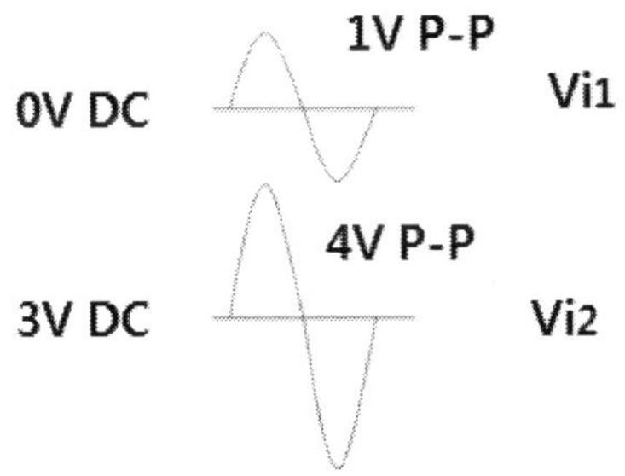

$V_c =$

$V_d =$

$V_{i1} =$

$V_{i2} =$

$V_{in} =$

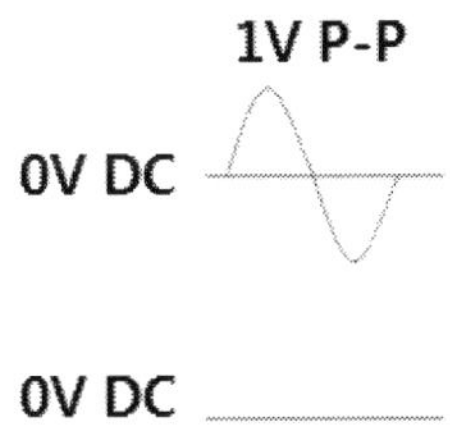

$V_c =$

$V_d =$

$V_{i1} =$

$V_{i2} =$

$V_{in} =$

1.5.1 COMMON MODE 시의 해석 -같은 입력 Vc

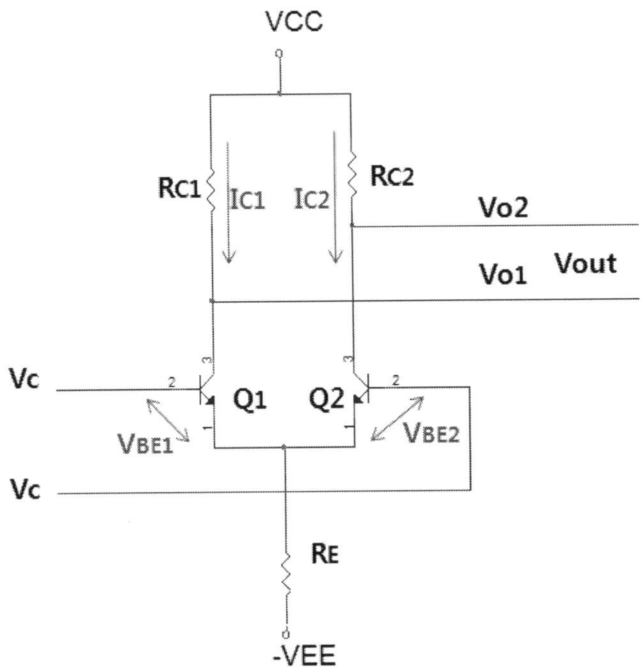

TR 기본식은 아래의 두 식이다.

$$I_E = I_o(e^{\frac{eV_{BE}}{kT}} - 1)$$

$$I_C = \beta I_B$$

Q_1, Q_2의 B-E 사이 전압 $V_{BE1} = V_{BE2}$가 같으므로 Q_1, Q_2의 Collector 전류인 $I_{C1} = I_{C2}$도 같아진다.

출력 전압 $V_{o1} = V_{CC} - I_{C1}R_{C1}$

$V_{o2} = V_{CC} - I_{C2}R_{C2}$

결국 출력 $V_{out} = V_{o1} - V_{o2} = 0$과 같이 된다.

TR과 저항 R이 완전히 똑같으면 Output $V_{out} = 0$가 된다.

실제로는 오차가 존재한다. 저항은 5% 정도, TR은 오차가 더 크다. 출력은 매우 적으나 "0"이 아니다. 이렇게 저항, TR의 오차에 의해 나오는 출력 전압을 Offset Voltage라고 한다.

등가 회로는 전압 전류의 값이 같게 만들어지는 회로를 의미한다. Common mode시 해석을 쉽게 하기 위해 등가회로를 구한다. Emitter의 전압 전류를 똑같이 만들어, TR을 2개로 분리하면 앞의 CE 회로 해석을 이용해서 쉽게 해석 가능하다.

Emitter 저항 R_E에 흐르는 전류 $I_{RE} = I_{C1} + I_{C2} = 2I_{C1}$이다.

Q1 TR Emitter에서

$$전류 = I_{C1}$$
$$전압 = 2I_{C1} * R_E = I_{C1} * (2R_E)$$

로 표시 가능하다.

Q1 TR Emitter에는 I_{C1} 전류 흐를 때 전압 조건을 맞추어 주기 위해 저항이 $2R_E$가 있다고 하면 된다.

Q2도 마찬가지이다. 따라서 등가 회로는 우측과 같아지고 Emitter에 저항 있는 CE 회로 2개로 나타난다.

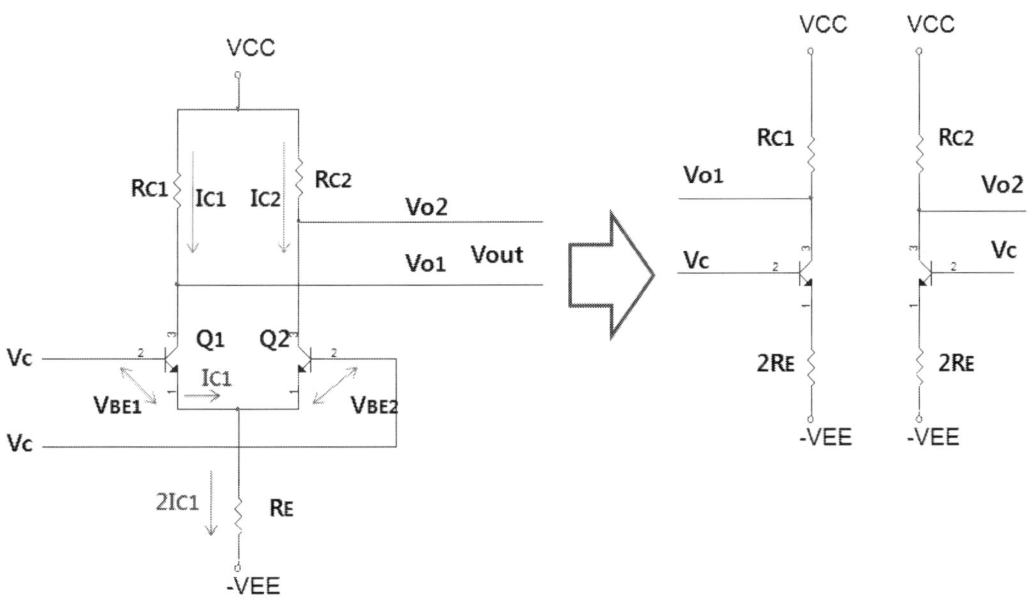

각 TR의 증폭률은 $A_V \approx -\dfrac{R_C}{2R_E}$ 이고

TR과 저항이 같으면 Output은 "0" 이다.

1.5.2 Differential mode시의 해석 - 다른 입력 Vd

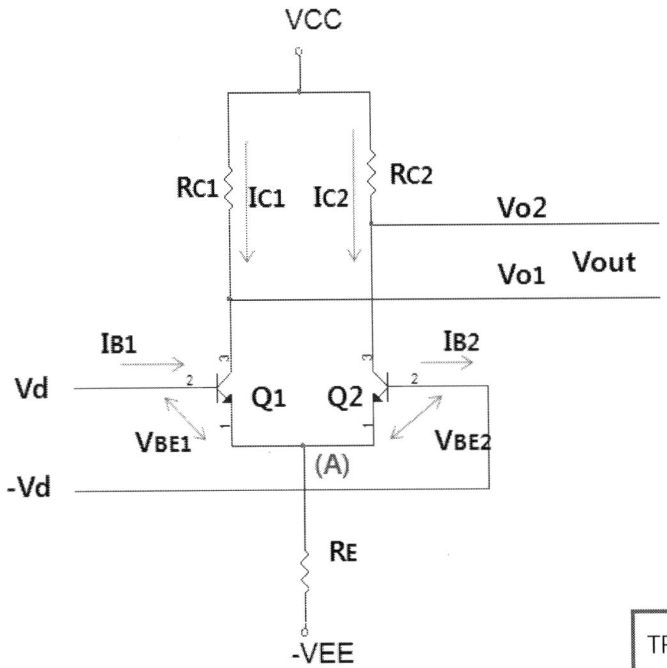

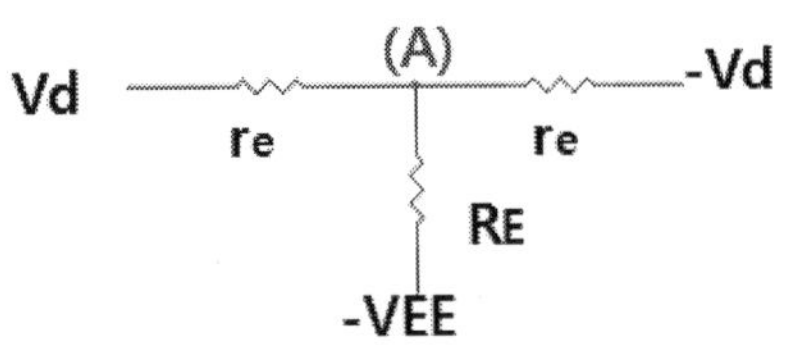

(A) 점에서의 등가회로

TR 기본식은 아래의 두 식이다.

$$I_E = I_o(e^{\frac{eV_{BE}}{kT}} - 1)$$

$$I_C = \beta I_B$$

위의 그림은 Emitter의 등가회로이다. TR의 Base Emitter 사이에 r_e 저항을 표시한다.

R_E는 10KΩ 이상 r_e는 10Ω 정도이다. R_E 저항이 너무 커서 무시 가능하다. Emitter 전압(A)는 거의 0V이고 $V_{BE1} = V_d$, $V_{BE2} = -V_d$가 된다.

Common mode 전류가 있기 때문에 I_{B1}은 커지고 I_{B2}는 작아지고로 표시할 수 있다. Differential mode의 전류는 $IB_1 = \Delta I$, $I_{B2} = -\Delta I$로 표시가 가능하다.

따라서

$$I_{C1} = \beta \Delta I, \quad I_{C2} = -\beta \Delta I$$

$$V_{O1} = V_{CC} - I_{C1}R_{C1} = V_{CC} - \beta \Delta I R_{C1}$$

$$V_{O2} = V_{CC} - I_{C2}R_{C2} = V_{CC} + \beta \Delta I R_{C1}$$

결국 출력 $V_{out} = -2\beta\Delta I R_{C1}$이 되어 **차이(Different)만 출력된다.**

등가 회로는 전압 전류의 값이 같게 만들어지는 회로를 의미한다. Differential mode시 해석을 쉽게 하기 위해 등가회로를 구한다. Emitter의 전압 전류를 똑같이 만들어 TR을 2개로 분리하면 앞의 CE 회로 해석을 이용해서 쉽게 해석 가능하다.

Emitter 전압(A)의 전압이 "0V" 이므로 Emitter을 Ground 시킬 수 있고, 우측과 같이 2개의 TR로 나눌 수 있다.

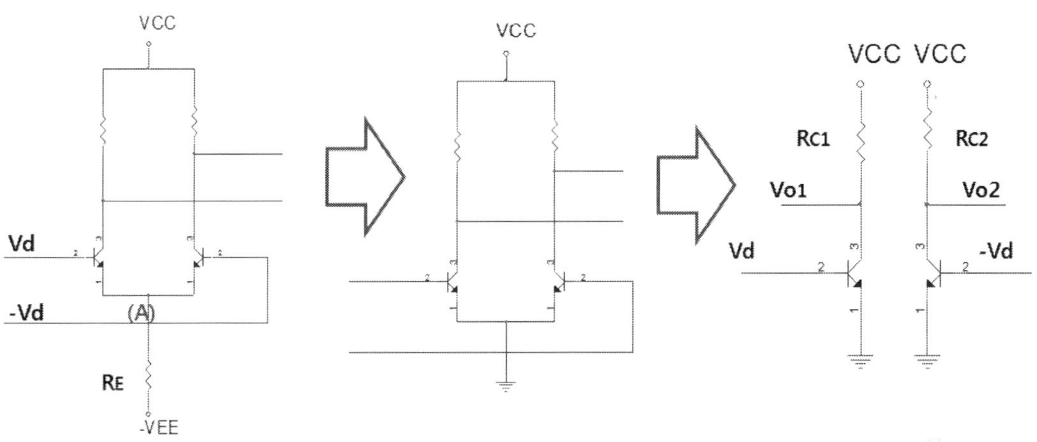

각 출력전압은 $V_{o1} \approx -\dfrac{R_C}{r_e}v_d$, $V_{o2} \approx -\dfrac{R_C}{r_e}(-v_d)$로 나타나고

최종 출력전압은 $V_{out} = V_{o1} - V_{o2} = -2\dfrac{R_C}{r_e}v_d = -\dfrac{R_C}{r_e}V_{in}$로 표시할 수 있다.

차이(Different) 만이 증폭되어 출력된다.

Differential input 입력시의 각 부분 파형은 아래와 같다.

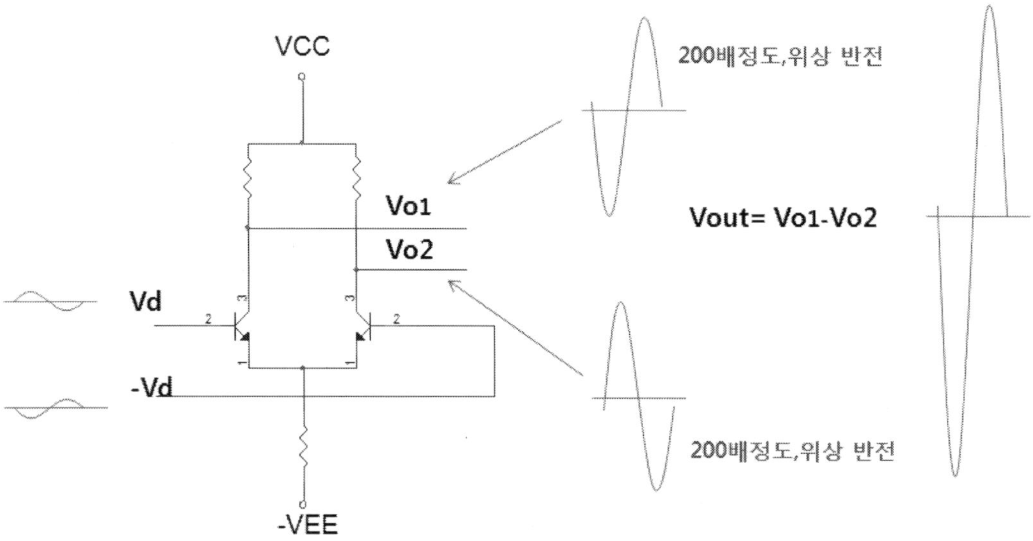

(+), (-)의 차동 입력이 인가되면 출력은 각각 입력과 위상이 반전된 출력이 나온다. 증폭률이 보통 200배 이상 된다.

출력 V_{out}은 출력 2개의 차이에 의해 나타나고 2배만큼 커진다.

예제 1-5-2

각 부분의 파형 그리기

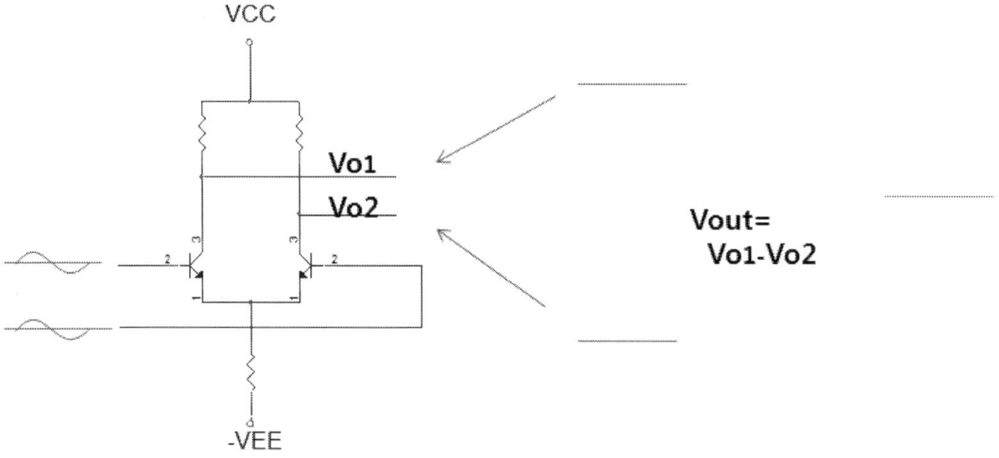

예제 1-5-3
각 부분의 파형 그리기

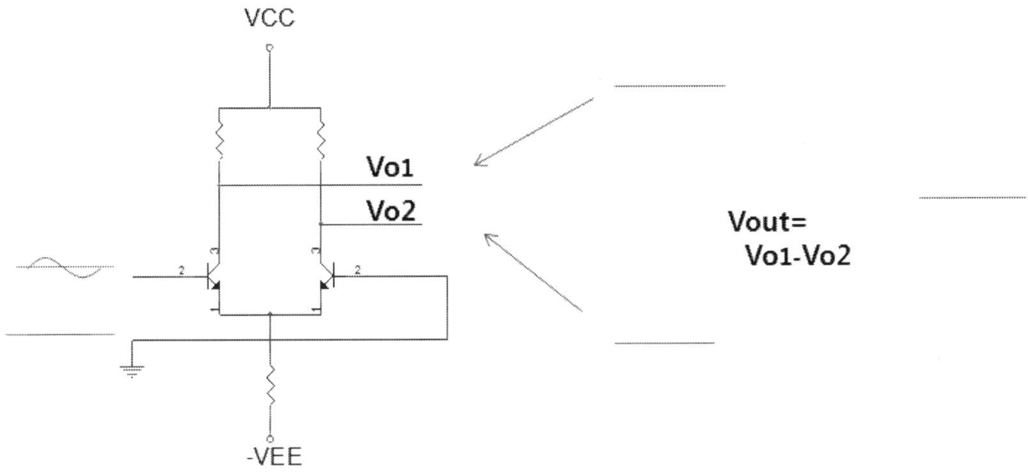

1.5.3 Differential Amplifier와 CE 회로 차이점

Differential Amplifier는 Common mode 입력이 출력에 나타나지 않게 한다. 공통모드 입력은 회로에 필요없는 Noise가 대부분이다. 즉 Noise 제거를 통해 보다 좋은 성능의 증폭기를 만들 수 있다.

일반적으로 Power Supply에서 공급되는 5V, GND을 Oscilloscope로 보면 아래와 같이 Noise가 포함되어 있음을 알 수 있다.

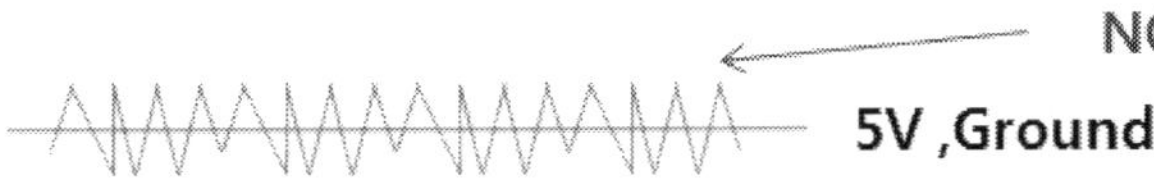

해석을 위해 $V_{CC} = V_{CC} + \Delta N$(NOISE)라 표시하고, V_{CC}로 차동 증폭기와 CE 회로에 입력이 되면

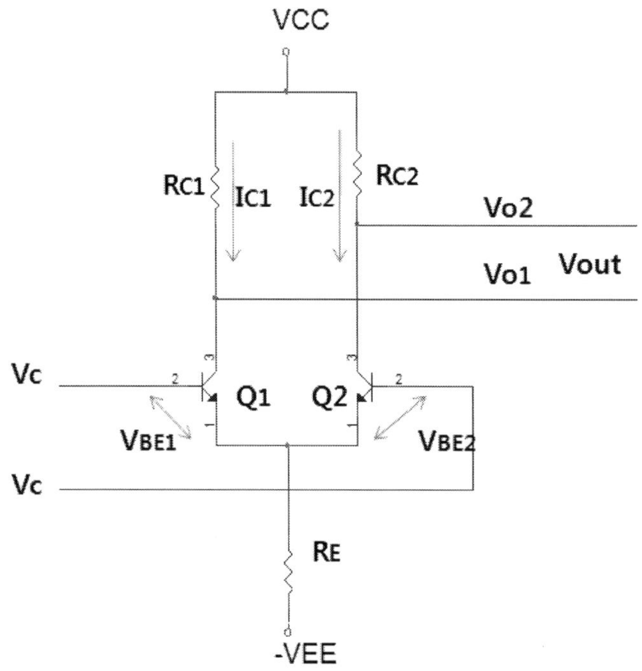

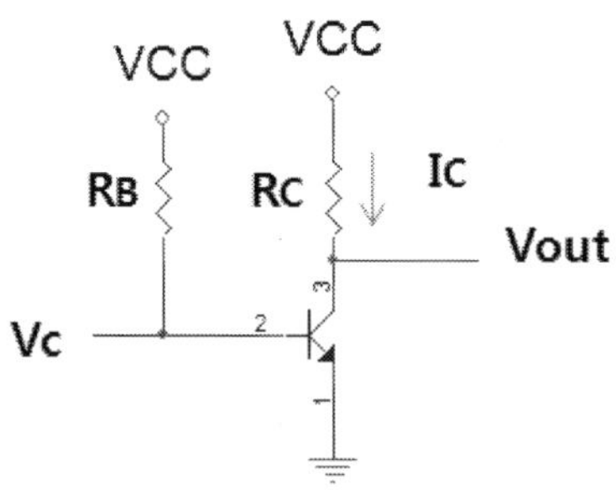

Differential Amplifier 출력 전압은

$$V_{o1} = (V_{CC} + \Delta N) - I_{C1}R_{C1}$$

$$V_{o2} = (V_{CC} + \Delta N) - C_2 R_{C2}$$

$$V_{out} = V_{o1} - V_{o2} = 0$$

과 같아 출력에 Noise ΔN이 제거된다.

- Common Mode Rejection

CE 회로는

$$V_{out} = (V_{CC} + \Delta N) - I_C R_C$$

으로 출력에 Noise ΔN이 제거가 안 된다.

입력신호 AC인 경우 Oscilloscope로 보면 우측과 같이 Noise가 있다.

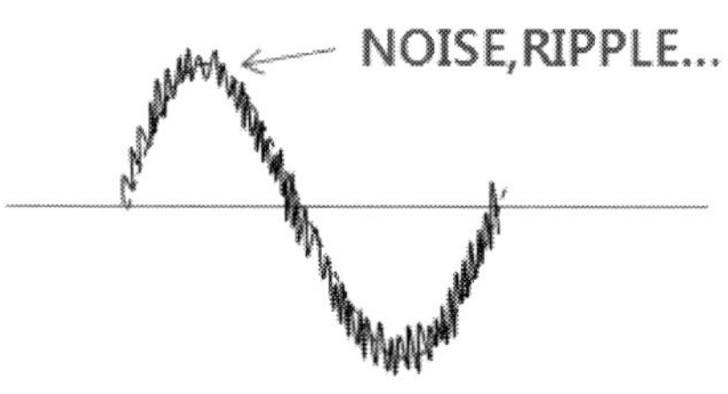

보통의 경우 위와 같은 NOISE는 입력 두 개(V_C)에 거의 같은 정도로 인가되는 것이 보통이다.(Common mode Noise)

입력 V_C에 포함된 Noise 성분(ΔV)은 Base 전류 $I_B(\Delta I)$에 나타나고, 증폭되어 Collector 전류 $I_c(\Delta N)$에도 나타난다.

$$V_c = V_c + \Delta V \;\rightarrow\; I_B = I_{B1} + \Delta I \;\rightarrow\; I_C = I_{C1} + \Delta N(\text{noise})$$

로 표시할 수 있다.

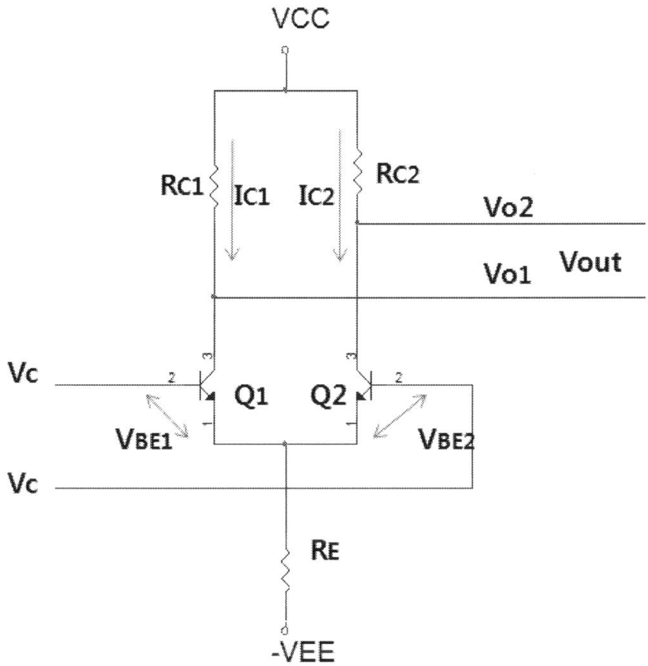

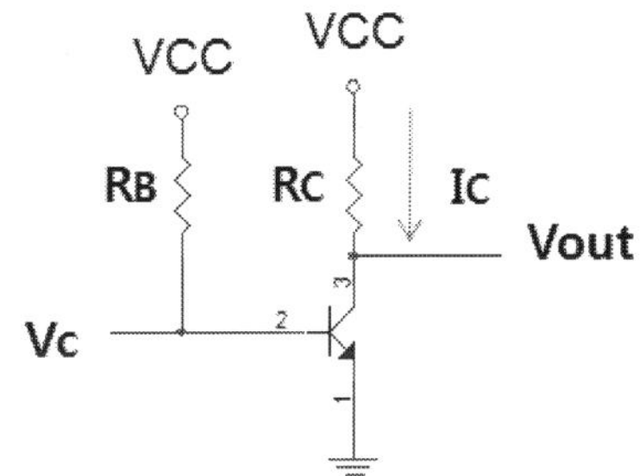

Differential Amplifier 출력 전압은

$$V_{o1} = V_{CC} - (I_{C1} + \Delta N)R_{C1}$$
$$V_{o2} = V_{CC} - (I_{C2} + \Delta N)R_{C2}$$
$$V_{out} = V_{o1} - V_{o2} = 0$$

와 같아 출력에 Noise가 제거된다.

–Common Mode Rejection

CE 회로는

$$V_{out} = V_{CC} - \beta(I_C + \Delta N)R_C$$

으로 출력에 Noise가 제거가 안된다.

1.5.4 공통 모드 제거비 (Common Mode Rejection Ratio–CMRR)

입력을 같은 Common Mode 입력과 다른 Differential mode 입력으로 나누어 계산하므로 출력전압을

$V_{out} = A_c V_c + A_d V_d$ ($V_d = V_{i1} - V_{i2}$ 앞의 V_d의 2배 의미)

A_c는 Common Mode 전압 증폭률

A_d는 Differential Mode 전압 증폭률

로 표시 가능하다.

이상적인 경우, Transistor와 저항이 완벽히 똑같으면 $A_c = 0$가 되나, 실제론 Transistor와 저항의 오차로 A_c가 '0'이 아니다. Common mode도 출력이 나온다. Amp 특성을 좌우하는 Parameter 중 Common mode을 얼마나 제거하느냐 하는 것은 매우 중요하다. 이것을 표시하는 것이 공통 모드 제거 비 CMRR이다.

공통 모드 제거 비 $CMRR = A_d / A_c$

로 표시한다.

일반적으로 상업용 OP AMP IC 경우 80dB 이상($= 10^4$)이다.

예제 1-5-4

아래 경우 CMRR은?

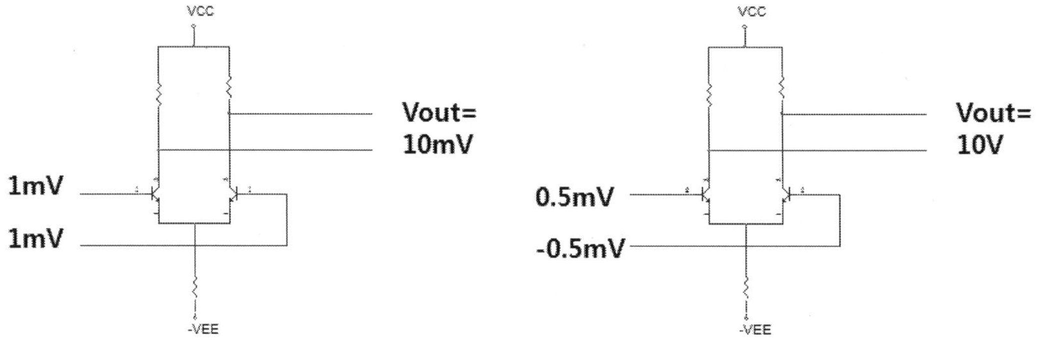

앞의 등가 회로를 이용한 CMRR의 계산은 아래와 같다.

Differential mode의 경우

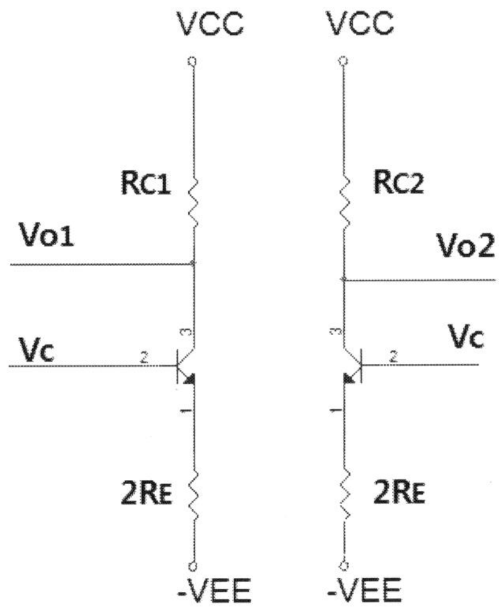

증폭률은 $A_V \approx -\frac{R_C}{2R_E}$이므로 저항의 오차가 5%일 경우 출력은

$$V_{out} = \frac{R_C}{2R_E}Vc - \frac{R_C}{2R_E}*(1+0.05)Vc$$

$$= \frac{R_C}{2R_E}(0.05)V_c \rightarrow A_c = \frac{V_{out}}{V_c} = \frac{R_C}{2R_E}(0.05)$$

Common mode의 경우

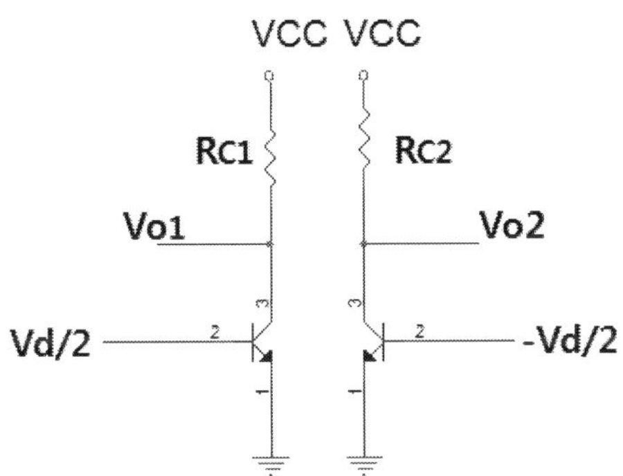

증폭률은 $A_V \approx -\frac{R_C}{r_e}$이므로

$$V_{out} = \frac{R_C}{r_e}\left(\frac{V_d}{2}\right) - \frac{R_C}{r_e}\left(-\frac{V_d}{2}\right)$$

$$= \frac{R_C}{r_e} V_d \quad \rightarrow \quad A_d = \frac{V_{out}}{V_d} = \frac{R_C}{r_e}$$

$$CMRR = \frac{A_d}{A_c} = \frac{\frac{R_C}{r_e}}{\frac{R_C}{2R_E} * (0.05)} = \frac{2R_E}{r_e} * \frac{1}{\text{오차율}}$$

예제 1-5-5

CMRR을 좋게 하려면?

1.5.5 Offset voltage

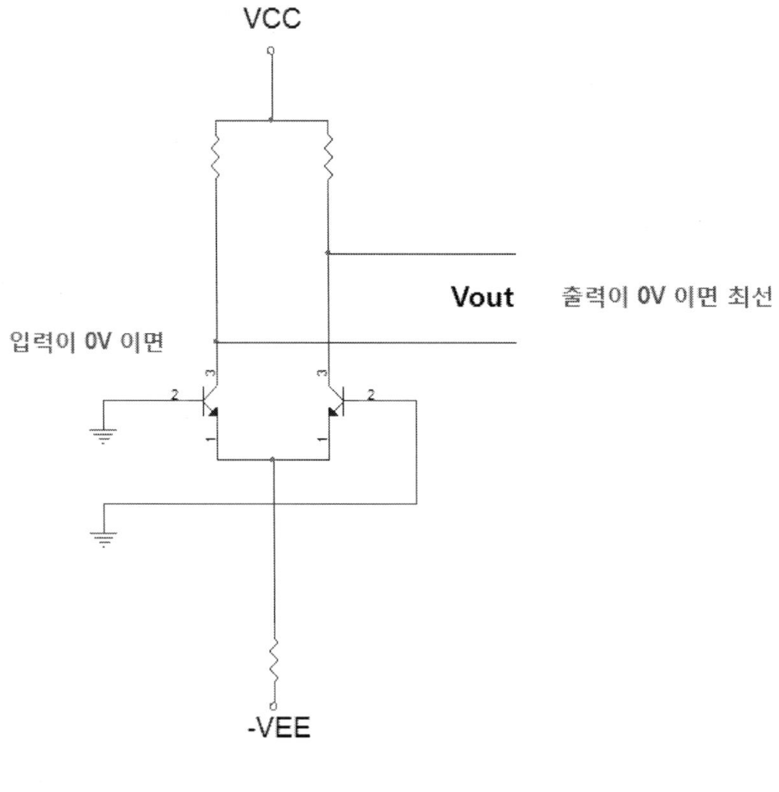

1 2 3 4 5 6 7 8

입력 2개를 전부 ground(0V)을 인가한 경우에도 출력전압은 나타난다.

이상적인 경우 Transistor와 저항 R이 정확히 같으면, 출력 V_{out}은 "0V" 이어야 한다.

실제 경우는 오차가 존재한다. 대부분의 Differential amp에서는 거의 0V에 가깝다.

이와 같이 나타나는 전압을 Offset 전압이라 한다. 출력 전압이 작게 나오는 경우, Offset 전압의 영향은 매우 심각하다.

예제 1-5-6

TR 저항 오차율 = 10%라 할 때 CMRR? 단, r_e=40Ω 이라 가정.

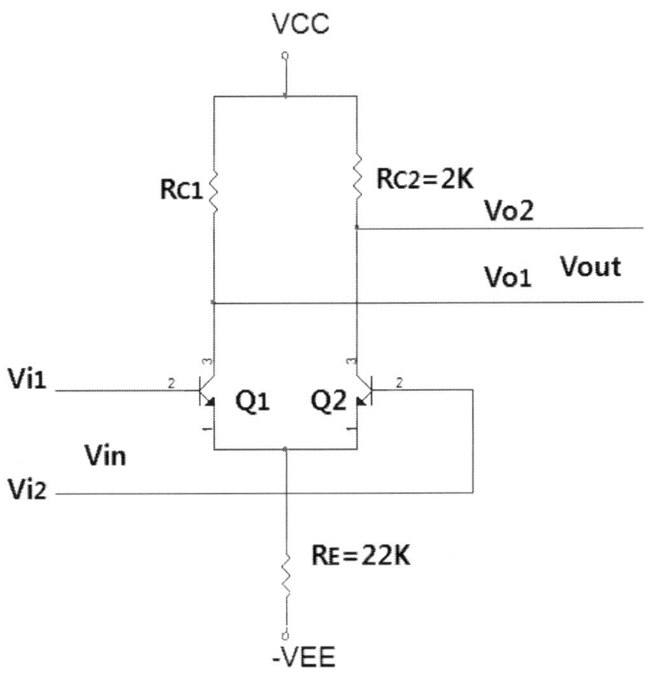

연습 1-5-6

TR 저항 오차율 = 1%라 할 때 CMRR? 단, r_e=40Ω 이라 가정.

문제풀이 | ANSWER

Linear IC

예제 1-1-1

아래 회로의 A_V, Z_{in}, Z_{out}를 등가회로를 이용해서 구하시오.

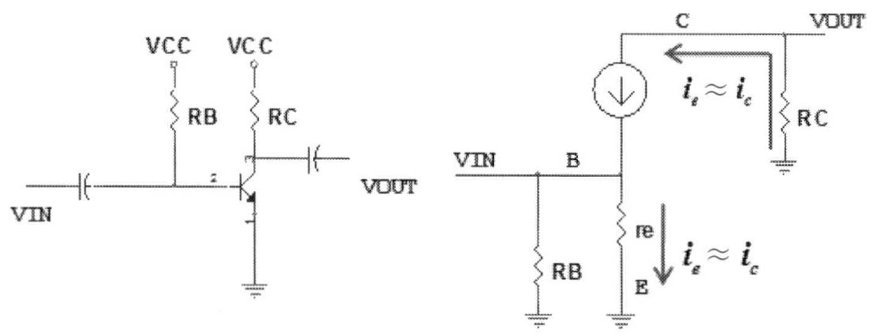

$$v_{in} = i_e r_e, \quad i_c \approx i_e = \frac{v_{in}}{r_e}$$

$$v_{out} = -i_c \times R_C = -\frac{v_{in}}{r_e} \times R_C$$

$$A_V = \frac{v_{out}}{v_{in}} = -\frac{R_C}{r_e}$$

$$Z_{in} = \frac{v_{in}}{i_{in}} = R_B // Z_{in(BASE)} = R_B // \beta r_e$$

$$Z_{out} = R_C$$

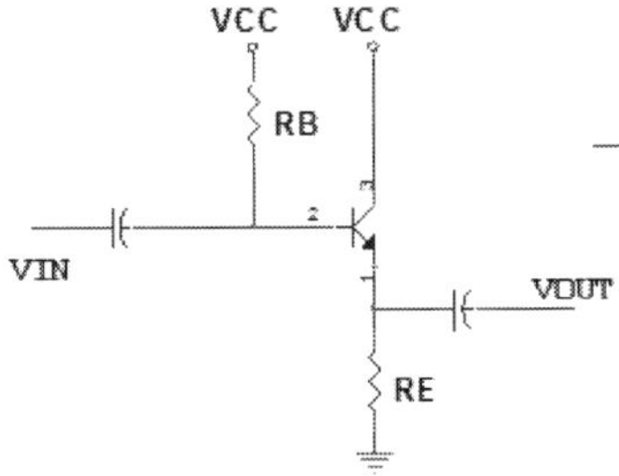

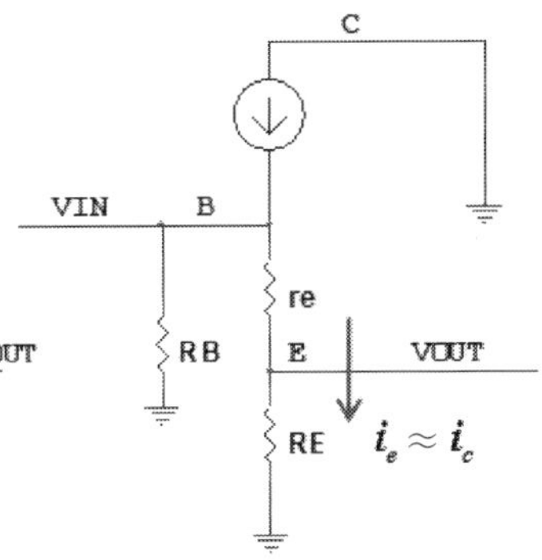

$$v_{in} = i_e r_e + i_e R_E, \quad i_c \approx i_e = \frac{v_{in}}{r_e + R_E}$$

$$v_{out} = -i_e \times R_E = -\frac{v_{in}}{r_e + R_E} \times R_E$$

$$A_V = \frac{v_{out}}{v_{in}} = -\frac{R_C}{r_e + R_E} \approx 1$$

$$Z_V = \frac{v_{out}}{i_{in}} = R_B // Z_{in(BASE)} = R_B // \beta(r_e + R_E)$$

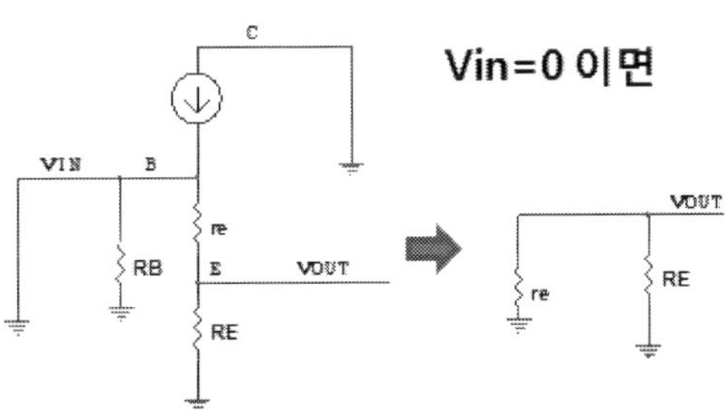

$$Z_{out} = RE // r_e \approx r_e$$

예제 1-2-1

아래 회로에서 등가의 저항 Capacitor 값은?

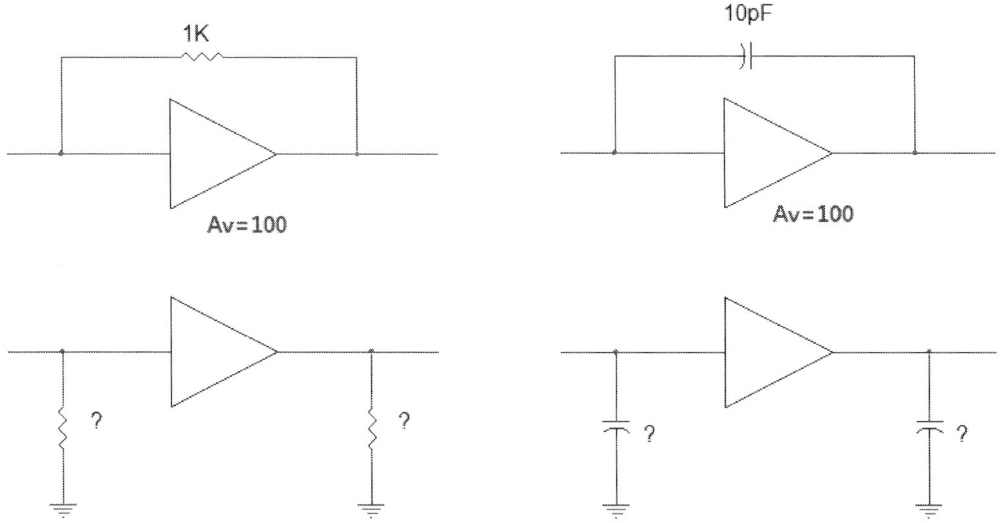

$$\frac{1000(R)}{100(Av)} = 10 \qquad 1K$$

$$10\,pF * 100 = 1000\,pF \qquad 10\,pF$$

Capacitor 저항 = 1/jωC (반비례)

예제 1-3-1

$dB\mu V$는?

$$dBm = 20\log_{10}\frac{V_{out}}{1\mu V}$$

예제 1-4-1

아래 회로에서 A_v, Z_{in}, Z_{out}는?

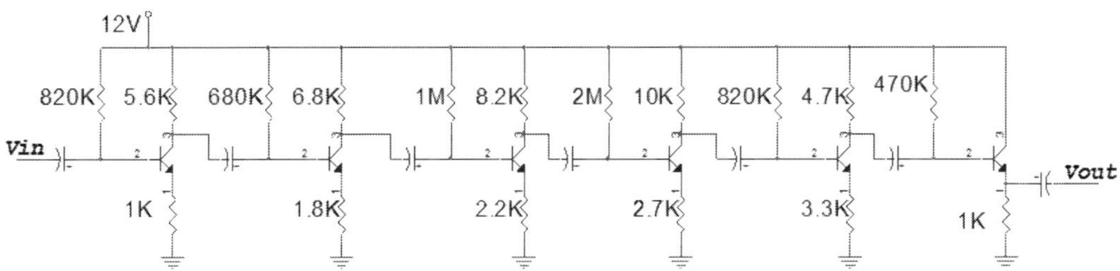

입력 등가 저항은 첫 번째 CE 증폭기 transistor의 입력 저항과 같다.

$$Z_{in} = R_B // Z_{in(BASE)} = R_B // \beta(r_e + R_E) = 820K // 100*1K \quad \text{(re 무시)}$$

출력 등가 저항은 마지막 Emitter Follow Transistor의 출력 저항과 같다.

$$Z_{out} = r_e // R_E = r_e \ (\approx 5 - 10\Omega)$$

증폭률은 각 단위 증폭률을 곱하면 된다. 다음 단의 저항들을 포함해야 한다.

$$A_v = \frac{5.6K // (680K // 100 \times 1.8K)}{1K} \times \frac{6.8K // (1M // 100 \times 2.2K)}{1.8K}$$
$$\times \frac{8.2K // (2M // 100 \times 2.7K)}{2.2K} \times \frac{10K // (820K // 100 \times 3.3K)}{2.7K}$$
$$\times \frac{4.7K // (470K // 100 \times 1)}{3.3K} \times 1$$

(다음 단 Z_{in})

예제 1-5-1
V_c, V_d로 표기하기

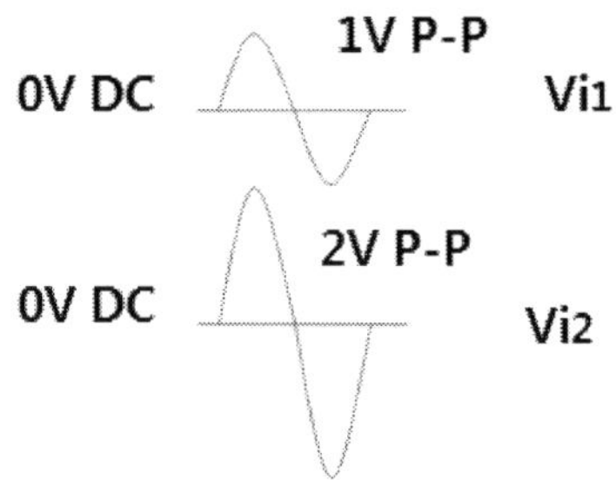

$$V_c = \frac{0+0}{2}DC\,\frac{1+2}{2}AC = 0\,V\,DC\,1.5\,V\,AC$$

$$V_d = \frac{0-0}{2}DC\,\frac{1-2}{2}AC = 0\,V\,DC - 0.5\,V\,AC$$

$$V_{i1} = (0\,VDC\,1.5\,V\,AC) + (0\,VDC - 0.5\,V\,AC) = 0\,VDC + 1\,V\,AC$$

$$V_{i2} = (0\,VDC\,1.5\,VAC) - (0\,VDC - 0.5\,V\,AC) = 0\,VDC + 2\,VAC$$

$$V_{in} = 2(0\,V\,DC - 0.5\,V\,AC) = 0\,V\,DC - 1\,V\,AC$$

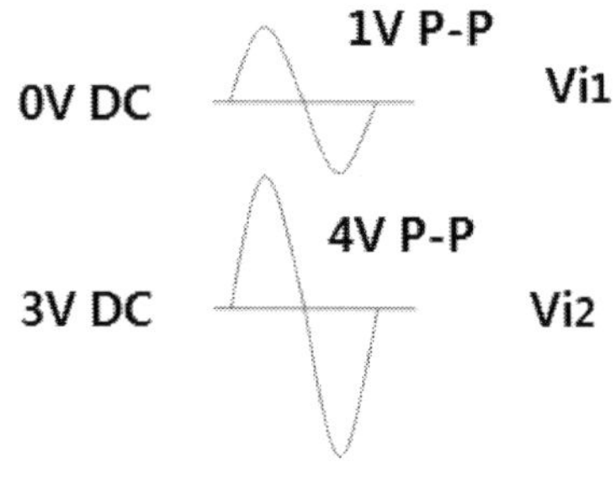

$$V_c = \frac{0+3}{2}DC\,\frac{1+4}{2}AC = 1.5\,V\,DC\;\;2.5\,V\,AC$$

$$V_d = \frac{0-3}{2}DC\;\frac{1-4}{2}AC = -1.5\,V\,DC\;\;-1.5\,V\,AC$$

$$V_{i1} = (1.5\,V\,DC\;2.5\,V\,AC) + (-1.5\,V\,DC\;\;-1.5\,V\,AC) = 0\,V\,DC + 1\,V\,AC$$

$$V_{i2} = (1.5\,V\,DC\;2.5\,V\,AC) - (-1.5\,V\,DC\;\;-1.5\,V\,AC) = 3\,V\,DC + 4\,V\,AC$$

$$V_{in} = 2(-1.5\,V\,DC\;\;-1.5\,V\,AC) = -3\,V\,DC - 3\,V\,AC$$

예제 1-5-2
각 부분의 파형 그리기

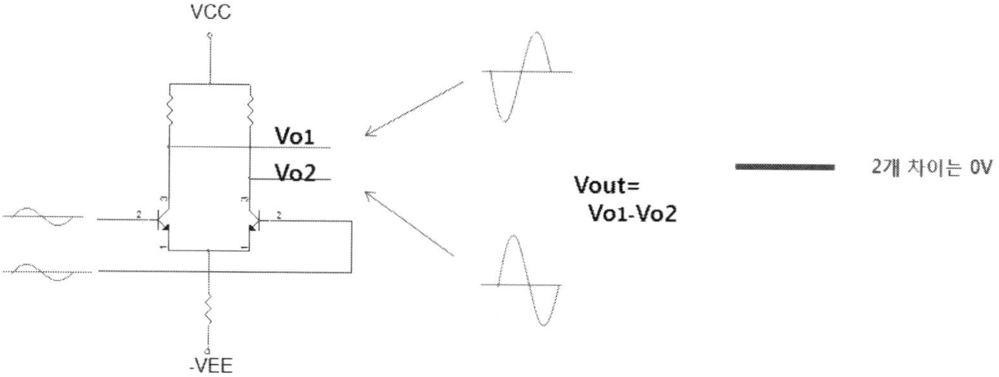

예제 1-5-3
각 부분의 파형 그리기

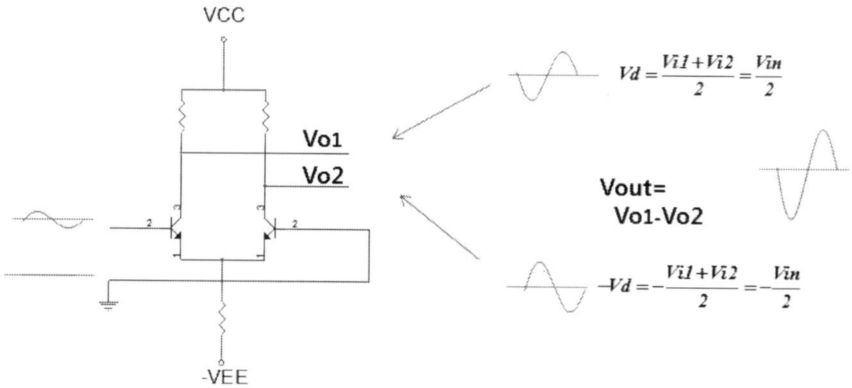

예제 1-5-4

아래 경우 CMRR은?

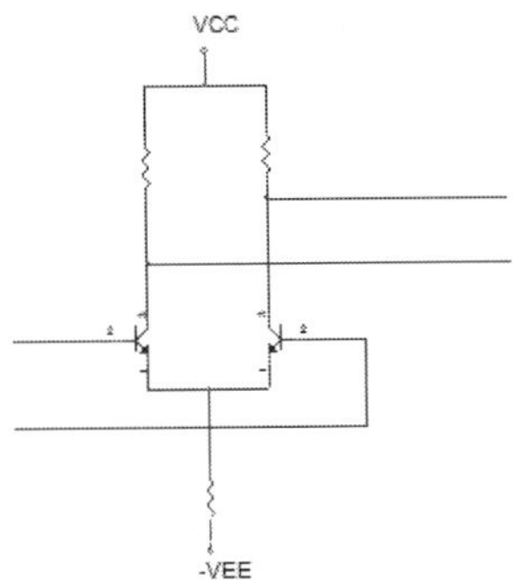

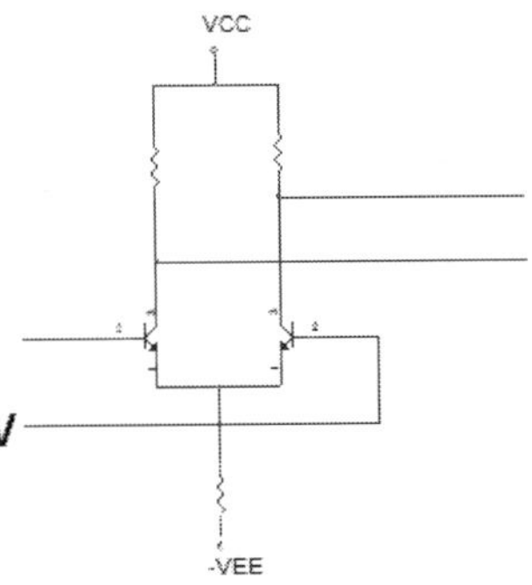

$$A_c = \frac{V_{out}}{V_c} = \frac{10mV}{1mV} = 10 \qquad A_d = \frac{V_{out}}{V_d} = \frac{10V}{0.5-(-0.5)mV} = 10000$$

$$CMRR = \frac{A_d}{A_c} = \frac{10000}{10} = 1000 \rightarrow 20\log_{10}1000 = 60dB$$

예제 1-5-5

CMRR을 좋게 하려면?

$$CMRR = \frac{A_d}{A_c} = \frac{\frac{R_C}{r_e}}{\frac{R_C}{2R_E}\times 0.05} = \frac{2R_E}{r_e}\times\frac{1}{\text{오차율}} \qquad (R_E \text{ 크게, 오차율 작게})$$

예제 1-5-6

TR 저항 오차율 =10%라 할 때 CMRR? 단 re =40Ω이라 가정

$$CMRR = \frac{A_d}{A_c} = \frac{2R_E}{r_e}\times\frac{1}{\text{오차율}} = \frac{2\times 2K}{40}\frac{1}{0.1} = 1000 \rightarrow 20\log_{10}1000 = 60dB$$

CHAPTER

2 Operational Amplifier 구조

이 장에서는 Differential amp을 이용해 IC로 만들어진, Operational Amplifier (OP AMP)의 기본 구조 및 회로에 대해 알아본다.

2.1 간단한 OP amp 구조

2.1.1 Emitter 저항을 TR로 교체

IC 회로에서는 큰 저항과 Capacitor는 면적을 많이 차지한다. **큰 저항은 Transistor 등의 회로로** 바꾸어 사용한다. 차동 증폭기의 Emitter 저항은 10KΩ 이상의 큰 값이다. 이 저항은 두 번째 그림과 같이 Transistor을 이용해서 바꾼다. Collector와 Emitter 사이를 등가회로는 세 번째 그림과 같이 **전류 Source와 출력 저항(1/hoe)**로 표시된다(이상적인 전류 Source의 저항은 무한대). 차동 증폭기의 Emitter 저항은 약 50K(1/hoe) 정도이다. 보통 해석을 위해서는 네 번째 그림과 같이 출력 저항을 생략한다.

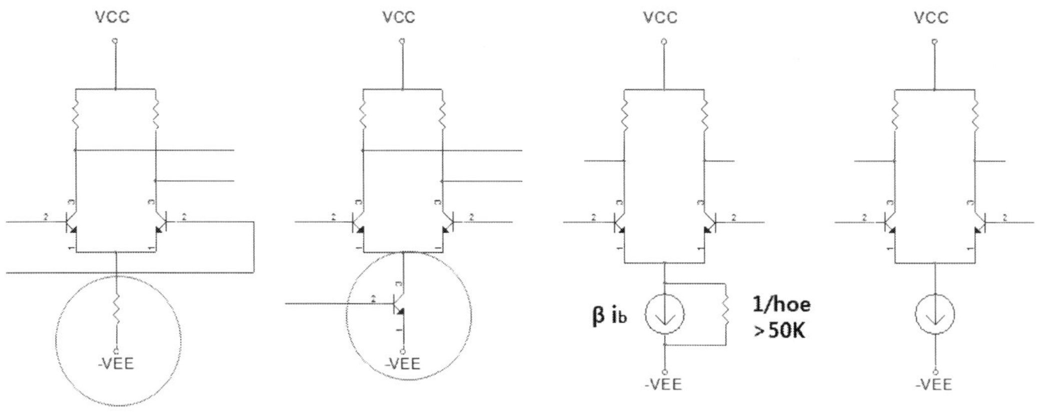

저항 대신 Transistor

Collector-Emitter 사이 Transistor 등가 회로

1/hoe 무시 후 등가 회로

다음 그림은 저항 대신 Transistor의 정전류원(Constant current source)을 이용한 Differential amp을 표시한다. 간단한 동작 설명을 위해 전류 소스의 **전류 "I" 가 일정**하게 흐른다고 가정한다. 입력은 전류로 Base에 인가된다고 가정하고 "$I_B+\Delta I$와 I_B-I" 로 표시한다. 이 경우 Common 입력은 I_B Differential 입력은 ΔI임을 알 수 있다.

Common 입력 I_B만 있는 경우는, Transistor의 Base 전류가 같으므로 Collector 전류도 같다. Constant current source의 전류 "I" 는 반반씩 Collector 전류가 된다. 출력 전압은 2개의 출력 전압의 차이로 표시된다.

$$V_{out} = V_{o1} - V_{o2} = (V_{CC} - R_C I/2) - (V_{CC} - R_C I/2) = 0$$

가 된다. Common Mode에 대한 출력은 앞의 저항 쓰는 경우와 동일하게 "0"이다.

Differential 입력이 ΔI인 경우 Collector 전류는 $\beta\Delta I$, $-\Delta I$인 경우 Collector 전류는 $-\beta\Delta I$가 된다.

$$V_{out} = V_{o1} - V_{o2} = (V_{CC} - R_C \beta \Delta I) - (V_{CC} - R_C(-\beta \Delta I)) = 2R_C \beta \Delta I$$

가 된다. Differential Mode에 대한 출력은 앞의 저항 쓰는 경우와 동일하게 증폭되어 출력된다.

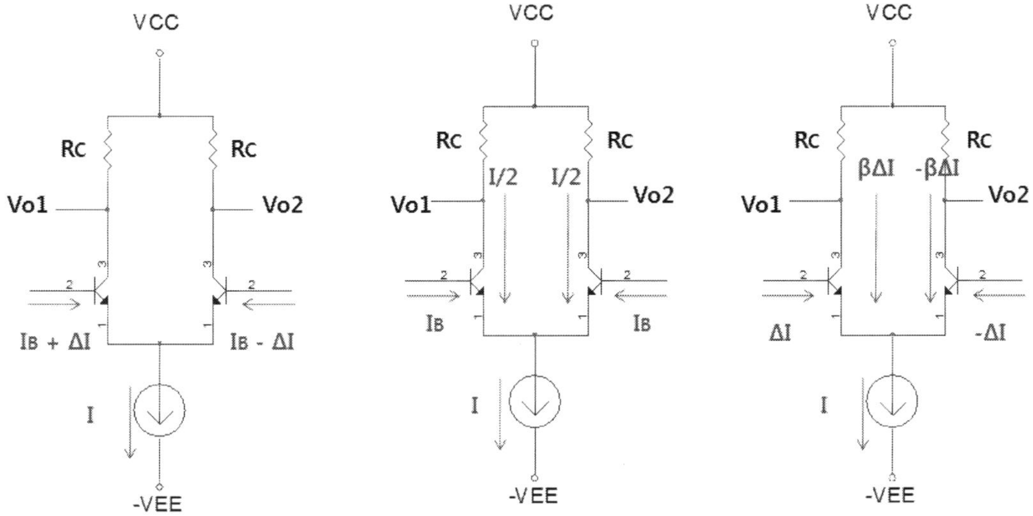

Common mode　　　　Differential mode

2.1.2 Current Mirror 회로

IC 내에서 Constant current source를 만드는 회로를 Current Mirror라 한다.

TR의 기본식인 $I_E = I_o(e^{\frac{eV_{BE}}{kT}} - 1)$을 보면 B-E 간의 전압에 의해 Emitter 전류가 결정이 된다.

즉, TR의 Base와 Emitter 사이의 전압이 같으면 흐르는 Emitter 전류(Collector 전류)가 같다.

예제 2-1-1

Collector 전류 I_{C1}과 I_{C2} 중 어느 것이 큰가?

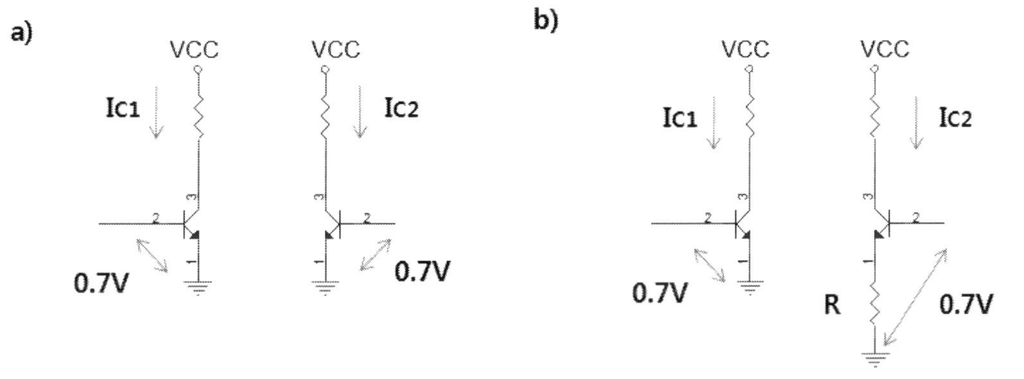

Current Mirror 회로는 IC 내부에서 DC Bias하는 방법으로 아래 그림에 가장 간단한 예를 표시하였다.

아래 회로에서 R, QM1, QM2로 구성되는 부분을 CURRENT MIRROR라고 한다.

Current Mirror 회로의 가장 큰 특징은 Base와 Emitter 사이의 전압이 같으면 같은 전류가 흐른다는 사실을 이용하기 위해 Base와 Emitter가 같이 연결한다는 것이다.

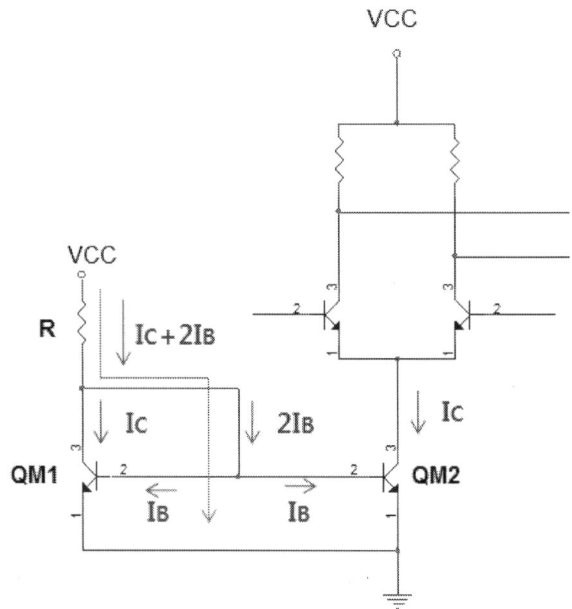

위의 그림을 보면 QM1과 QM2의 Base-Emitter는 같이 연결되어 있다. 즉 V_{BE}가 같다. 따라서 전류 I_B, I_C가 같다.

키르호프의 전류 식을 이용하면 저항 R에 흐르는 전류는 I_C+2I_B임을 알 수 있다.

선을 따라 키르호프의 전압 식을 쓰면

$$V_{CC}=R(I_C+2I_B)+0.7\ (V_{BE}\ 전압)$$

이다. 여기서 $I_C=\beta I_B$이므로

$$V_{CC} = R\left(I_C + 2\frac{I_C}{\beta}\right) + 0.7$$

이고 정전류 값은

$$I_C = \frac{V_{CC} - 0.7}{R\left(1 + \frac{2}{\beta}\right)}$$

이다.

위의 회로는 Transistor의 β 가 보통 100 이상이기 때문에 β 의 영향을 무시할 수 있다. 매우 작은 전압을 증폭하는 경우는 β 의 영향을 무시할 수 없다. 이 경우는 보다 개선된 회로를 사용해야 한다.

예제 2-1-2

$V_{CC} = 5V$, $R = 1K$일 때 전류 $I_1 - I_3$는?

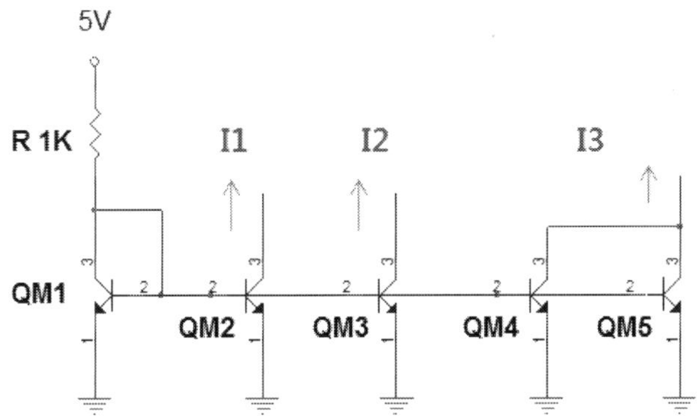

연습 2-1-3

$V_{CC} = 5\,V, \quad R = 1K$일 때 전류 $I_1 - I_6$는?

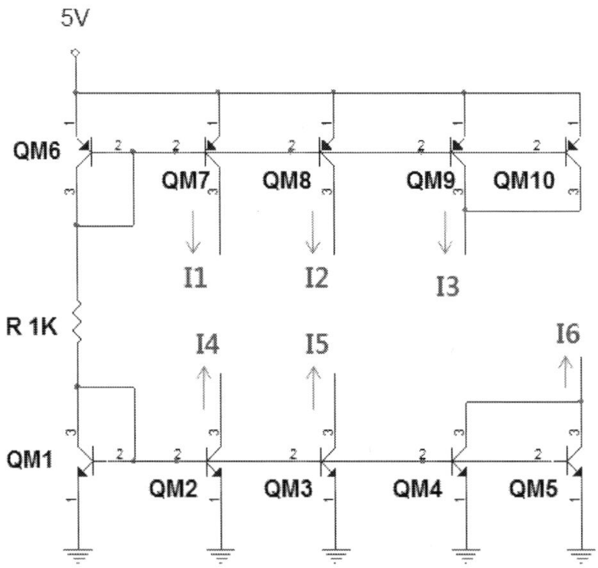

예제 2-1-4

아래 개선된 Current Mirror의 결과식을 유도하시오.

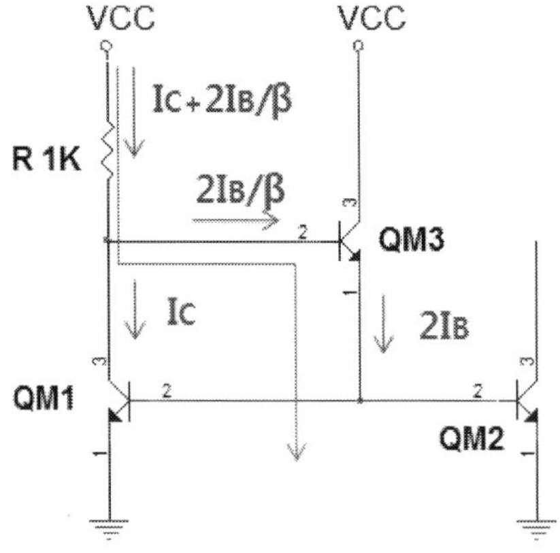

$$I = \frac{V_{CC} - 1.4}{R\left(1 + \frac{2}{\beta^2}\right)}$$

앞의 Current Mirror 회로에 비해 Transistor β 의 영향이 적어진다. 보다 정밀한 회로를 구성하는 경우에 사용한다.

2.1.3 Active Load - Current Mirror 회로 이용

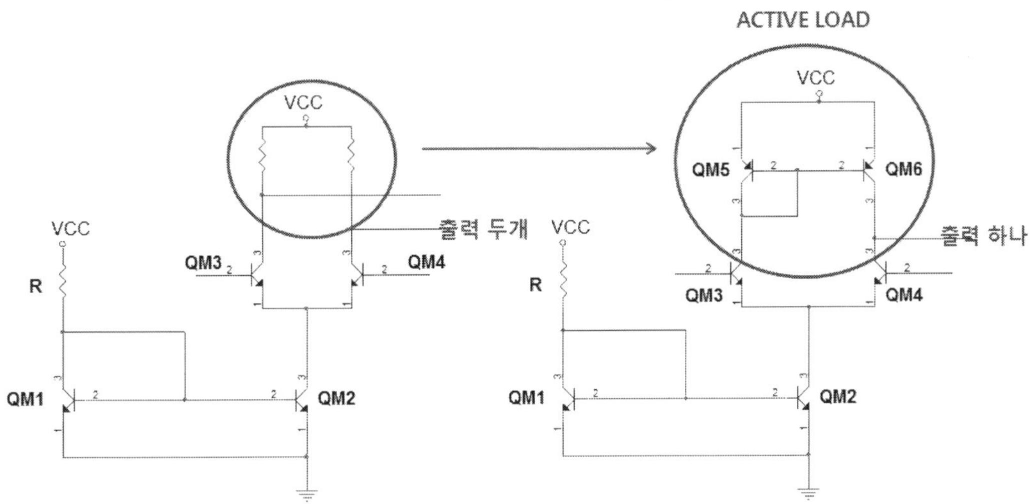

저항 2개 대신 Current Mirror(Base Emitter 사이 전압 동일), Transistor을 사용해 출력을 하나로 바꾸어 주는 회로를 Active Load 라고 한다. 대부분의 OP Amp가 사용한다.

ACTIVE LOAD 동작은 우측의 그림에 그려진 전류 표시를 보면 알 수 있다.

QM5과 QM6는 B-E간의 전압이 같은 Current Mirror이고 같은 전류가 흐른다.

QM3과 QM4는 입력 Transistor로 Base 전류가 각각 $I_c + I_d$, $I_c - I_d$가 흐른다고 가정한다. I_c는 Common 입력, I_d는 differential 입력이다.

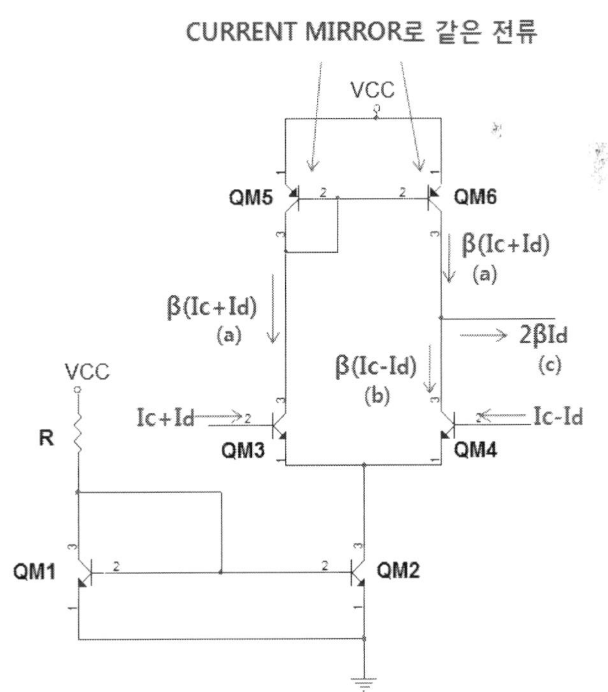

QM3의 Collector 전류 = $\beta(I_c + I_d)$이고 QM5의 Collector 전류와 거의 같고, QM6의 Collector 전류와 거의 같다. (a)

QM4의 Collector 전류 $= \beta(I_c - I_d)$이다. (b)

출력은 QM3, QM4의 Collector가 만나는 점에서 뽑아낸다. 따라서 출력은 (a)와 (b)의 차이가 출력이 된다. (키르히호프 전류법칙)

$$출력 = \beta(I_c + I_d) - \beta(I_c - I_d) = 2\beta I_d \quad (c)$$

가 된다.

차이만 증폭되어서 하나의 출력으로 나타난다.

2.1.4 부가적인 회로들

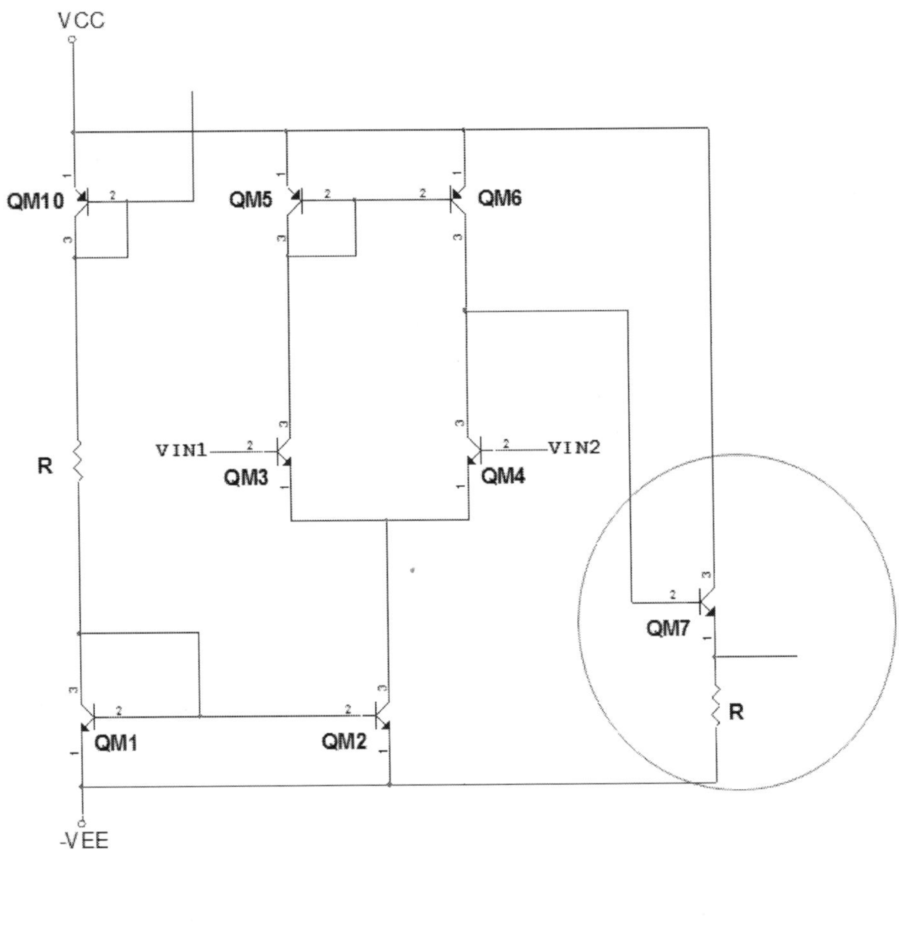

Differential Amp 출력에 Emitter Follower QM7을 추가한다.

높은 Input Impedance(입력 등가 저항) = βR, 낮은 Output Impedance(출력 등가저항) = r_e, 전압 증폭률은 "1"로 다음 단에 대한 Buffer로 사용한다.

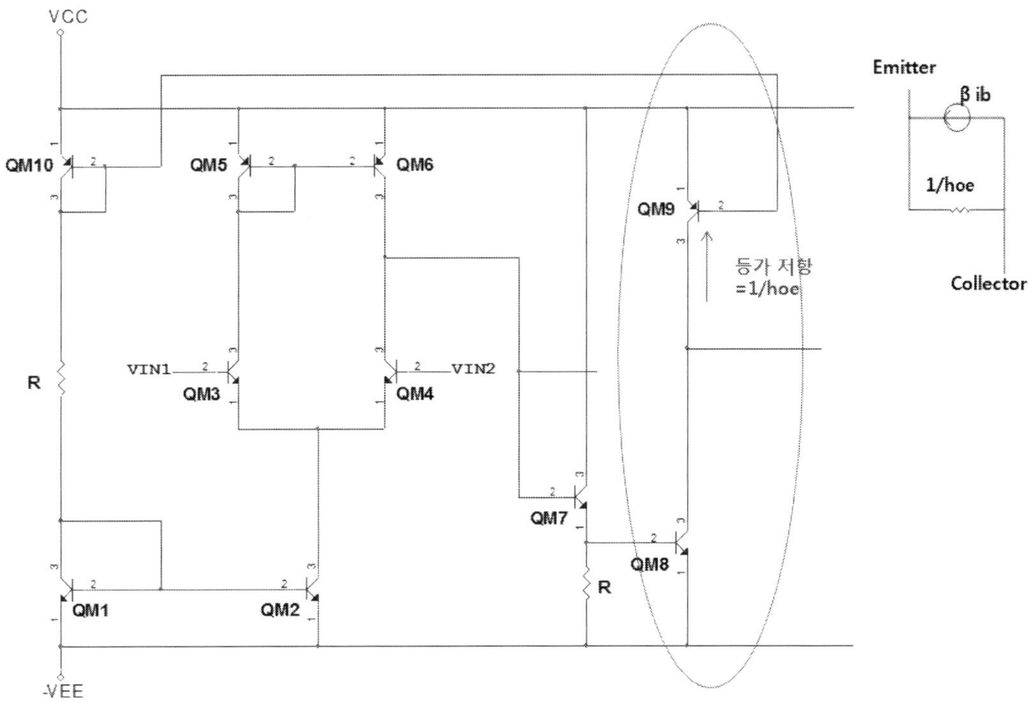

Differential Amp와 Emitter Follower의 전압 증폭률은 200배 정도이다. 증폭률을 키우고, 입력이 없는 경우 최종 출력의 전압이 "0V" 가 되게, DC 전압 조정을 위해 CE 증폭기 QM8을 추가한다. CE 회로의 Collector 저항으로는 QM9가 사용되었다. 등가저항은 1/hoe가 된다. 즉 RC 대신 1/hoe(약 50K 정도)이 사용된다.

CE 회로는 전압 증폭률이 약 200배 정도이다. OP Amp의 증폭률은 200×200 = 40,000배 정도 된다.

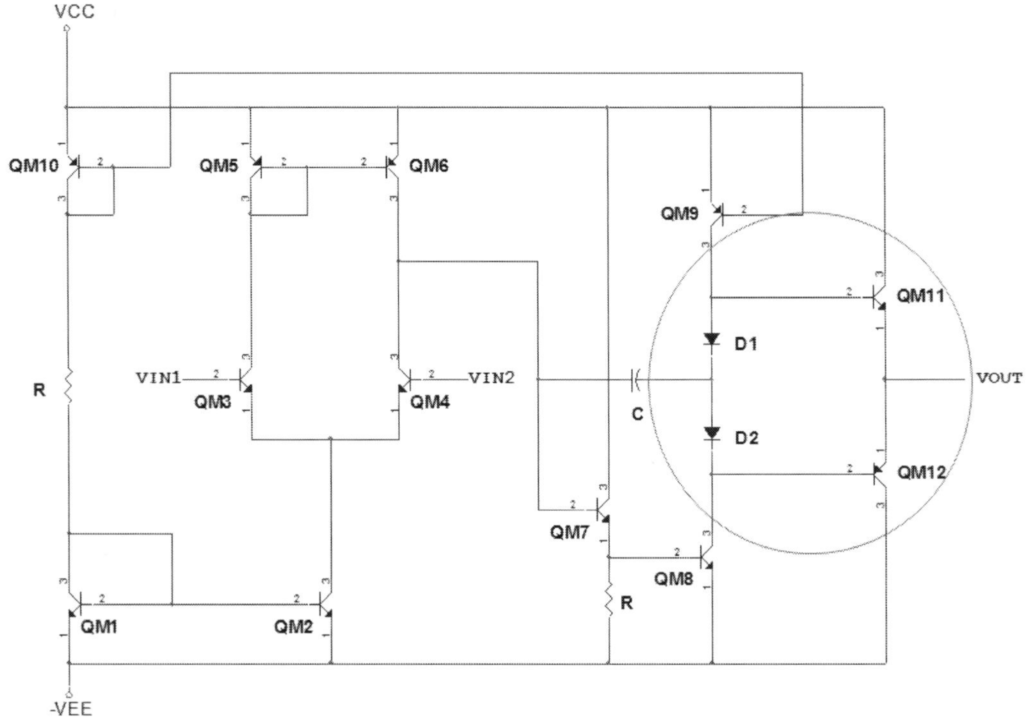

OP Amp의 다음에 연결 되는 회로를 위해서는 낮은 출력 저항을 갖는 회로가 필요하다. 최후 단은 Diode 2개 D1 D2, NPN TR QM11, PNP TR QM12로 구성된 AB push pull 회로를 적용한다.

+VCC와 -VEE의 2개의 전원이 공급되고 입력 출력에 아무것도 연결되어 있지 않을 때 입력과 출력의 전압은 "0V" 가 되는 것이 이상적인 상태이다.(+12V -12V 사용시 입력 출력은 0V) QM8 출력에 Capacitor C가 QM7 입력에 연결되어 있다. Negative Feedback으로 Miller 효과를 이용해 QM7 입력에 큰 Capacitor로, Low Pass Filter로 사용된다.

예제 2-1-5
만약 5V, Ground를 전원으로 사용하면 이상적인 입력 출력은? (단일 전원)

Capacitor의 역할 - Low Pass Filter

Capacitor는 Miller 효과에 의해 상당히 큰(200배 이상)Capacitor로 입력에 보인다. Differential Amp의 출력 저항과 Low Pass Filter를 형성한다.

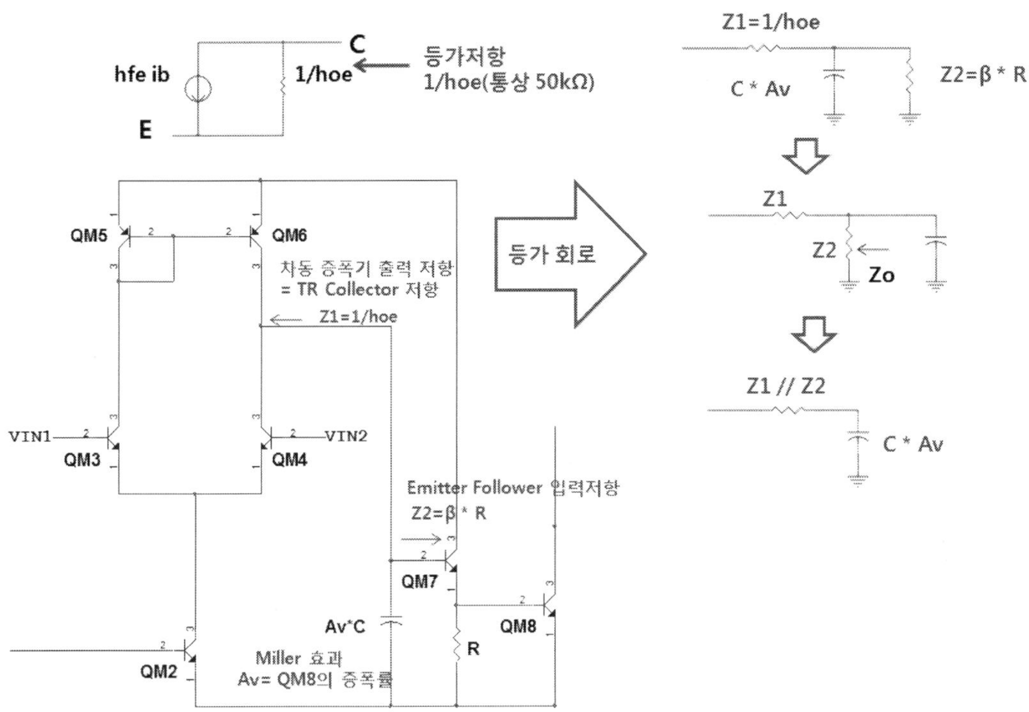

최종 등가 회로는 LOW PASS FILTER을 표시하며 Bandwidth(대역폭)은

$$f = \frac{1}{2\pi RC} = \frac{1}{2\pi (Z_1 // Z_2)(CA_v)}$$

로 표시된다. 보통의 OP AMP 경우 발진을 방지하기 위해 채용한다. 대역폭이 약 20Hz 정도이다.

간단한 OP Amp 회로

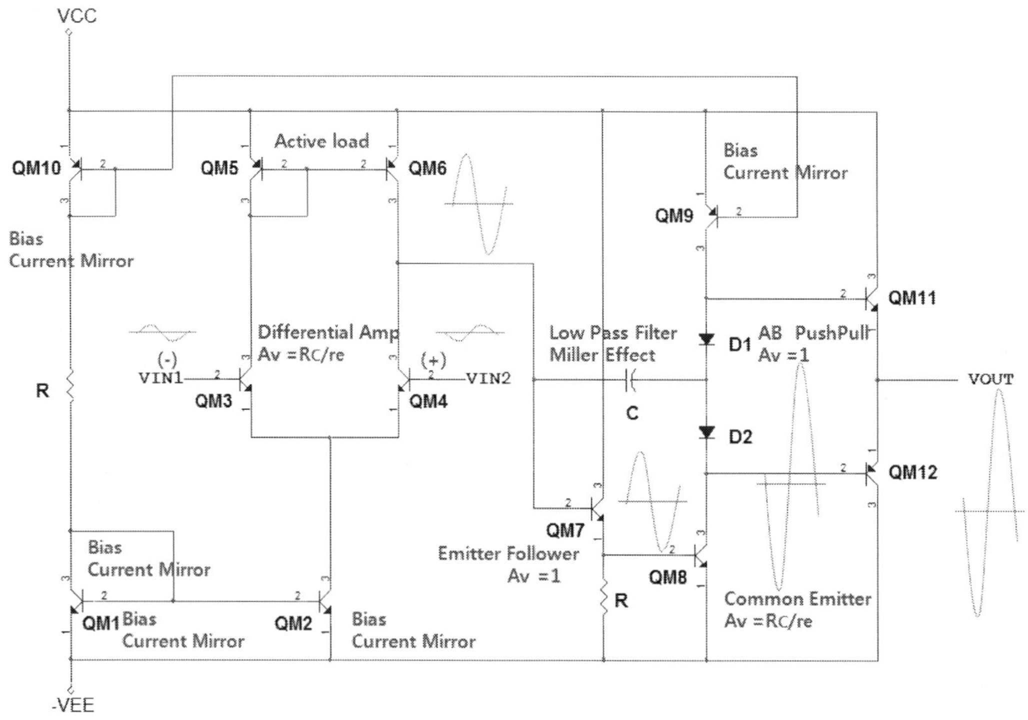

QM4의 입력 Vin2는 QM4에 의해 반전증폭되어, 위상 반전없는 QM7의 Emitter Follower 거쳐, 반전 증폭되는 QM8의 CE Amp을 거쳐, 위상 반전없는 AB PushPull 회로를 통해 출력이 된다. 동위상 출력이라 (+)입력이라 한다. QM3의 입력 Vin1은 입력과 출력이 반전 관계로 (-) 입력이라 한다.

위에 (-)입력에 Sine wave가 인가된 경우의 파형을 표시하였다.

2.1.5 OP Amp 회로 보기

OP Amp datasheet를 보면 IC 내부 회로가 제공된다. 매우 복잡한 듯 하나 순서에 맞추어 차근히 보면 이미 배운 회로들을 모아서 구성한 것에 지나지 않음을 알 수 있다. 이 절에서는 내부회로를 간단히 볼 수 있는 방법에 대해 설명한다.

STEP 1)

회로를 단순화하기 위해 Current Mirror 찾는다. Base Emitter가 연결되어 있는 Transistor을 찾으면 된다.

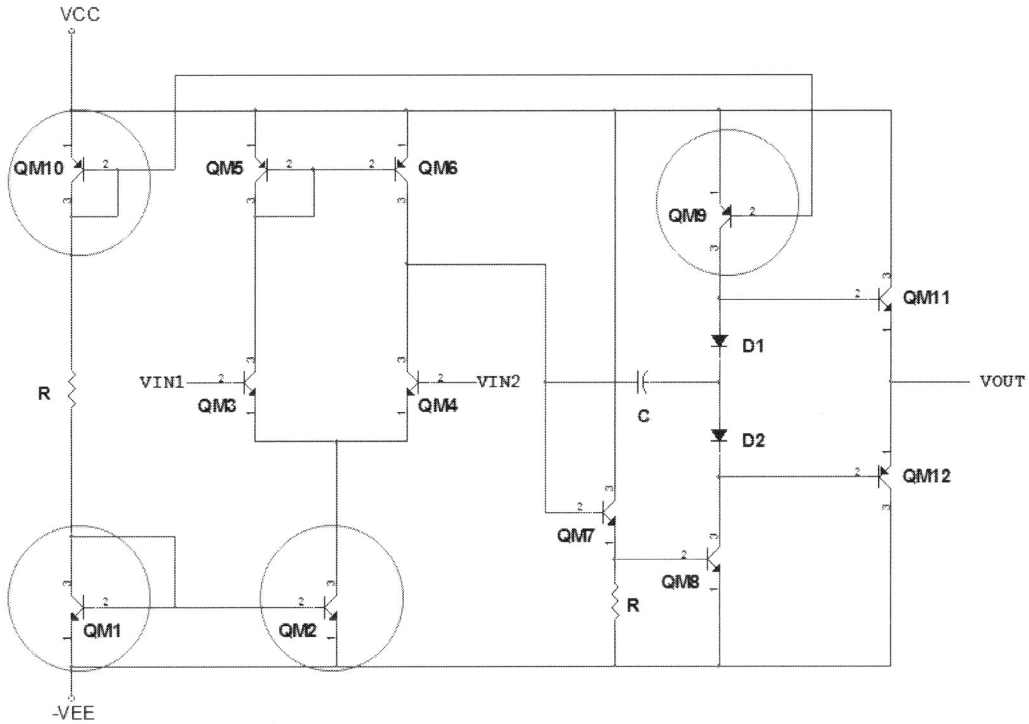

STEP 2)

Current Mirror을 제거하고 전류 소스로 바꾼다. 이때 저항들은 무시하고 봐도 된다. 단, 예제 2.1)에서 보듯이 저항이 있으면 전류가 적어진다고 보면 된다.

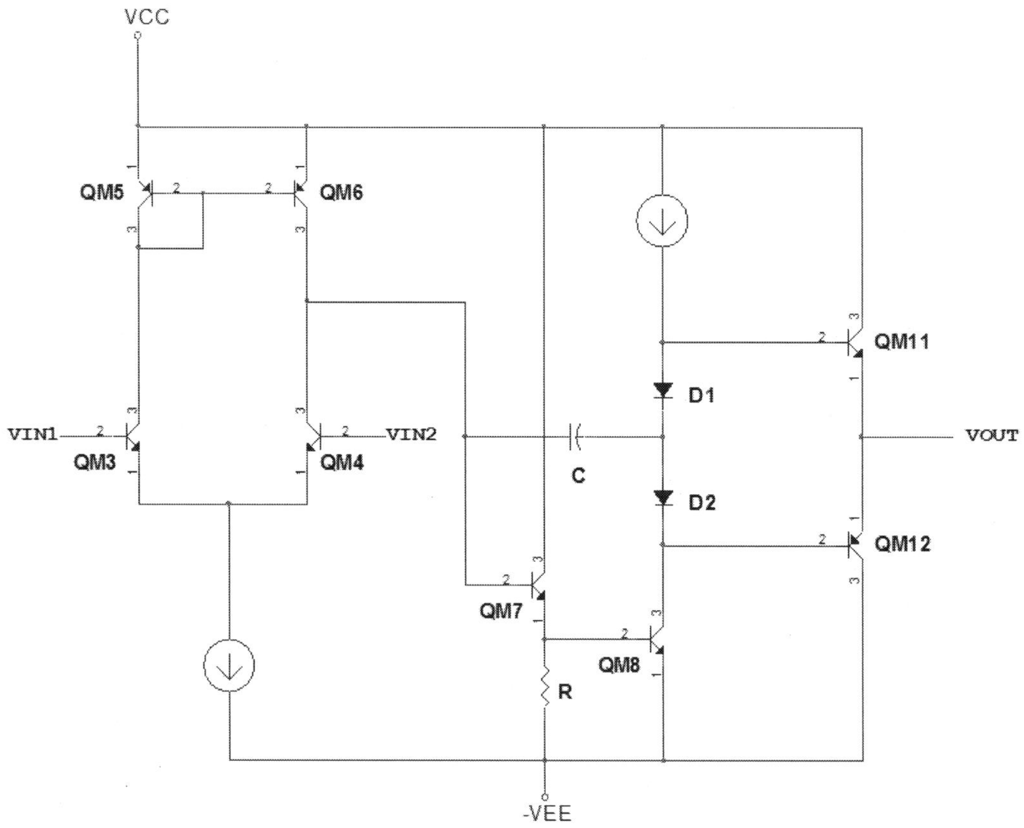

STEP 3)
남은 Transistor들을 기능별로 보면 된다.

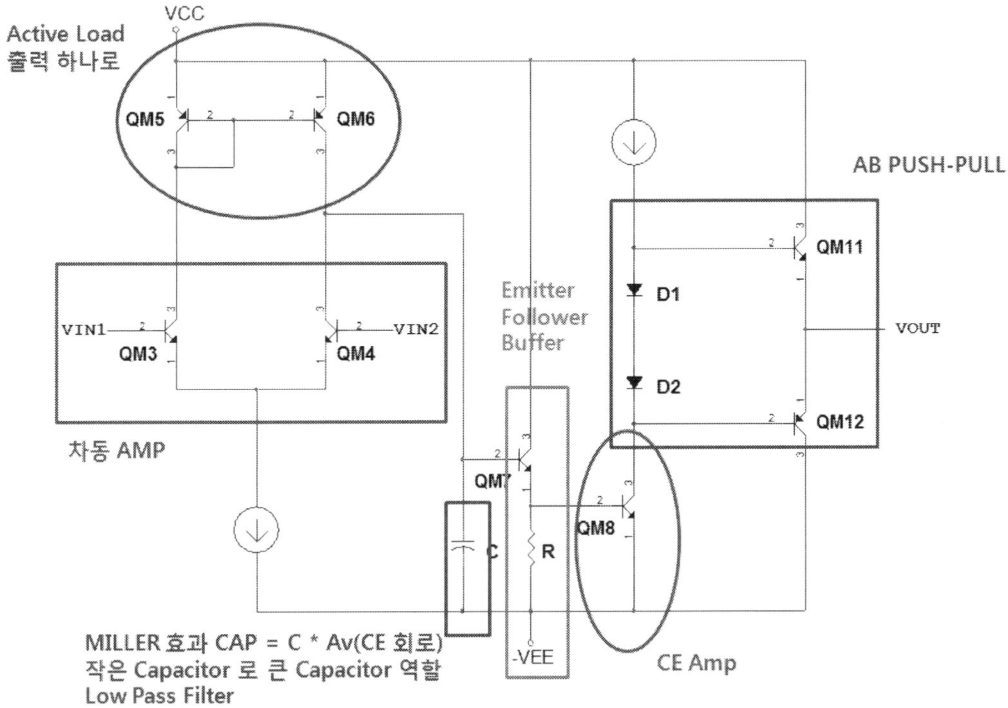

STEP 4)
이외의 Transistor는 특수 목적, 과전압 과전류 보호를 위한 회로 등등으로 보면 된다.

National Semiconductor라는 회사는 Texas Instrument(TI), Fairchild 등과 같이 초창기부터 IC을 만들어온 회사 중의 하나이다. 아래는 National Semiconductor의 home Page에 있는 Amplifier 항목 중 OP Amp을 보여준다. 상당히 많은 종류의 IC가 있음을 알 수 있다.

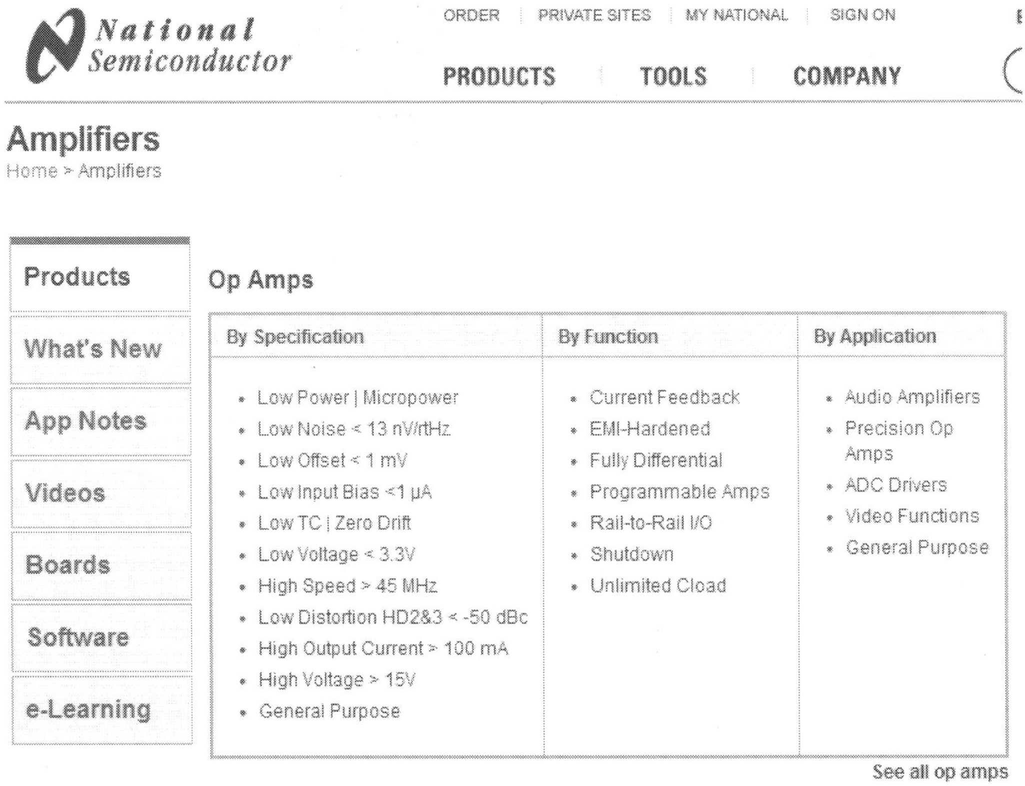

예제 2-1-6

www.nsc.com site에서 보면 Op amp의 종류가 매우 많다. General Purpose의 OP Amp 1종, High Speed 1종, Low offset 1종을 찾아 Spec을 비교하시오.

2.2 실제 Operational Amplifier

상업용으로 판매되고 있는 OP Amp는 Transistor와 저항 Capacitor로 구성된 회로를 집적화하여 사용하기 편하게 용도별로 다양하게 공급되고 있다.

현재 전자 회로 설계에서는 TR로 증폭기 만드는 대신에 대부분 OP Amp를 사용한다.

앞 장에서 보았듯이 대다수 OP Amp의 주요특징은

높은 전압 증폭률 = 100dB 정도
높은 Input Impedance = 1MΩ 이상 (무한대로 가정해도 문제 없음)
낮은 Output Impedance = 거의 0Ω
Common mode Noise 제거 CMRR = 80dB 이상 등의 특징을 갖고 있다.

이 장에서는 실제 OP Amp의 Data Sheet을 중심으로 알아본다.

2.2.1 범용 OP AMP "4558" - General Purpose

범용 Amp는 주로 Audio 신호의 사용 대역인 약 20kHz의 대역폭에서 동작한다. 4558 IC는 Audio용 및 범용으로 사용한다.

Dual general-purpose operational amplifier **NE/SA/SE4558**

DESCRIPTION

The 4558 is a dual operational amplifier that is internally compensated. Excellent channel separation allows the use of a dual device in a single amp application, providing the highest packaging density. The NE/SA/SE4558 is a pin-for-pin replacement for the RC/RM/RV4558.

FEATURES

- 2MHz unity gain bandwidth guaranteed
- Supply voltage ±22V for SE4558 and ±18V for NE4558
- Short-circuit protection
- No frequency compensation required
- No latch-up
- Large common-mode and differential voltage ranges
- Low power consumption

PIN CONFIGURATIONS

D and N Packages

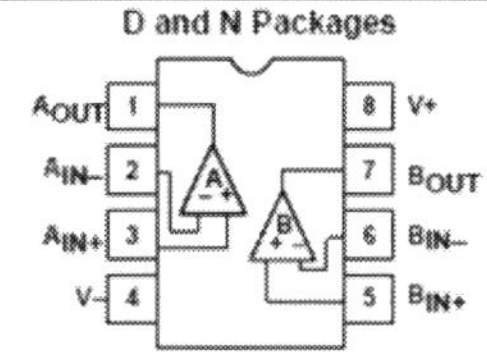

예제 2-2-1

4558 회로는 다음과 같다. DC Bias를 담당하는 Current Mirror는?

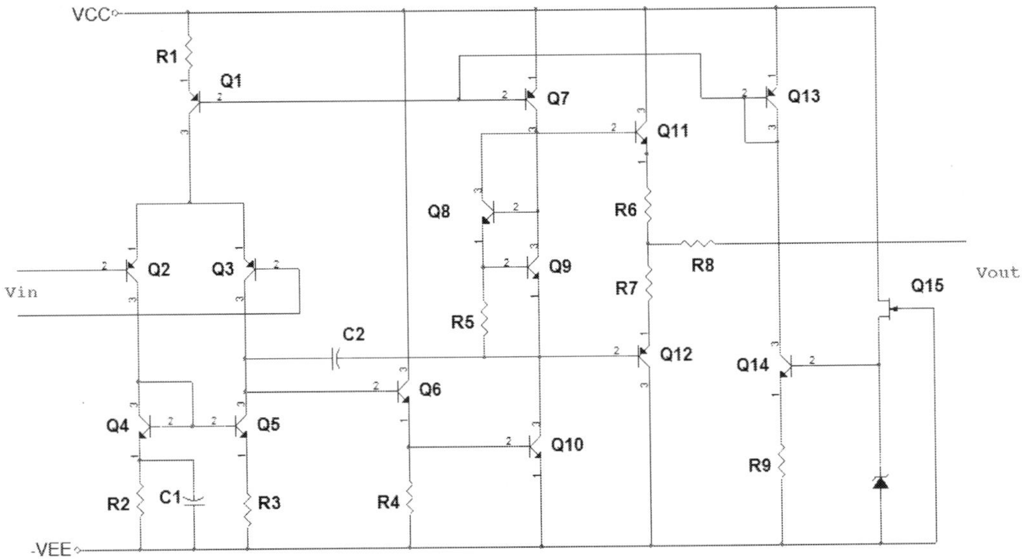

STEP 1)
회로에 있는 저항 중에 큰 의미없는 저항을 무시하면 보기가 쉬워진다.

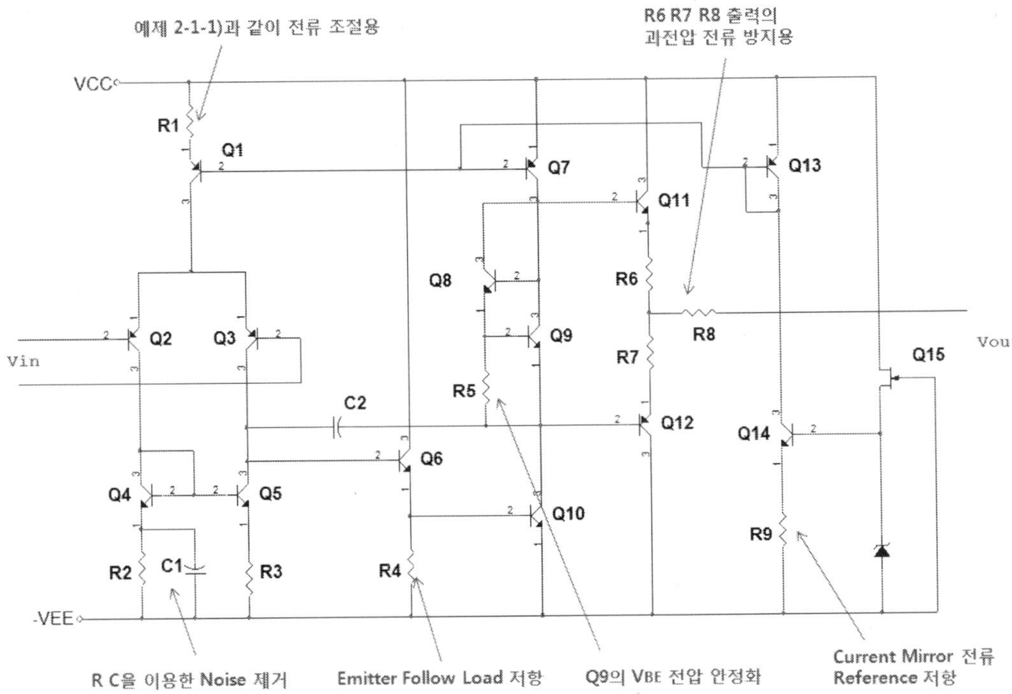

STEP 2)

Current Mirror를 Current Source 바꾸어 준다.

기준 전류는 JFET Q15, Zener Diode, Q14, R9을 이용해서 만든다. JFET을 통해 Zener Diode에 전류를 흘려 주면 일정한 전압 "Vz" 가 Zener Diode 양단에 인가된다. 이 전압을 Q14의 VBE와 저항 R9에 인가된다.

$$V_Z = V_{BE}(0.7) + I_{ref}R9, \quad I_{ref} = \frac{V_Z - 0.7}{R9}$$

Q14와 같이 연결된 Q13, Q7, Q1에도 같은 전류가 흐른다.

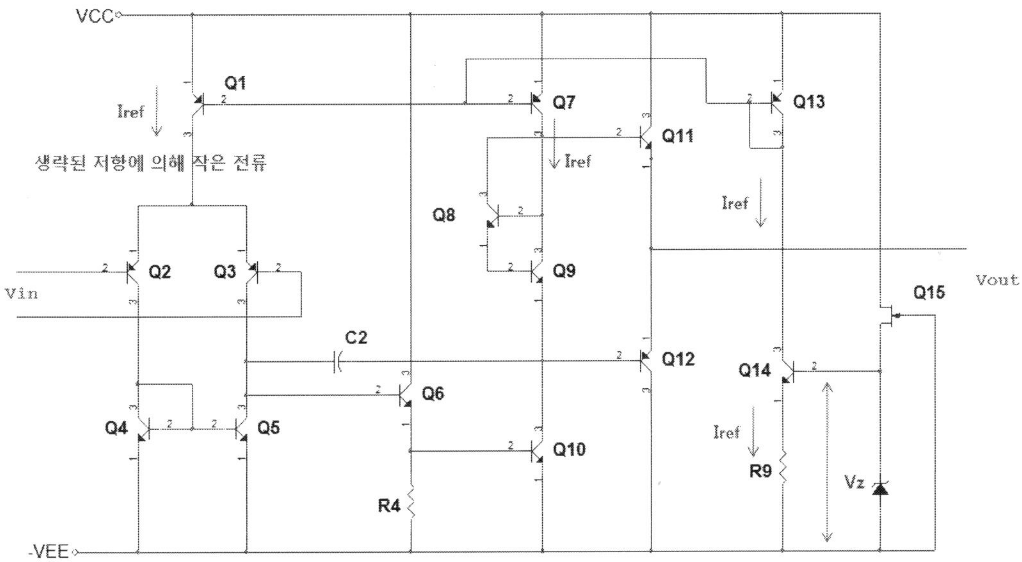

STEP 3)
전류 Source로 회로를 바꾸면 아래와 같이 간단해진다. C2 Capacitor도 Miller 효과를 이용해 바꾸었다.

다음 그림 중 Q8, Q9을 NPN 형태로 표시한 것이다.

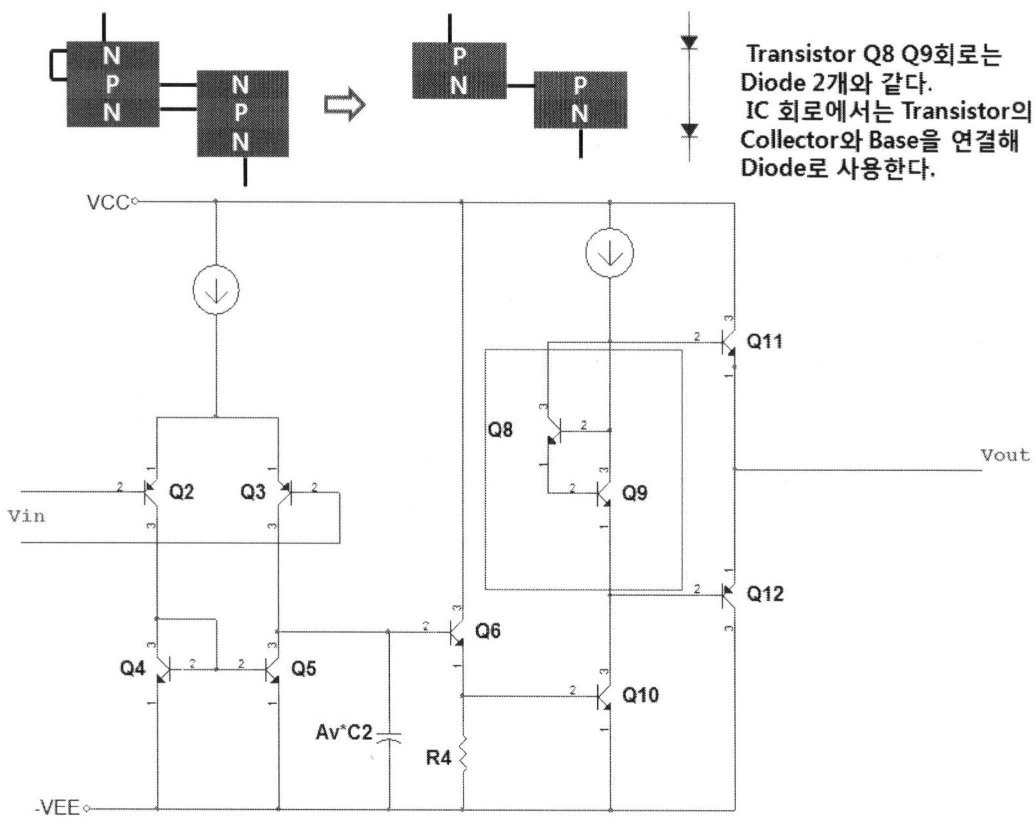

STEP 4)

각 Transistor을 기능별로 묶는다.

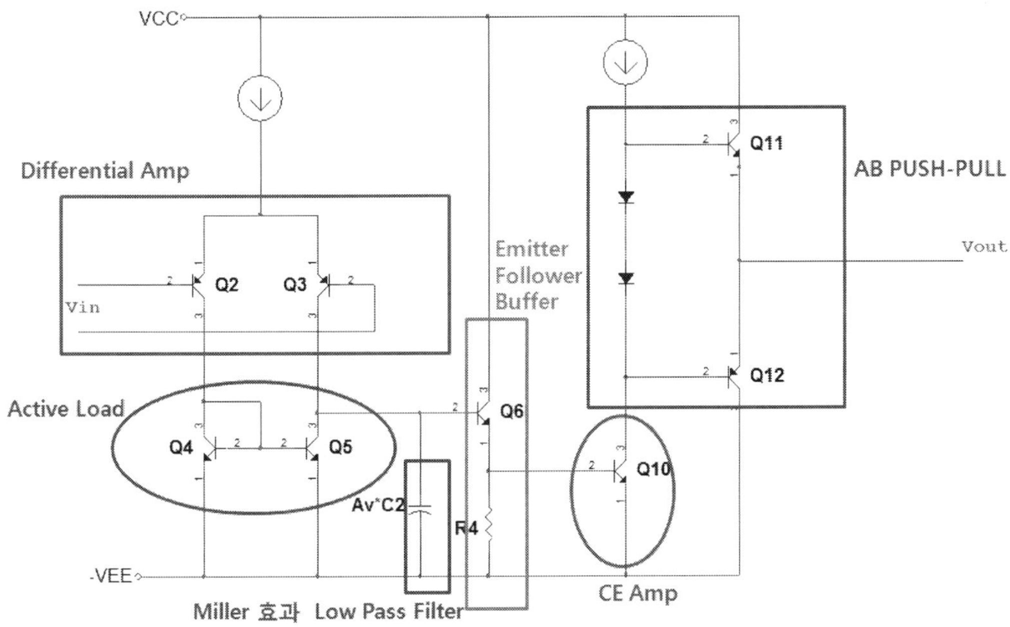

Differential Amp PNP transistor로 되어 있는 이유는 신호 없을 때 입력 출력이 전부 "0V" 로 조정하기 쉽기 때문이다.

Q2, Q3 Base = 0V ➔ Q3 Collector = "– 전압A" 라 하면(역방향 Bias) ➔ Q6 Emitter = "–전압A –0.7V(VBE)" ➔ Q10 Collector 전압은 "–전압A –0.7V" 보다는 "+ 전압" (역방향 Bias) ➔ 12의 VBE 0.7V만큼 더해진 후 V_{out}이 "0V" 가 된다.

Electrical Characteristics

Operating Conditions: V_{CC} = +15V, V_{EE} = - 15V, T_A= 25°C unless otherwise specified.

Parameter	Conditions	Min	Typ	Max	Unit
Input Offset Voltage	$R_S \le 10K\Omega$	-	0.5	3	mV
Input Bias Current		-	65	250	nA
Input Offset Current		-	5	50	nA
Supply Current		-	2.5	4	mA
Large Signal Voltage Gain	$R_L \ge 2K\Omega$, $V_O = \pm 10V$	85	110	-	dB
Common Mode Rejection Ratio	$R_S \le 10K\Omega$	80	100	-	dB
Power Supply Rejection Ratio	$R_S \le 10K\Omega$	80	100	-	dB
Output Voltage Swing	$R_L \ge 2K\Omega$	±10	±13	-	V
	$R_L \ge 10K\Omega$	±12	±14	-	
Output Sink Current	V-=1V, V+ =0V, V_O=2V		70		mA
Output Source Current	V+ =1V, V-=0V, V_O=2V		45		mA
Slew Rate		-	3	-	V / μS
Equivalent Input Noise Voltage	RIAA, Rs=1KΩ, 30KHz LPF	-	1	-	μV_{RMS}
Gain Bandwidth Product	f = 10KHz	-	7	-	MHz
Input resistance			1.0		MΩ

주요 Parameter

Input Resistance : 입력 등가 저항

Output Resistance : 출력 등가 저항

Input Offset : TR와 저항 오차에 의해 나타나는 입력 전압 전류를 나타내며, 증폭률과 곱해져 출력된다.

OP Amp을 나타내는 중요 Parameter 로 입력이 매우 작은 전압(주로 Sensor 입력 등)인 경우는 Offset 전압이 Noise(잡음)과 같은 역할을 한다. Offset전압이 적은 IC을 선별해서 써야 한다.

Input Bias Current : 초단의 Differential Amp의 TR 2개의 base 에 같이 흐르는 전류를 나타낸다.

신호가 매우 작은 전압(주로 Sensor 입력 등)인 경우 출력 신호에 영향을 줄 수 있고 이 값이 작은 IC을 사용해야 한다.

Large Signal Vollage Gain : 진압 증폭률 Av를 나타낸다.

CMRR : Common Mode 제거 비율이 크면 좋다.
PSRR : Power Supply 제거 비는 공급되는 DC 전압(+12V, −12V 등)의 Noise가 출력에 나타나는 비율을 표시한다. 크면 좋다.
Slew rate : 출력 전압이 증가하는 비율을 나타낸다. 아래 그림에서 전압 변화를 시간 변화로 나누면 된다

Slew rate = $\Delta V/\Delta t$ (예 : 24/8 = 3V/μS)

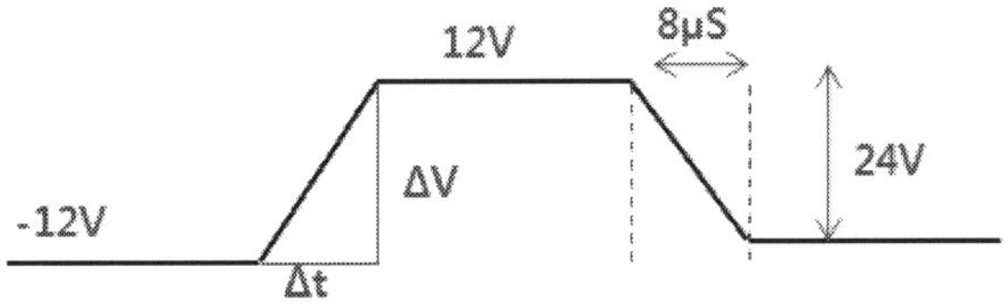

Digital Logic의 Rise Time Fall Time과 같다.
특히 다음에 설명할 Comparator에서는 중요한 Parameter이다. 용도에 따라 빠른 IC을 사용해야 한다.

Input Noise Voltage : 전자의 Brown 운동에 의해 TR 등의 소자는 기본적으로 발생하는 Noise가 있다.
입력 Noise는 출력에 증폭되어 나타난다. 회로 구성에 따라 달라진다.
신호가 매우 작은 전압(주로 Sensor 입력 등)인 경우 출력 신호에 영향을 줄 수 있고 이 값이 작은 IC을 사용해야 한다.

Gain bandwidth Product : DC gain × 3dB Bandwidth를 나타낸다.

일반적으로 gain(증폭률)이 작아지면 3dB Bandwidth가 늘어난다 .

OP Amp 4558의 주파수에 따른 증폭률 Av은 아래 그림과 같다. Bandwidth가 20~30Hz 정도이다.

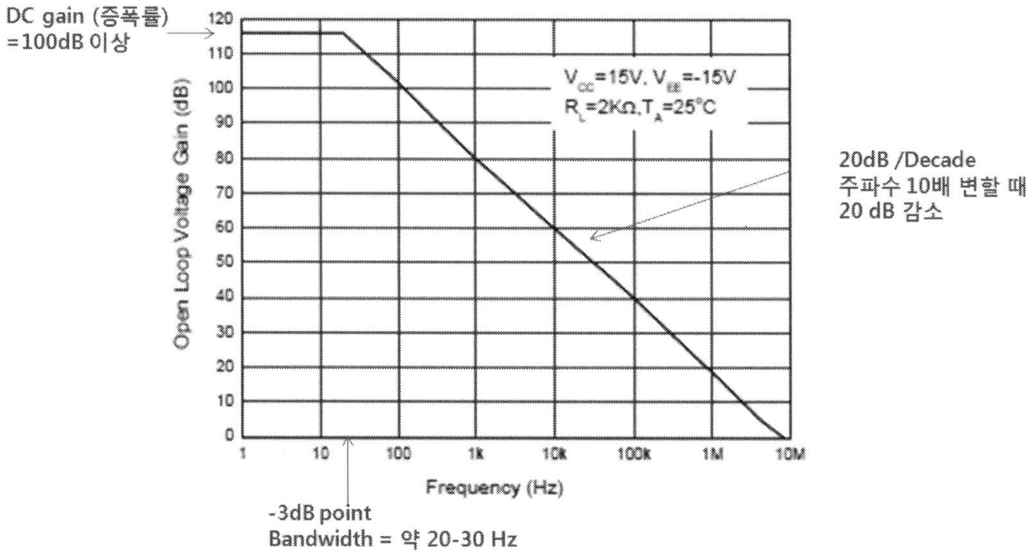

Open Loop Voltage Gain vs. Frequency

General Purpose OP Amp인 "4558" 에 대해 살펴보았다. Data Sheet에 보면 위의 중요 Spec을 찾아볼 수 있다.

예제 2-2-2

위의 4558 경우 Gain Bandwidth Product는?

2.2.2 Video 용 OP AMP "592"

Video용 Amp는 TV 신호의 사용 대역인 약 10MHz의 대역폭에서 동작한다. 앞의 General Purpose OP Amp와의 차이점은 동작 주파수 대역이다. "592" 는 Video 대역 주파수에서 사용할 목적으로 만들어진 Amp이다.

120MHz의 Gain Bandwidth을 갖고 있고(4558 경우 6~7MHz 정도) 출력이 2개인 것이 큰 차이점이다.

NE592

Video Amplifier

FEATURES

- 120MHz unity gain bandwidth
- Adjustable gains from 0 to 400
- Adjustable pass band
- No frequency compensation required
- Wave shaping with minimal external components
- MIL-STD processing available

APPLICATIONS

- Floppy disk head amplifier
- Video amplifier
- Pulse amplifier in communications
- Magnetic memory
- Video recorder systems

PIN CONFIGURATIONS

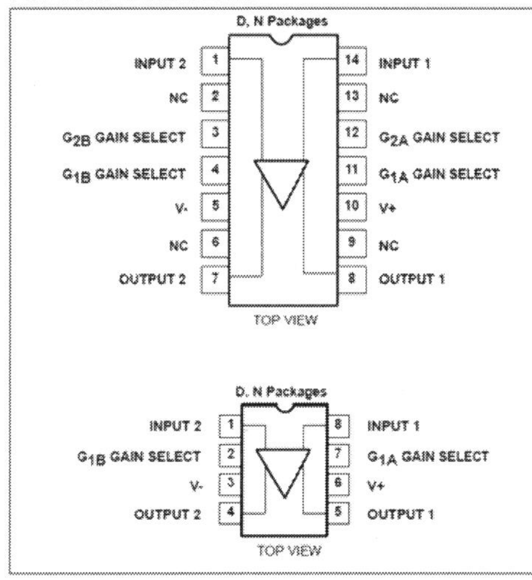

예제 2-2-3

다음 회로는 "592" 의 내부 회로도이다. 각 Transistor의 역할은?

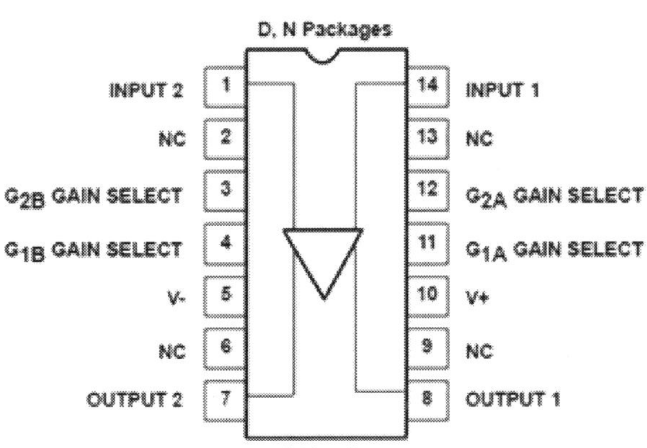

592 사용시 증폭률 조정하기 위해 R3, R5의 저항을 이용한다.

G1A, G1B을 연결하면 $A_V = R_1/r_e$로 되고

G2A, G2B을 연결하면 $A_V = R_1/(r_e + R_3)$가 된다.

이 장은 위 회로의 대략적인 동작을 알기 위한 목적이므로 R3 등의 저항을 무시한다.

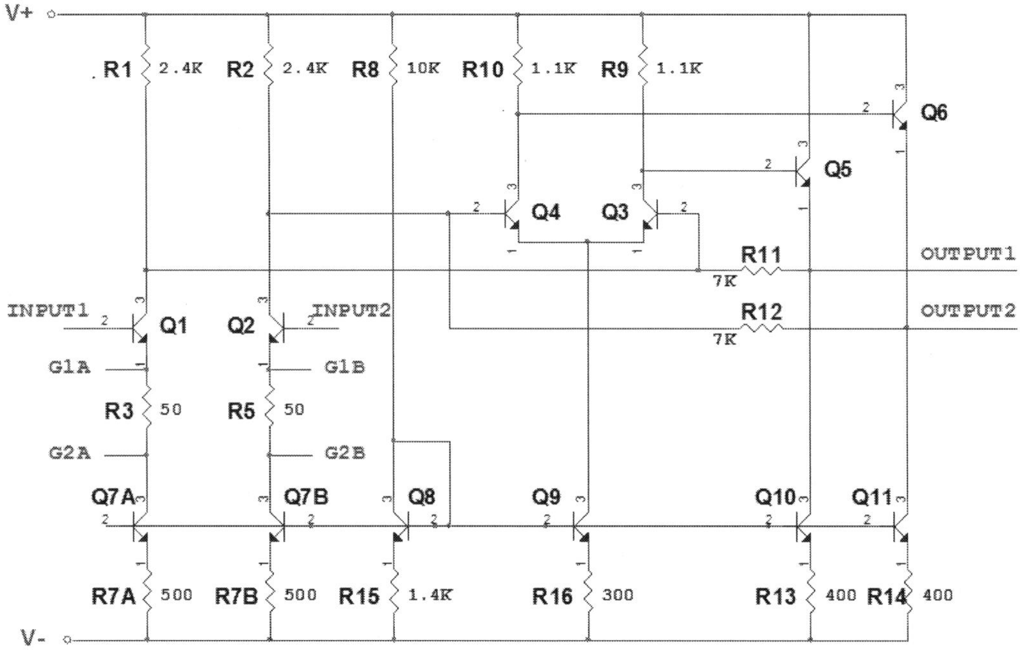

Current Mirror 이외의 부분을 회색 Box로 표시하였다.
R7, R15, R16, R13, R14는 예제 2-1-1)처럼 전류 조절용 저항임을 알 수 있다.
R8과 Base Collector 연결된 Q8의 구조가 전류를 결정한다.

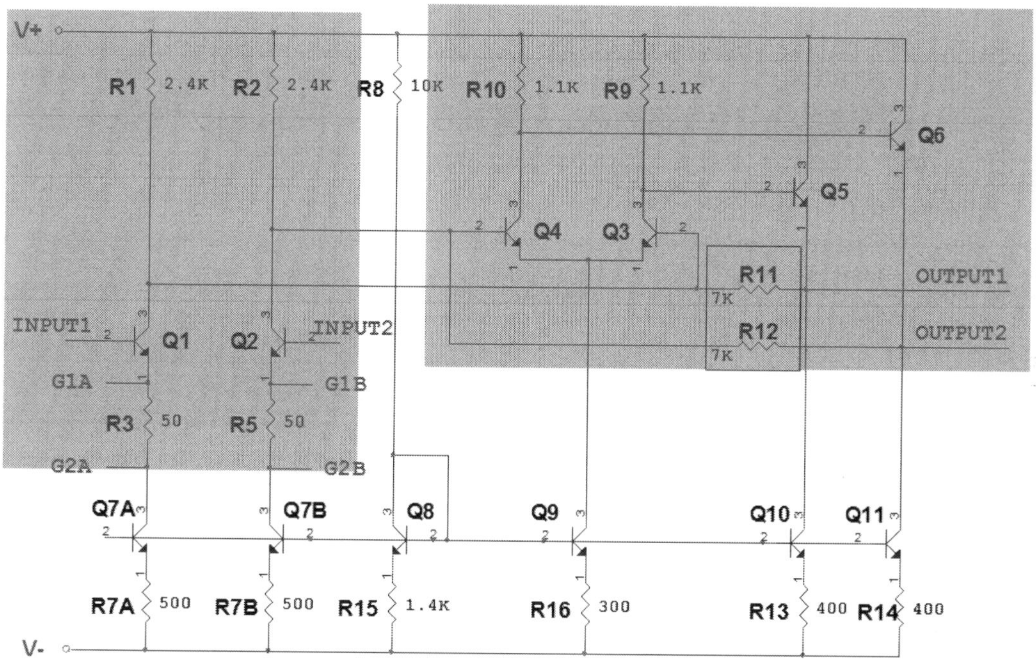

R11과 R12는 Negative Feedback 저항으로 출력(Output)을 입력인 Q3, Q4의 Base에 연결한다.

Negative Feedback(부궤환)이 되어야만 회로가 안정이 된다. 이 저항에 의해 증폭률이 400 정도로 감소시킨다.

Current Mirror를 Current Source로 바꾸면 아래 회로와 같아진다.

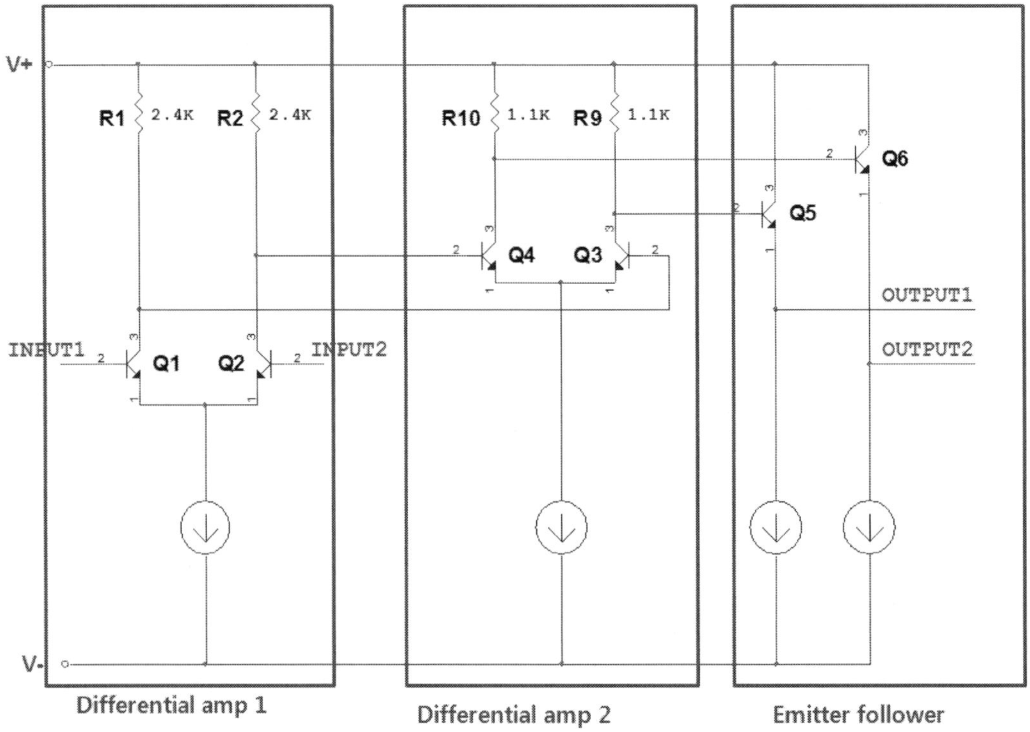

2개의 차동 증폭기에 의해 증폭하고 Emitter Follower을 통해 출력 한다.
증폭률은 R11 R12의 Negative Feedback 저항에 의해 제한된다.

DC ELECTRICAL CHARACTERISTICS

DC Electrical CharacteristicsV_{SS}=±6V, V_{CM}=0, 0°C ≤T_A≤70°C, unless otherwise specified. Recommended operating supply voltages V_S=±6.0V. All specifications apply to both standard and high gain parts unless noted differently.

SYMBOL	PARAMETER	TEST CONDITIONS	NE592			UNIT
			Min	Typ	Max	
A_{VOL}	Differential voltage gain, standard part					
	Gain 1[1]	R_L=2kΩ, V_{OUT}=3V_{P-P}	250		600	V/V
	Gain 2[2, 4]		80		120	V/V
R_{IN}	Input resistance					
	Gain 2[2, 4]		8.0			kΩ
I_{OS}	Input offset current				6.0	μA
I_{BIAS}	Input bias current				40	μA
V_{IN}	Input voltage range		±1.0			V
CMRR	Common-mode rejection ratio					
	Gain 2[4]	V_{CM}±1V, f<100kHz	50			dB
PSRR	Supply voltage rejection ratio					
	Gain 2[4]	ΔV_S=±0.5V	50			dB
V_{OS}	Output offset voltage	R_L=∞				V
	Gain 1				1.5	
	Gain 2[4]				1.5	
	Gain 3[3]				1.0	
V_{OUT}	Output voltage swing differential	R_L=2kΩ	2.8			V
I_{CC}	Power supply current	R_L=∞			27	mA

NOTES:
1. Gain select Pins G_{1A} and G_{1B} connected together.
2. Gain select Pins G_{2A} and G_{2B} connected together.
3. All gain select pins open.
4. Applies to 14-pin versions only.

AC ELECTRICAL CHARACTERISTICS

T_A=+25°C V_{SS}=±6V, V_{CM}=0, unless otherwise specified. Recommended operating supply voltages V_S=±6.0V. All specifications apply to both standard and high gain parts unless noted differently.

SYMBOL	PARAMETER	TEST CONDITIONS	NE/SA592			UNIT
			Min	Typ	Max	
BW	Bandwidth					
	Gain 1[1]			40		MHz
	Gain 2[2, 4]			90		MHz
t_R	Rise time	V_{OUT}=1V_{P-P}				
	Gain 1[1]			10.5	12	ns
	Gain 2[2, 4]			4.5		ns
t_{PD}	Propagation delay	V_{OUT}=1V_{P-P}				
	Gain 1[1]			7.5	10	ns
	Gain 2[2, 4]			6.0		ns

NOTES:
1. Gain select Pins G_{1A} and G_{1B} connected together.
2. Gain select Pins G_{2A} and G_{2B} connected together.
3. All gain select pins open.
4. Applies to 14-pin versions only.

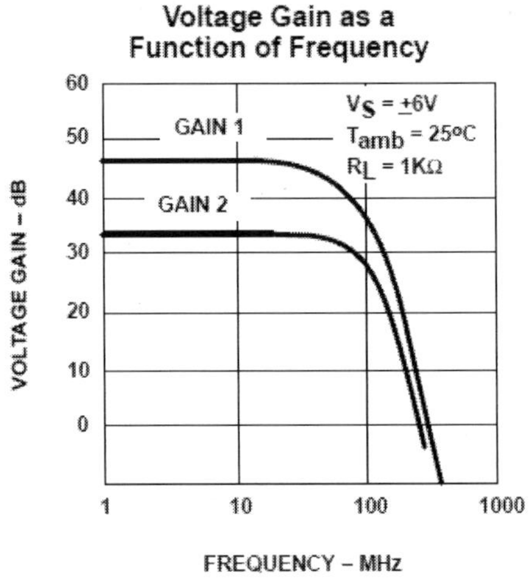

TYPICAL APPLICATIONS

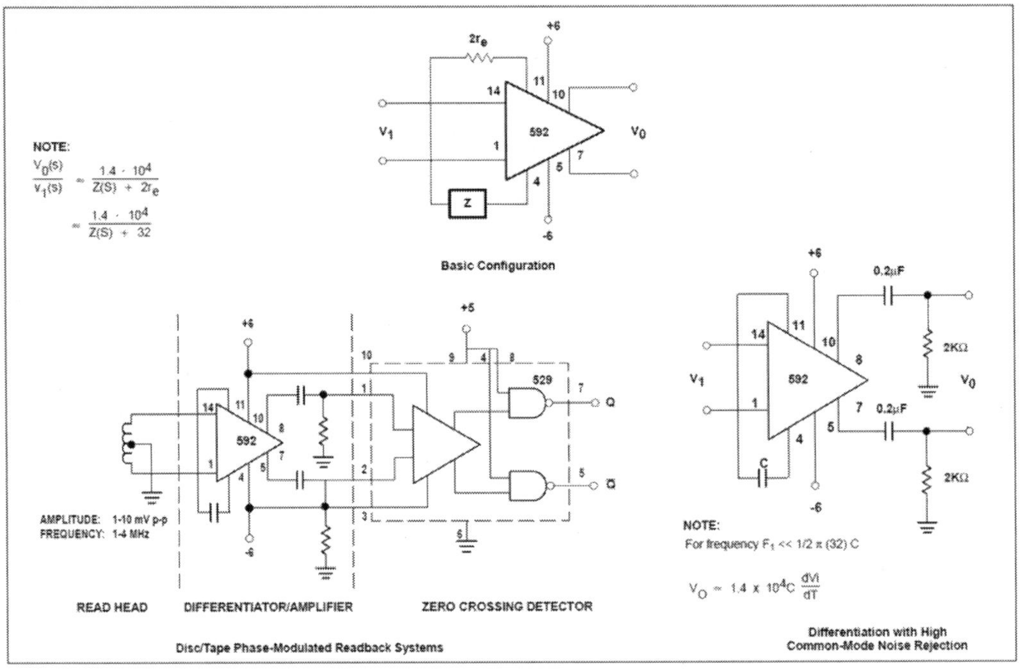

모든 IC datasheet에는 Application 회로가 있다. 위의 회로가 그 예이다. IC 회사에서는 IC가 만들어진 후 위와 같은 회로에 사용한 후 이상이 없어야 판매를 한다. 위와 같이 IC 회사에서 제공하는 회로는 대부분 안정이 되어 있다. 일반적인 회로 설계 시 위의 회로를 그대로 적용하는 경우가 많다.

2.2.3 Comparator 비교기 "12903" - 2개 입력 비교해 크면 high 작으면 low

OP Amp의 다른 형태인 Comparator는 증폭 기능을 이용해 Digital의 high low을 출력한다.

TV 리모콘 같은 경우 원래 신호는 Digital이다. 이것을 적외선 빛을 통해 쏘면 TV에서 수신될 때는 매우 작은 신호이다. 이 신호는 증폭되어야만 high low를 선별할 수 있다. 이런 경우 Comparator를 사용한다.

NJM12903

SINGLE SUPPLY DUAL COMPARATOR

■ GENERAL DESCRIPTION

The NJM12903 is single-supply dual voltage comparator, which can operate from 2V supply. The features are input offset voltage, input bias current and low current consumption.

The NJM12903 compare the input signal to 0V(ground) due to the Darlington PNP input stage. The package lineup is DIP, DMP and others compact, which is SON, so that the **NJM12903** is suitable for any kind of signal comparator.

■ FEATURES

- Operating Voltage (+2V to +14V)
- Open Collector Output
- Bipolar Technology
- Package Outline DIP8,DMP8,EMP8,SSOP8, VSP8,SIP8

■ PACKAGE OUTLINE

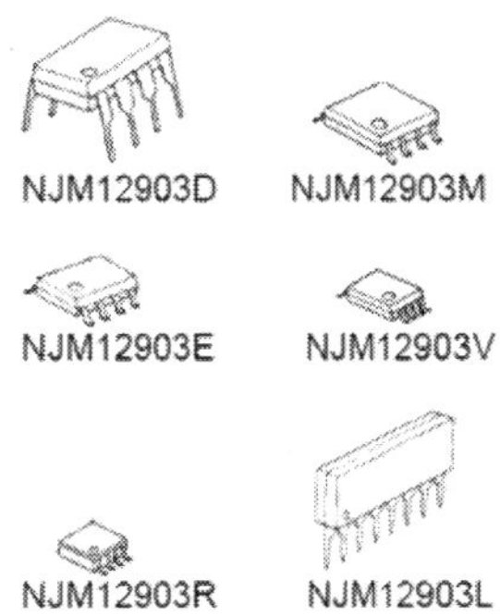

■ PIN CONFIGURATION

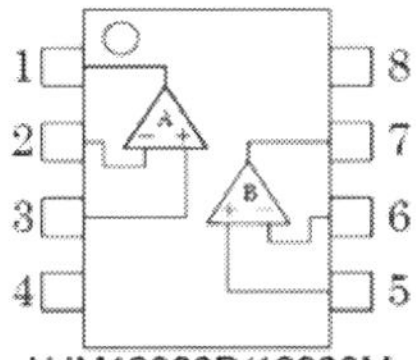

NJM12903D/12903M
NJM12903E/12903V/12903R

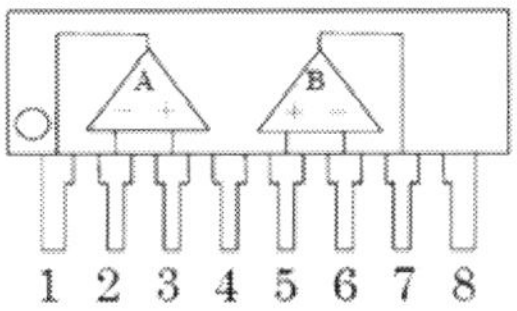

NJM12903L

PIN FUNCTION
1. A OUTPUT
2. A -INPUT
3. A +INPUT
4. GND
5. B +INPUT
6. B -INPUT
7. B OUTPUT
8. V^+

예제 2-2-4

아래 회로는 "12903" 의 내부 회로이다. 동작을 설명하시오.

■ **EQUIVALENT CIRCUIT** (1/2Shown)

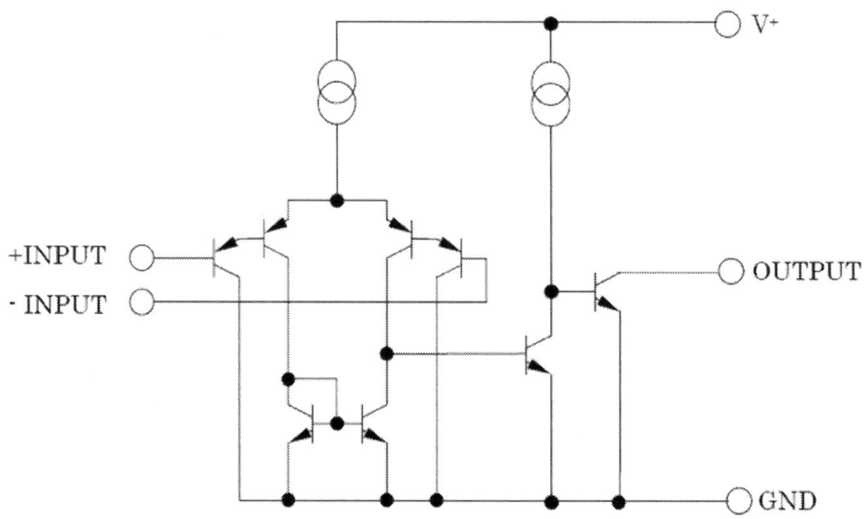

(Differential amp, Darlington, active load(current mirror), CE amp, Open collector 로 나누어보시오)

전기적 특성은 아래 도표와 같다.

■ **ELECTRICAL CHARACTERISTICS** (V^+=5V, Ta=25°C)

PARAMETER	SYMBOL	TEST CONDITION	MIN.	TYP.	MAX.	UNIT
Operating Voltage	Vopr		2	-	14	V
Input Offset Voltage	V_{IO}	R_S=0 Ω,V_O≈1.4V	-	1	4	mV
Input Offset Current	I_{IO}		-	5	50	nA
Input Bias Current	I_B		-	30	200	nA
Large Signal Voltage Gain	A_V	R_L=15kΩ	-	106	-	dB
Input Common Mode Voltage Range	V_{ICM}		0 to 3.5	-	-	V
Response Time	t_R	R_L=5.1kΩ	-	0.5	-	µs
Output Sink Current	I_{SINK}	V_{IN}^+=0V,V_{IN}^-1V,V_O=1.5V	6	10	-	mA
Output Saturation	V_{SAT}	V_{IN}^+=0V,V_{IN}^-1V,I_{SINK}=3mA	-	80	300	mV
Output Leakage Current	I_{LEAK}	V_{IN}^+=0V,V_{IN}^-1V,V_O=5V	-	0.1	1.0	µA
Operating Current	I_{CC}		-	0.4	1.0	mA

Response Time은 Low High 바뀌는 시간 나타낸다. Digital Logic의 Propagation Delay(시간지연)와 동일하다. "12903" IC는 약 $0.5\mu S = 500nS$ 정도이다. Response time에 따라 사용가능한 주파수 대역이 결정된다.

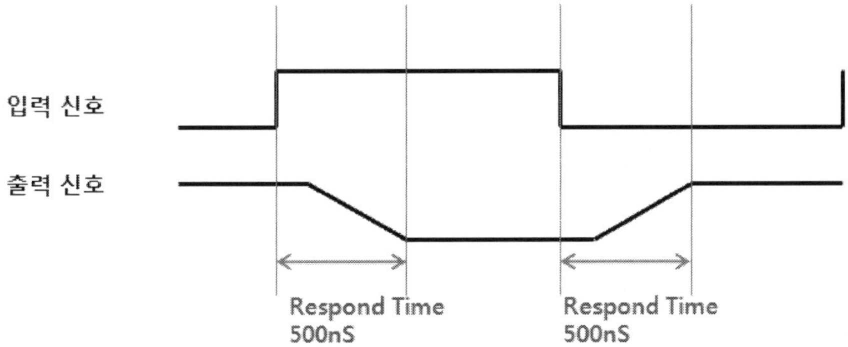

수많은 종류의 Comparator IC가 있다. Response Time이 사용하기에 충분한지 확인 후 회로에 적용해야 한다.

Comparator는 전압 증폭률이 100dB(10,000배) 이상이다. 입력에 매우 작은 신호가 인가되어도 크게 증폭된다. 아래 회로는 사용 예를 보여준다.

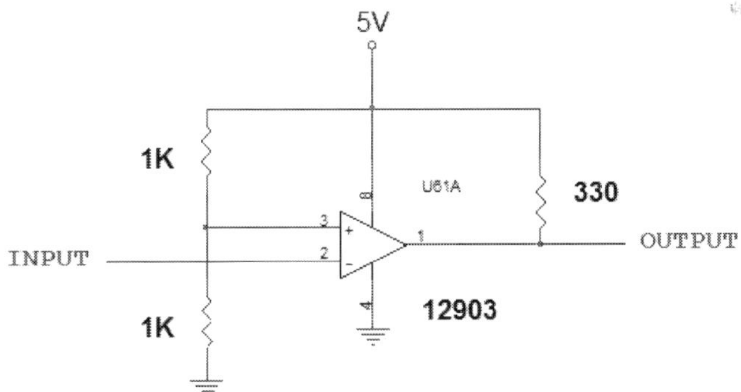

입력(Input)은 DC 2.5V에 작은 AC 신호가 약 1mV 정도가 실려서 Comparator (−)입력단자에 인가되고 (+)단자에는 5V을 1K, 1K 저항으로 분주한 전압인 2.5V가 인가되었다고 하면

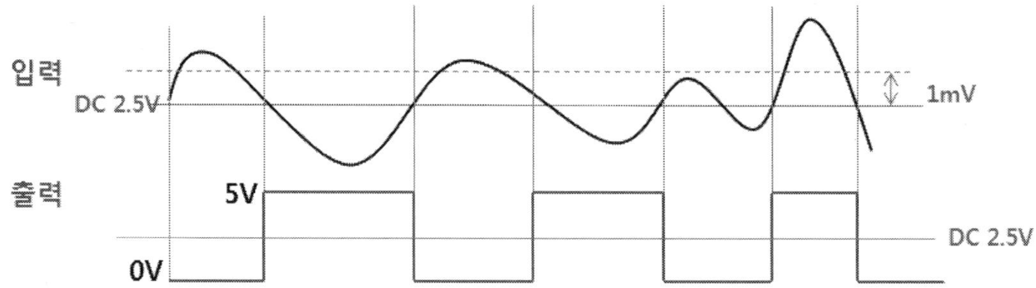

출력은 입력이 차이가 "0V" 인 경우 "DC 2.5V" 이다. 입력의 차이 신호가 있으면 약 10,000배 증폭한다. (-)단자가 1mV 큰 경우(위에 표시한 부분)는 10,000배 증폭이 되면 $(-1mV) \times 10,000 = -10V$만큼이 출력에 더해진다. $2.5V + (-10V) = -7.5V$가 되어야하나, 위의 회로에서 보면 전원은 5V, 0V 이외에는 없다. 즉 "0V" 보다 작아질 수 없다. 따라서 출력은 "0V" 가 된다.

마찬가지로 (-)단자가 1mV 작은 경우, $(1mV) \times 10,000 = 10V$ 만큼이 출력에 더해진다. $2.5V + (10V) = 12.5V$가 되어야하나, 출력은 5V가 된다.

대부분의 Comparator는 출력에 저항을 연결해야 한다. 이런 출력 형태를 Open Collector 출력이라 한다.

Open Collector, Open Drain

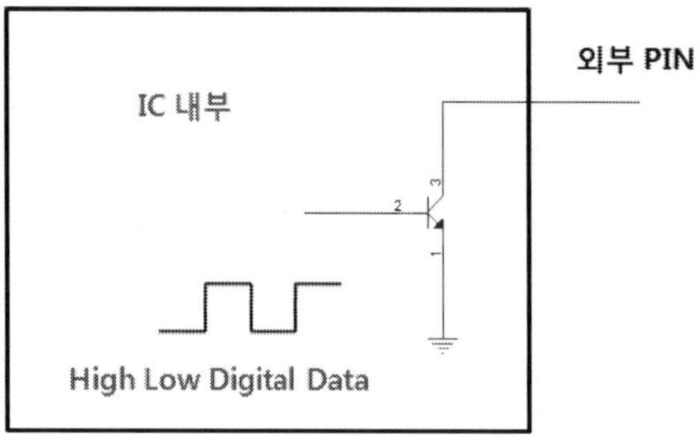

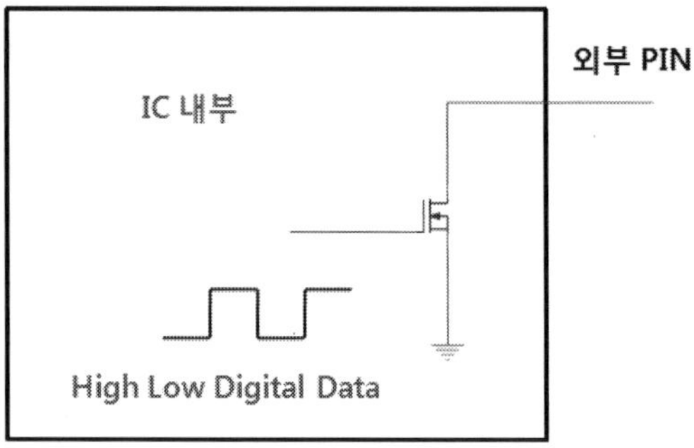

Digital Logic의 경우, Transistor Collector 또는 MOSFET의 Drain이 PIN으로 직접 나와 있는 경우가 있다. Collector Drain이 "Open" 상태여서 출력은 나타나지 않는다. 출력이 나타나게 하기 위해서는 저항 R을 연결해야 한다.

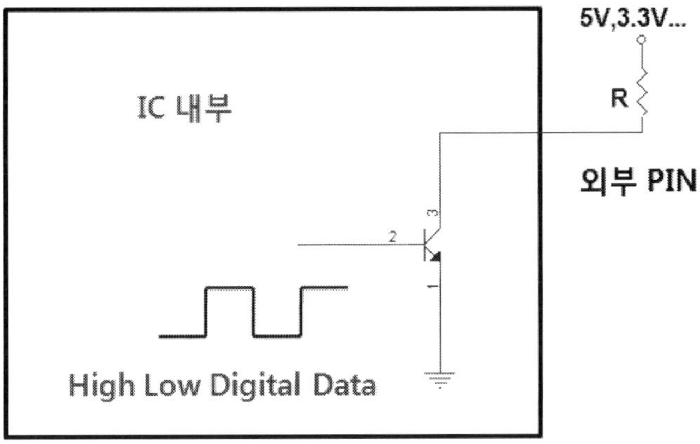

위와 같이 외부에 저항 R과 전압 5V 등을 연결해야만 출력신호가 나타난다.
이와 같은 회로를 "Open Collector", "Open Drain"이라 한다.
저항 R은 Rise Fall time을 좋게 하기 위해 220~470Ω 사이를 사용한다.

Open Collector, Open Drain회로는 Wired - AND가 가능하다.

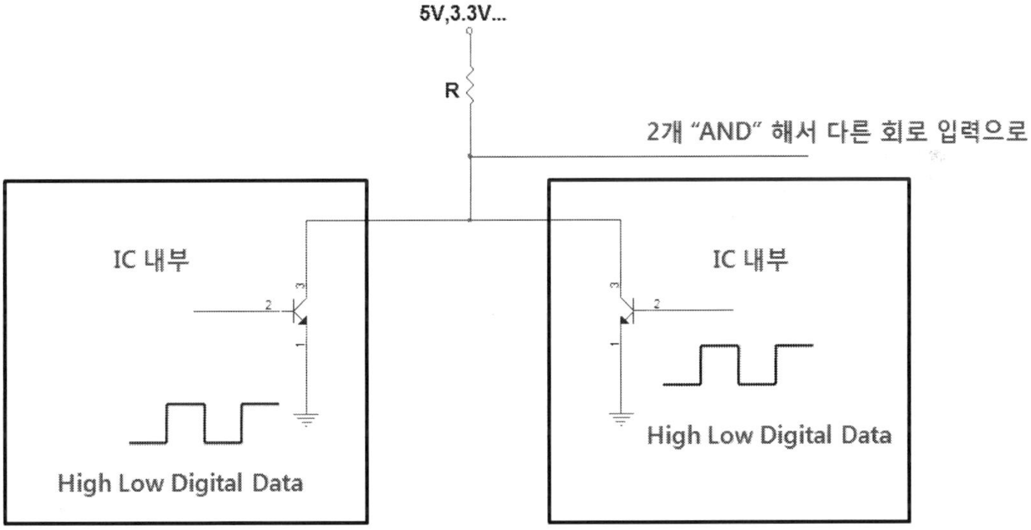

Open Collector(Drain)경우는 위와 같이 출력을 연결해서 하나의 신호로 바꿀 수 있다. 출력 Transistor 둘 중 하나만 "0" 이면 "0" 이 된다. 출력에서 보면 "AND" 기능과 같다.

이와 같은 구조는 PC의 경우 "Interrupt", "DMA" 신호 입력 처리에 사용하고 있다.

2.2.4 High Speed OP Amp

통신 Line 등이 10M, 100M 등의 신호는 기지국(전화국)에서 신호를 보내 사용자까지 오는 동안 신호는 작아지고, 정상적인 동작을 위해서는 증폭을 해야 한다. 이런 목적으로 고 주파수 동작이 가능케 한 OP Amp이다.

OPA 2681은 이런 목적으로 만들어진 OPAMP이다.

OPA2681

SpeedPlus™ Dual Wideband, Current Feedback OPERATIONAL AMPLIFIER With Disable

FEATURES

- WIDEBAND +5V OPERATION: 225MHz (G = +2)
- UNITY GAIN STABLE: 280MHz (G = 1)
- HIGH OUTPUT CURRENT: 150mA
- OUTPUT VOLTAGE SWING: ±4.0V
- HIGH SLEW RATE: 2100V/μs
- LOW SUPPLY CURRENT: 6mA/ch
- LOW DISABLED CURRENT: 200μA/ch
- ENABLE/DISABLE TIME: 25ns/100ns

APPLICATIONS

- xDSL LINE DRIVER
- MATCHED I/Q CHANNEL AMPLIFIER
- BROADBAND VIDEO BUFFERS
- HIGH SPEED IMAGING CHANNELS
- PORTABLE INSTRUMENTS
- DIFFERENTIAL ADC DRIVERS
- ACTIVE FILTERS
- WIDEBAND INVERTING SUMMING

Application 회로

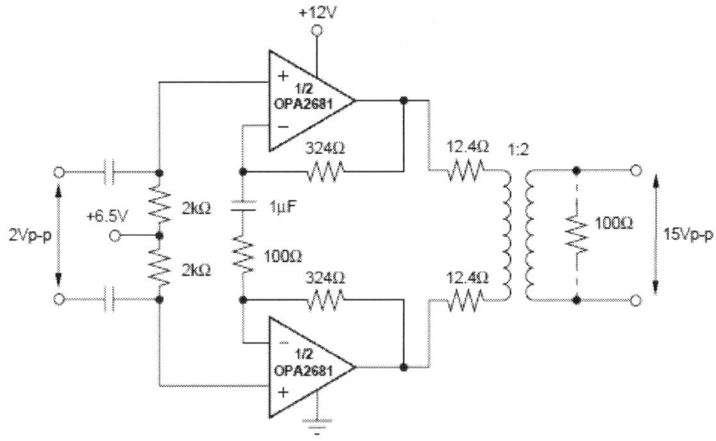

Single Supply ADSL Upstream Driver

Specification

PARAMETER	CONDITIONS	OPA2681U, N TYP +25°C	GUARANTEED +25°C[2]	GUARANTEED 0°C to 70°C[3]	GUARANTEED −40°C to +85°C[3]	UNITS	MIN/ MAX	TEST LEVEL[1]
AC PERFORMANCE (Figure 1)								
Small-Signal Bandwidth (V_O = 0.5Vp-p)	G = +1, R_F = 453Ω	280				MHz	typ	C
	G = +2, R_F = 402Ω	220	220	210	190	MHz	min	B
	G = +5, R_F = 261Ω	185				MHz	typ	C
	G = +10, R_F = 180Ω	125				MHz	typ	C
Bandwidth for 0.1dB Gain Flatness	G = +2, V_O = 0.5Vp-p	90	50	45	45	MHz	min	B
Peaking at a Gain of +1	R_F = 453, V_O = 0.5Vp-p	0.4	2	4		dB	max	B
Large-Signal Bandwidth	G = +2, V_O = 5Vp-p	150				MHz	typ	C
Slew Rate	G = +2, 4V Step	2100	1600	1600	1200	V/μs	min	B
Rise/Fall Time	G = +2, V_O = 0.5V Step	1.7				ns	typ	C

225MHz에서 사용가능하도록 만들어진 OpAmp임을 알 수 있다. 대부분 특정용도로 사용하도록 설계되어 있어 항상 Application 회로가 첨부된다.

연습 2-2-4

아래 회로는 Low Noise용으로 많이 사용되는 "TL071,072,074"의 내부회로이다.
각 Transistor의 역할을 설명하시오. Internet에서 검색하여 "4558"과 차이점을 기술하시오.

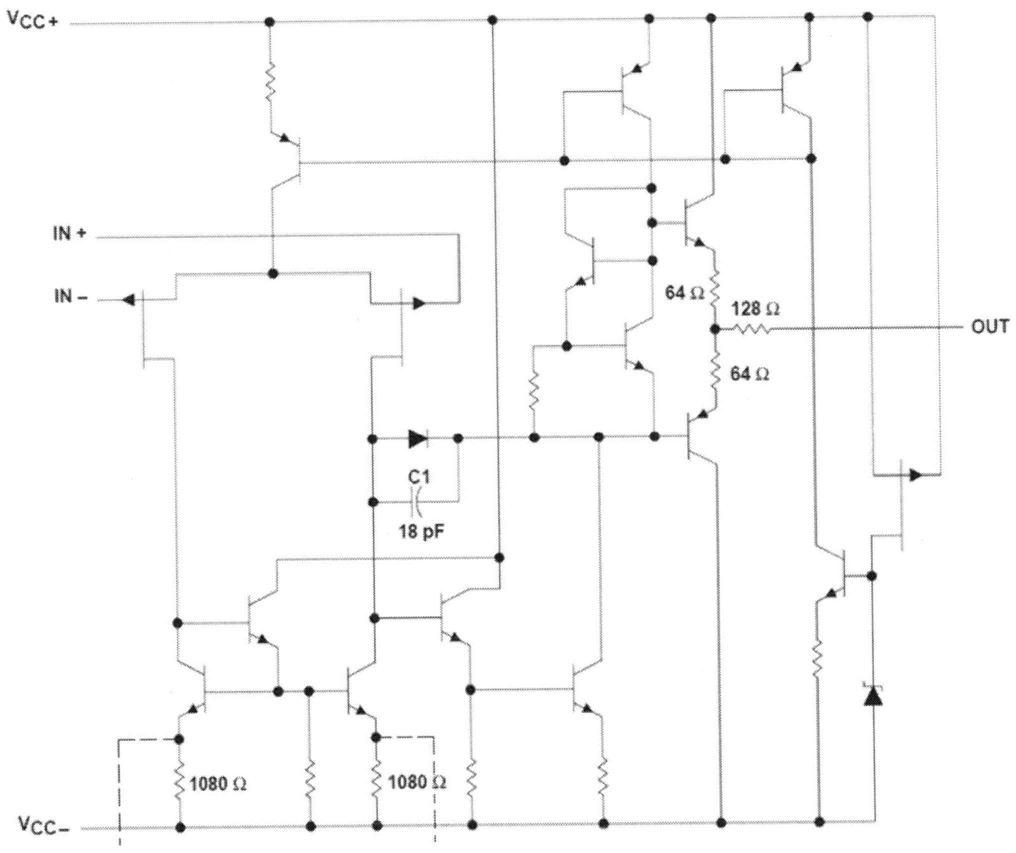

문제풀이 | ANSWER

Linear IC

예제 2-1-1

아래 회로의 A_V, Z_{in}, Z_{out}를 등가회로를 이용해서 구하시오.

a)

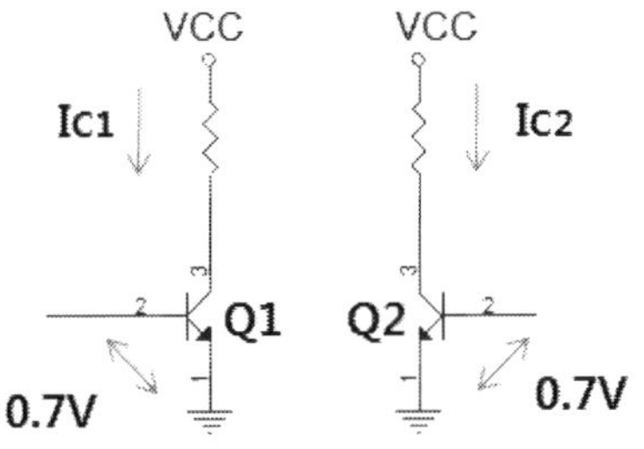

Q1 Q2의 V_{BE} 가 같다.
$I_{C1} = I_{C2}$

b)

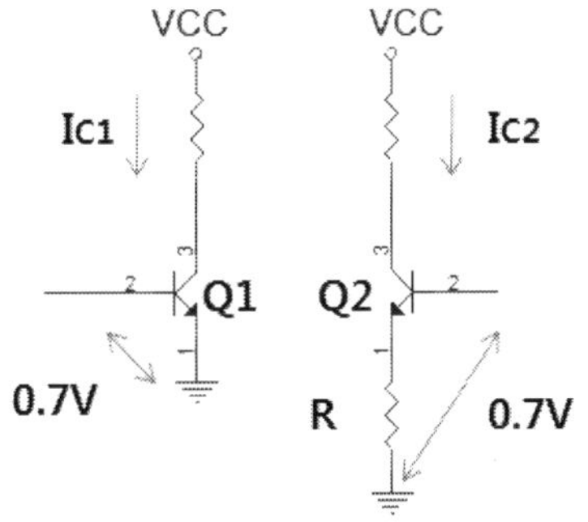

Q2 $0.7V = V_{BE} + I_E * R$
Q2의 VBE는 0.7V 보다는 작다.
$I_{C1} > I_{C2}$

예제 2-1-2

$VCC = 5V$, $R = 1K$일 때 전류 $I_1 - I_3$는?

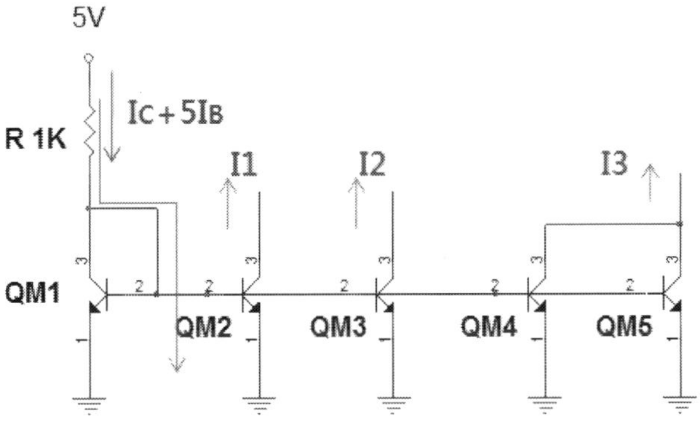

$Q_{M1} \sim Q_{M5}$까지의 Base Emitter는 같이 연결되어 있다. 따라서 Base Collector 전류는 같다.

저항 R에 흐르는 전류는 TR 5개의 Base 전류 I_B와 I_C의 합으로 표시된다.

파란 선을 따라 키르호프의 전압 식을 쓰면

$$V_{CC} = R(I_C + 5I_B) + 0.7$$

$$I_C = \frac{V_{CC} - 0.7}{R\left(1 + \frac{5}{\beta}\right)} \approx \frac{V_{CC} - 0.7}{R}(\beta > 100) = \frac{5 - 0.7}{1K} = 4.3mA$$

$$I_1 = 4.3mA, \quad I_2 = 4.3mA, \quad I_3 = 4.3mA \times 2 = 8.6mA(2개)$$

예제 2-1-4
아래 개선된 Current Mirror의 결과식을 유도하시오.

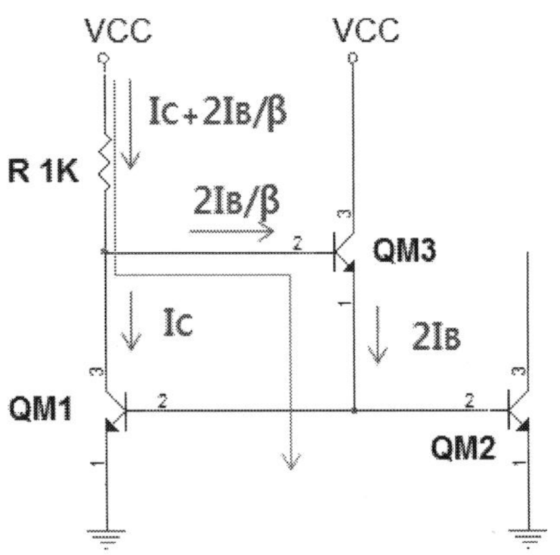

파란 선을 따라 키르호프의 전압 식을 쓰면

$$V_{CC} = R\left(I_C + 2\frac{I_B}{\beta}\right) + 1.4 = R\left(I_C + 2\frac{I_C}{\beta^2}\right) + 1.4$$

$$I_C = \frac{V_{CC} - 1.4}{R\left(1 + \frac{2}{\beta^2}\right)}$$

예제 2-2-2
Gain Bandwidth Product는?

$$110dB \approx 20\log_{10} A_v \rightarrow A_v \approx 3 \times 10^5$$

$$-3dB\ Bandwidth \approx 20Hz$$

$$Gain \times Bandwidth = 3 \times 10^5 \times 20 = 6 \times 10^6 Hz = 6MHz$$

예제 2-2-4

아래 회로는 “12903” 의 내부 회로이다. 동작을 설명하시오.

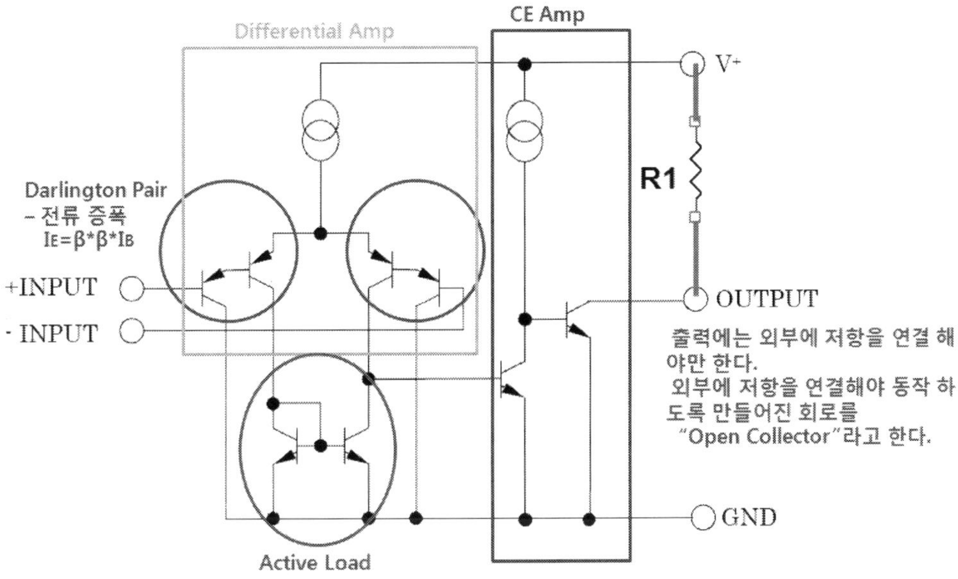

Differential amp ,Darlington , active load(current mirror), CE amp, Open collector

CHAPTER 3 Operational Amplifier 응용

이 장에서는 OP Amp의 실제 회로 설계의 예에 대해서 알아본다. OP Amp는 손쉽게 설계하기 위해서 만들어졌다. 사용하는 방법이 거의 정해져 있고, 사용방법이 쉽기 때문에, 몇 가지 사용법만 정확히 알면 손쉽게 사용 가능하다. 아울러 IC manual에는 Application Note 상태로 사용하는 예가 표시되어 있어서 그대로 사용 가능하다. 이 장에서는 OP Amp의 사용예를 알기 위한 기초로 Low Pass Filter 및 Negative Feedback에 대한 개념부터 알아본다.

3.1 LPF

Capacitor와 Inductor는 주파수에 따라 등가 저항값이 변한다. 이 장에서는 Capacitor만 다룬다.

아래 그림은 기호와 Impedance를 복소수 축에 그린 그림이다. 주파수가 커지면 저항 값은 작아지고 위상은 -90도 바뀐다.

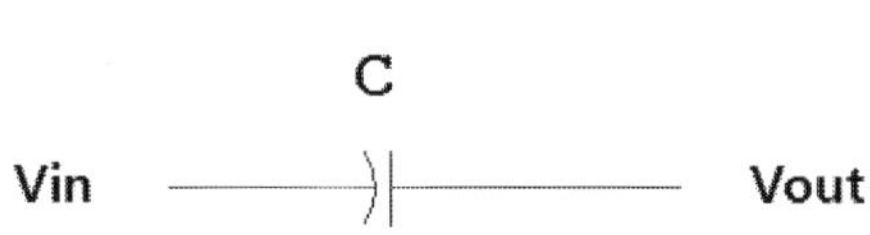

$$Z = \frac{1}{j\omega C} = \frac{1}{j(2\pi f)C}$$ (f 는 주파수)

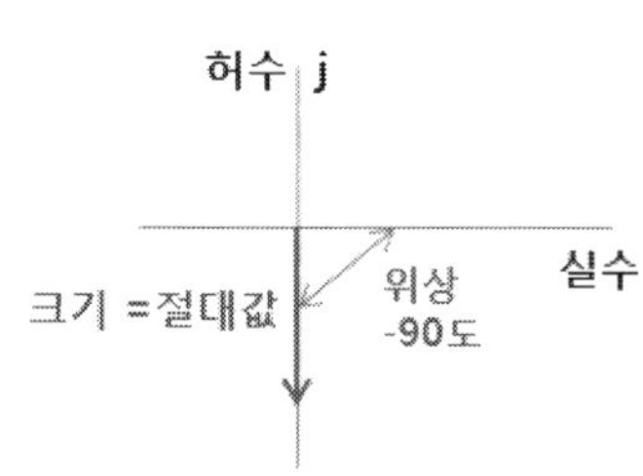

Capacitor는 주파수에 따라 저항값이 변한다. 이것을 이용하면 주파수에 따라 출력을 변화시킬 수 있다. 낮은 주파수의 신호는 그대로 통과시키고, 높은 주파수의 신호는 차단시킬 수 있다. 이와 같은 구조를 가진 것을 Low Pass Filter(저주파 필터)라고 한다.

반대로 높은 주파수의 신호는 그대로 통과시키고, 낮은 주파수의 신호는 차단시킬 수도 있다. 이와 같은 구조를 가진 것을 High Pass Filter(고주파 필터)라고 한다.

주파수에 따른 Capacitor의 특성을 이용해 아래와 같은 RC 회로를 구성하면 낮은 주파수에서는 입력 파형이 그대로 출력이 되나 높은 주파수에서는 출력이 거의 안 되는 Low Pass Filter가 된다.

우측의 그림은 복소수 축에 표시한 것이다. 절대값과 위상으로 표시 가능하다.

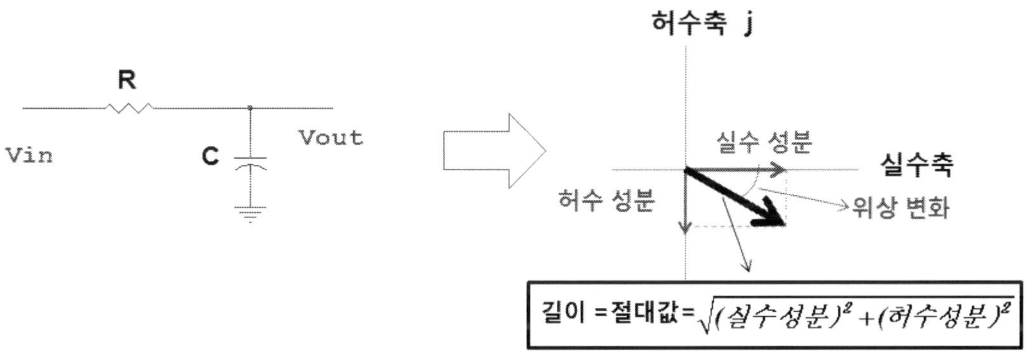

전압 증폭률을 구하면

$$A_V = \frac{v_{out}}{v_{in}} = \frac{\frac{1}{j\omega C}}{R + \frac{1}{j\omega C}} = \frac{1}{1 + j\omega RC} = \frac{1}{1 + j\left(\frac{\omega}{\frac{1}{RC}}\right)}$$

와 같이 되고 $\omega_o = \frac{1}{RC}$라 하면

$$A_V = \frac{v_{out}}{v_{in}} = \frac{1}{1 + j\left(\frac{\omega}{\omega_o}\right)}$$

가 된다.

위의 식을 주파수에 따라 간단히 계산하기 위해 ω_o을 기준으로 아주 낮은 주파수, 같은 주파수, 아주 높은 주파수의 경우로 나누어 계산한다.

1) $\omega \ll \omega_o$일 때 $\frac{\omega}{\omega_o} \ll 1$이면 $A_V = \frac{1}{1+j\left(\frac{\omega}{\omega_o}\right)} = \frac{1}{1} = 1$이 되고, $20\log_{10}1 = 0dB$가 된다.

위상은 실수 값만 있어서 위상 변화 없이 "0도" 이다.

2) $\omega = \omega_o$일 때 $\frac{\omega}{\omega_o} = 1$이면 $A_V = \frac{1}{1+j(1)}$이 되고

절대값은 $|A_V| = \frac{1^2}{\sqrt{1^2+1^2}} = \frac{1}{\sqrt{2}} = 0.7$,

Decibel로는 $20\log_{10}\frac{1}{\sqrt{2}} = -20\log_{10}\sqrt{2} = -10\log_{10}1 = -10*0.3 = -3dB$

위상은 실수 허수가 같기 때문에 "-45도" 로 변한다.

3) $\omega \gg \omega_o$일 때 $\frac{\omega}{\omega_o} \gg 1$이면 $A_V = \frac{1}{1+j\left(\frac{\omega}{\omega_o}\right)} = \frac{1}{1\left(\frac{\omega}{\omega_o}\right)}$이 되고

절대값은 $|A_V| = \frac{1}{\left(\frac{\omega}{\omega_o}\right)} = \frac{\omega_o}{\omega}$

Decibel로는 $20\log_{10}\frac{\omega_o}{\omega} = 20\log_{10}\omega_o - 20\log_{10}\omega$

ω_o는 상수이고 ω는 변수(주파수)를 나타낸다. ω가 10배 커지면 -20log10이 되어 -20dB 작아진다. 이것을 -20dB/Decade라고 한다.
위상은 허수만 있기 때문에 "-90 도" 변한다.

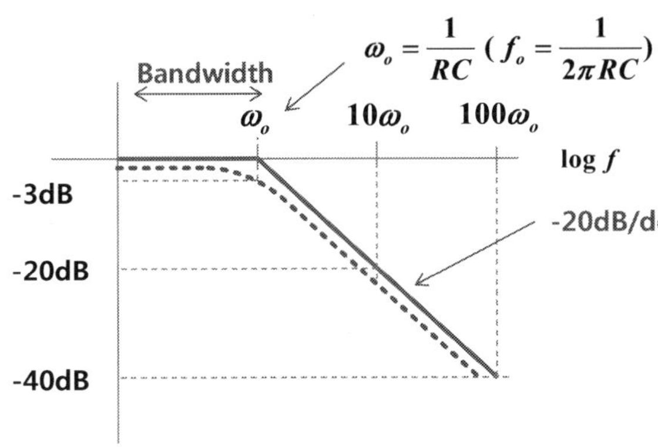

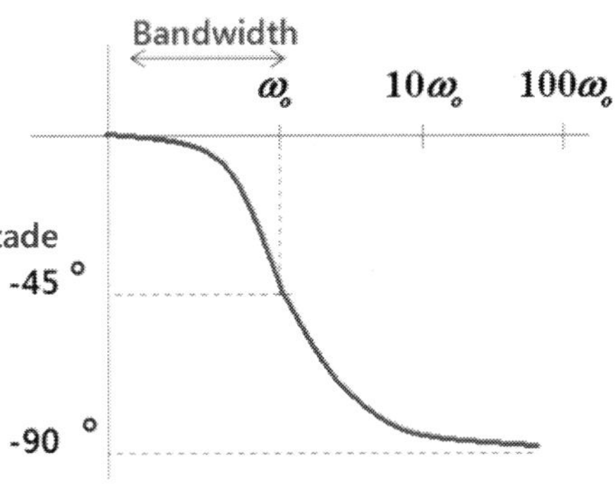

점선은 실제 표시이고 실선은 대충 표시한 선이다.
보통의 경우 오차가 있기 때문에 실선을 이용해도 별 문제 될 것 없다.
실선을 Bode Plot(보데 선도)라고 한다.

$$\omega_o = 2\pi f_o \text{이고 } f_o = \frac{1}{2\pi RC}$$

를 Cutoff Frequency라 하고, 그 구간까지를 Bandwidth(대역폭)이라 한다.

위상은 f_o에서 45도 그 이후 90도까지 변한다.

사용주파수 내에서는 증폭률과 위상이 일정해야 한다. Bandwidth에서는 −3dB 증폭률, −45도 위상 변화가 있다. 사용주파수대역과 3dB Bandwidth를 같게 해서는 안된다. 일반적인 Audio 경우 사용주파수의 최대 10배 정도를 Bandwidth가 되게 설계한다.

예제 3-1-1

$R = 1K$, $C = 1000pF$일 경우 증폭률과 위상의 그림을 그리시오.

연습 3-1-1

$R = 10K$, $C = 1000pF$일 경우 증폭률과 위상의 그림을 그리시오.

예제 3-1-2

High Pass Filter에 대해서 표시하시오.

3.2 OP Amp의 주파수 증폭률 특성 및 등가회로

앞의 4558 특성을 단순화하면

DC gain = 100dB -3dB 주파수 20Hz

이후는 -20dB/Decade로 볼 수 있다. (아래 그림)

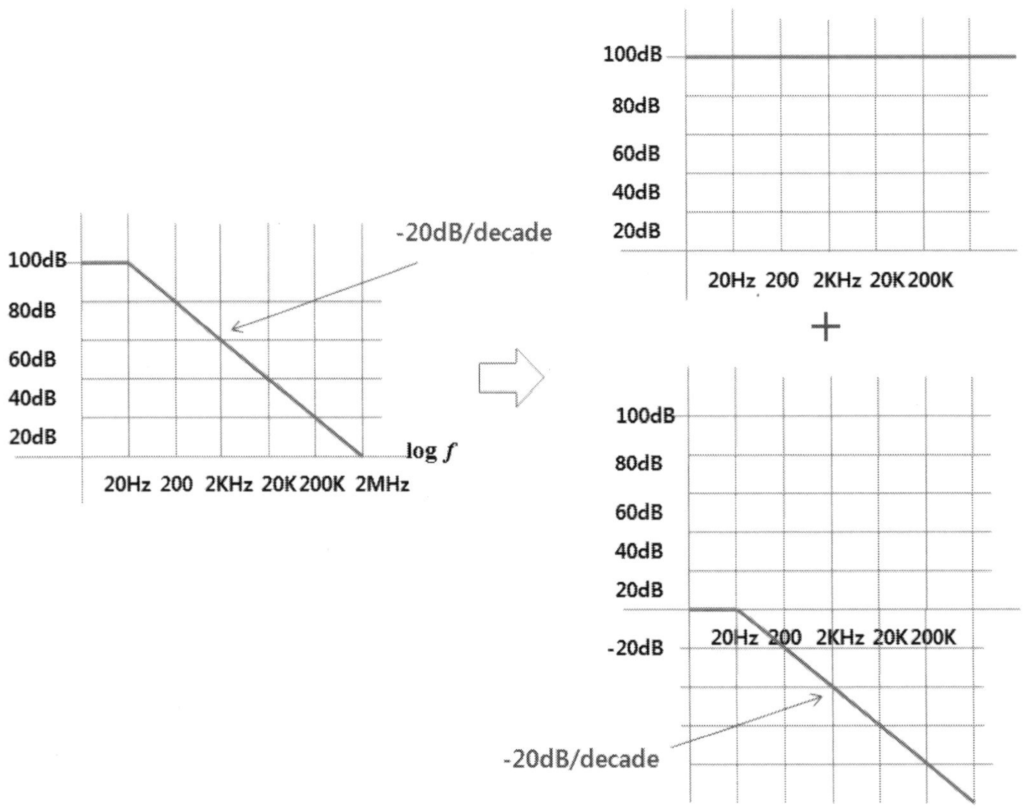

이 특성 곡선을 2개로 나누어 그릴 수 있다. 주파수에 상관없는 100dB+주파수에 따라(−20dB/decade)인 곡선으로 나눌 수 있다.

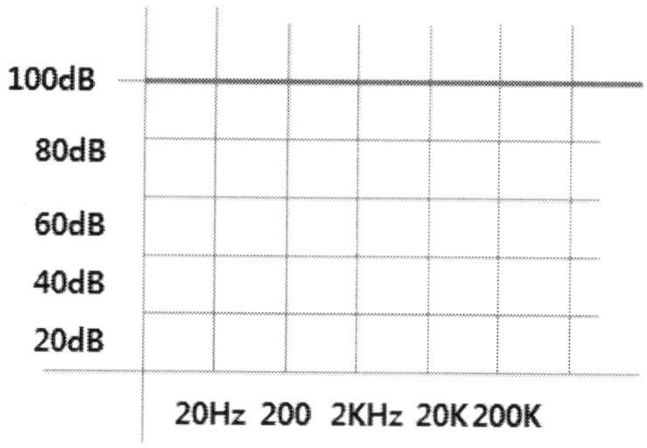

옆의 그림은 주파수 상관없는 100dB 증폭기로

$$A_o = \frac{v_o}{v_i} = 100dB = 10^5$$

+

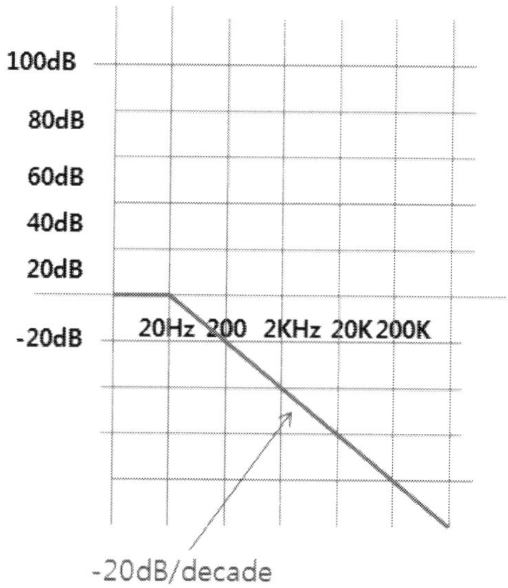

옆의 그림은 −3dB point가 20Hz인 Low Pass Filter로 표시된다. 회로는 아래와 같다.

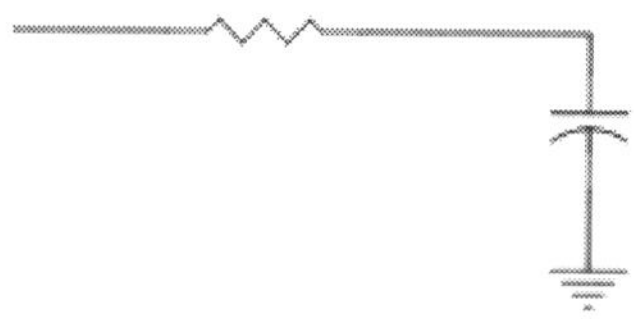

$$A_V = \frac{v_o}{v_i} = \frac{1}{1+j\left(\frac{\omega}{\omega_o}\right)}$$

log 더하기는 곱하기로 표시되기 때문에($\log a + \log b = \log ab$)
앞의 2개 더하기는 2개의 곱으로 표시된다.
OP Amp의 증폭률에 대한 일반 식은 아래와 같이 표시할 수 있다.

$$A_V = \frac{v_o}{v_i} = A_o * \frac{1}{1+j\left(\frac{\omega}{\omega_o}\right)} = \frac{A_o}{1+j\left(\frac{\omega}{\omega_o}\right)}$$

위 식을 기초로 일반적인 OP Amp의 등가 회로는 다음 그림과 같이 **"주파수에 상관없는 일정한 증폭률의 증폭기"** 와 **"Low Pass Filter"** 로 표시할 수 있다.

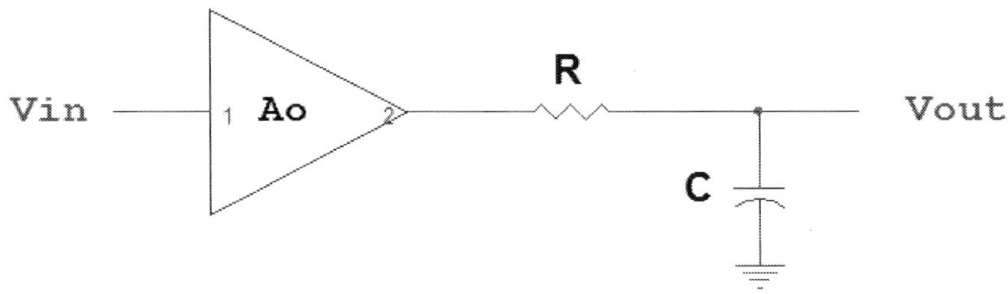

3.3 OP Amp의 Negative Feedback

Negative Feedback은 일반적으로 발진기(Oscillator)를 제외한 모든 회로에 적용이 된다. **회로의 안정성을 위해서는 필수적이다.** OP Amp도 기본적으로 Negative Feedback 상태에서의 회로만 사용한다.

이 절에서는 Negative Feedback 의 구조및 동작을 설명하고 OP Amp에서의 적용을 알아본다.

Negative Feedback은 아래 그림과 같은 구조를 갖고 있다. 증폭을 담당하는 Amp A와 Feedback Factor β 로 구성된다. Amp A는 OP amp 또는 CE 회로 증폭기 등을 표시하며 Feedback Factor β 는 출력의 일부를 입력으로 돌려보내는 회로로 주로 저항 Capacitor 등으로 구성된다.(Miller 효과 참조)

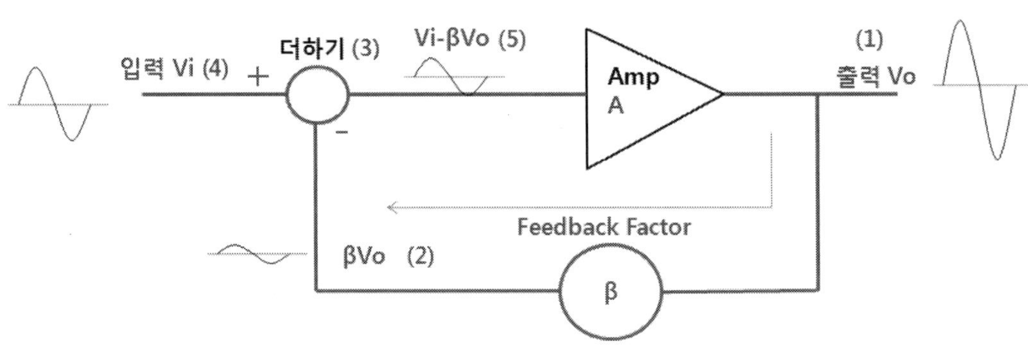

출력 V_o(1)는 Feedback Factor β와 곱해져 βV_o(2)가 된다.

이 신호는 더하기 회로 (3)에서 입력 신호 V_i(4)과 (+), (-)부호로 더해진다. 결국은 두 신호의 빼기가 된다. (Negative FeedBack)

더하기 회로의 출력 $(V_i - \beta V_o)$(5)는 Amp A의 입력이 되어 입력 V_i(4)가 직접

들어간 경우보다 작아진다.

출력은 증폭률 ×입력으로 $V_o = A(V_i - \beta V_o)$(1) 나타난다.

Negative Feedback은 출력을 줄여 증폭률을 작게 한다. 반대급부로 안정성 및 Band width 등을 개선한다.

$$V_o = A*(V_i - \beta V_o) = AV_i - A\beta V_o \Rightarrow V_o + \beta A V_o = V_o(1+\beta A) = AV_i$$

$$\Rightarrow A_{VF} = \frac{V_o}{V_i} = \frac{A}{(1+\beta A)} \quad \text{Feedback후 증폭률}$$

위의 Negative Feedback에 OP amp의 일반식을 적용하면

$$A_{VF} = \frac{V_o}{V_i} = \frac{A}{(1+\beta A)} \qquad A = \frac{A_o}{1+j(\frac{\omega}{\omega_o})}$$

$$= \frac{\dfrac{A_0}{1+j(\frac{\omega}{\omega_o})}}{(1+\beta\dfrac{A_0}{1+j(\frac{\omega}{\omega_o})})} = \frac{A_0}{1+j(\frac{\omega}{\omega_o})+\beta A_0} = \frac{A_0}{(1+\beta A_0)+j(\frac{\omega}{\omega_o})}$$

$$= \frac{\dfrac{A_0}{(1+\beta A_0)}}{1+j(\dfrac{\omega}{(1+\beta A_0)\omega_o})}$$

로 표시된다.

$$A_{OF} = \frac{A_o}{1+\beta A_O}, \quad \omega_{oF} = (1+\beta A_o)\omega_o$$

이라 하면, Feedback 후 증폭률은

$$A_{VF} = \frac{A_{OF}}{1+j\left(\frac{\omega}{\omega_{oF}}\right)}$$

로 나타난다.

OP Amp의 일반식과 비교하면

Feedback 후 DC 증폭률은 $A_O \Rightarrow A_{OF} = \dfrac{A_O}{1+\beta A_O}$

Bandwidth는 $\omega_o \Rightarrow \omega_{oF} = (1+\beta A_O)\omega_o$로 나타난다.

Negative Feedback 전후의 Gain(증폭률)과 Bandwidth를 곱해 보면

Feedback 전 $A_O \times \omega_o$

Feedback 후 $A_{OF} \times \omega_{oF} = \dfrac{A_O}{1+\beta A_O} \times (1+\beta A_O)\omega_o = A_O \times \omega_o$

두 개의 결과가 동일한 것을 볼 수 있다.

Negative Feedback하면 Gain은 줄고 Bandwidth는 늘어나고 Gain Bandwidth Product는 변하지 않는다.

예제 3-3-1

OP Amp의 주파수 특성은 아래 그림과 같다.

a) 만약 Gain을 20으로 하는 negative feedback 회로를 구성하였다면 Bandwidth는?

b) Bandwidth을 200kHz 이상으로 할 때 사용 가능한 최대 Gain은?

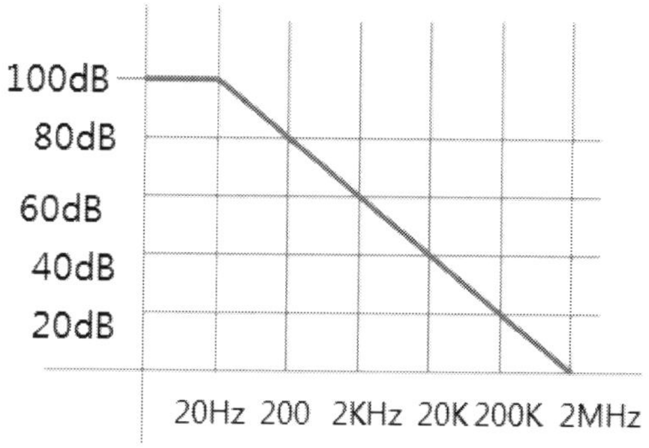

연습 3-3-1

a) 만약 Gain이 50이면 Bandwidth는?

b) Bandwidth을 100kHz 이상으로 할 때 사용 가능한 최대 Gain은?

예제 3-3-2

Positive Feedback 경우는 빼주기 대신 더해준다. 출력의 상태는 어떻게 될까?

3.4 OP Amp의 특성 및 등가회로

General Purpose OP Amp의 Spec을 요약하면 아래와 같다.

Gain = 100dB 정도

Z_i = 1-5 MΩ

Z_o = 거의 0

3dB BANDWIDTH(대역폭) = 20Hz 정도

CMRR = 80dB 이상

이다.

+입력과 출력 = 동위상
- 입력과 출력 = 반대 위상

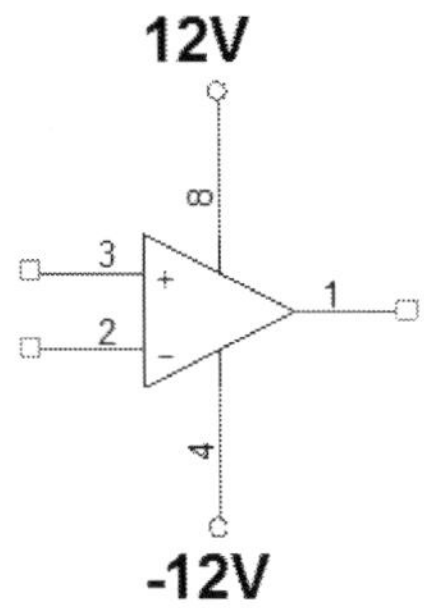

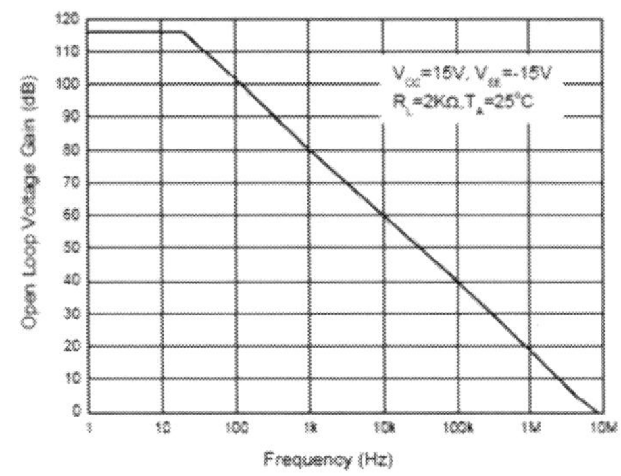

2개의 입력을 가지고 출력은 대부분 한 개이다.

전원은 기본적으로 (+), (-)의 양 전원을 사용하는 것을 기본으로 한다. 단일전원으로 사용 가능하다.

OP AMP의 등가 회로는 아래 그림과 같이 표시 가능하다.

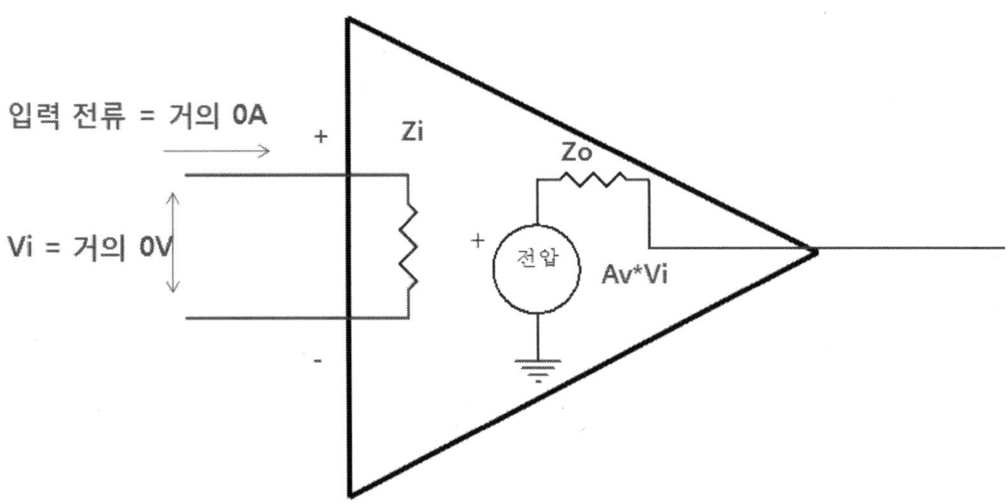

Z_i는 거의 1MΩ 이상으로 매우 크다. Z_o는 거의 0이다. Gain A_V는 100dB (10^5) 정도이다.

출력 전압이 1V인 경우 입력 전압은 $\frac{1V}{10^5} = 10\mu V$로 매우 적다.

입력 전류는 $\frac{10\mu V}{1M\Omega} = 10pA$로 매우 적어 입력 전압 전류가 0V, 0A로 가정해도 큰 문제없다.

OP Amp 해석의 가장 중요한 가정은 “입력 전압이 거의 “0V” 이고 입력 전류도 거의 “0A” 이다.

3.5 반전 증폭기 INVERTING AMPLIFIER

3.5.1 Inverting Amp의 DC gain

전원은 +VCC, −VEE의 양 전원 사용한다.(+12V, −12V 또는 +5V, −5V 등)

(+) 입력은 2개 전원의 중간 값 = 0V GROUND로 정해준다.

(−) 입력은 입력전압 V_i가 R_1 통해 인가되고 출력은 R_F 통해 Negative Feedback 된다.

입력과 출력은 항상 위상이 반대가 되어 반전 증폭기 Inverting Amp라고 한다. OP Amp 응용의 가장 기본이 되는 회로이다.

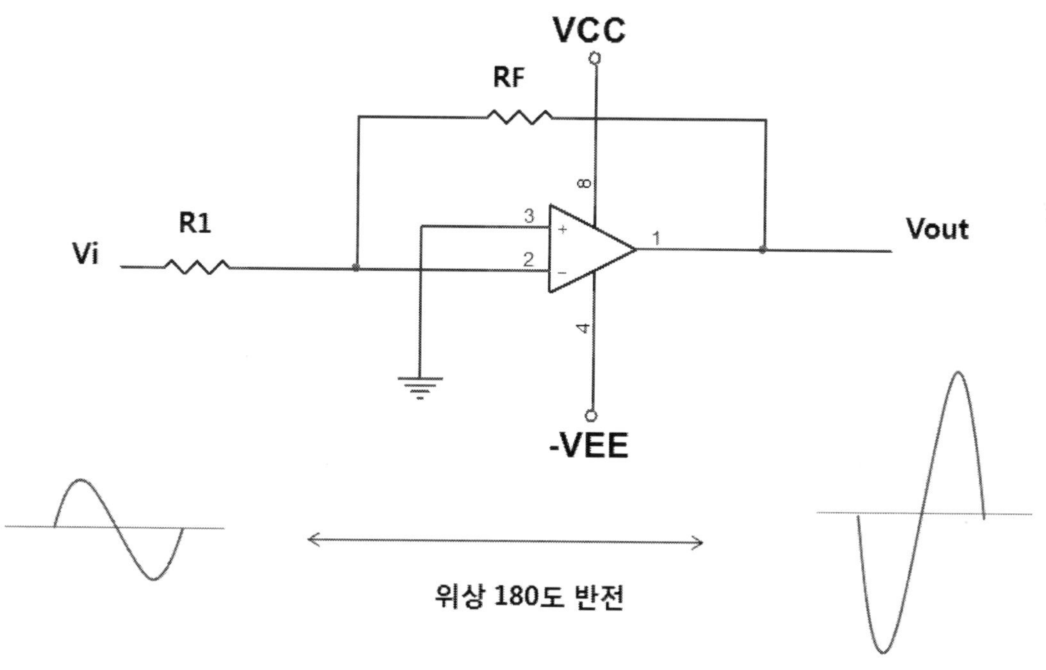

예제 3-5-1

위의 회로를 그리시오.

증폭률 계산을 위해 입력 전압 전류가 “0” 이라는 앞의 가정을 사용한다.

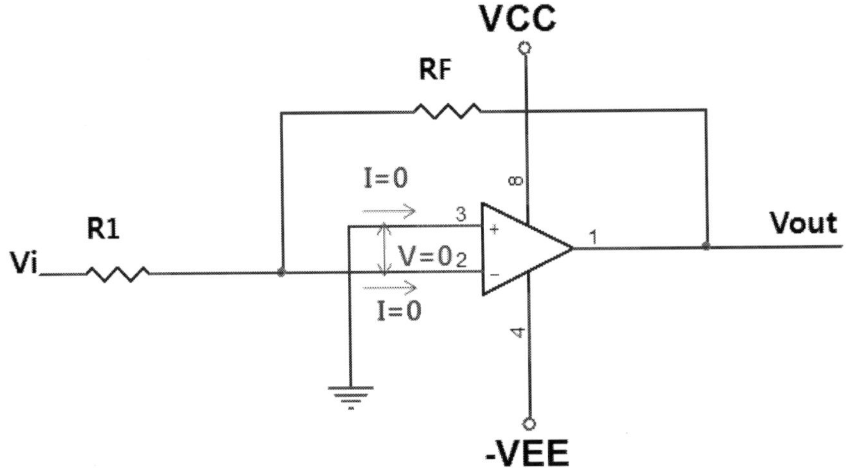

(+), (−) 2개 입력의 전류가 “0” 이면 Open으로 봐도 된다. 입력 전압 “0” 이면 (+) 입력 단자는 Ground 0V와 연결되어 있어서 (−) 입력단자도 0V가 된다. 이와 같은 경우를 가상접지(Virtual Ground)라 한다 .

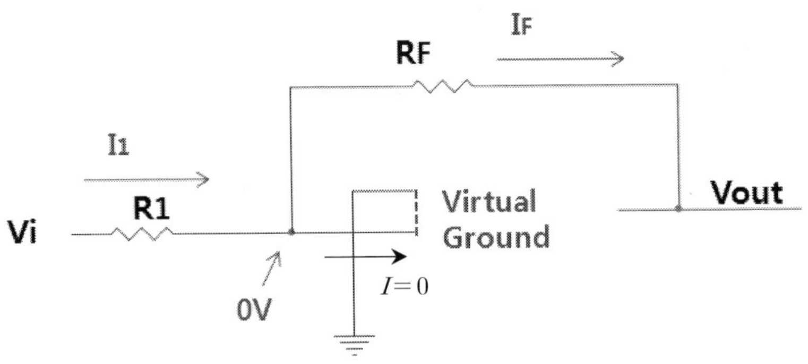

키르호프의 전류 법칙을 적용하면 $I_1 = I_F$가 된다.

$$I_1 = \frac{V_i - 0}{R_1} = I_F = \frac{0 - V_O}{R_F}$$

따라서 Gain

$$A_V = \frac{V_O}{V_i} = -\frac{R_F}{R_1}$$

가 된다.

예제 3-5-2

위의 해석을 다시 하시오.

예제 3-5-3

아래 회로의 출력은?

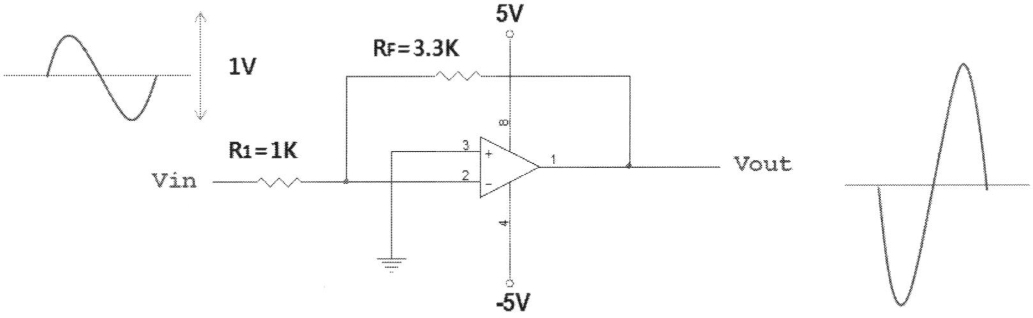

예제 3-5-4

입력이 1V일 때 출력이 6.8V가 되는 회로를 그리시오.

연습 3-5-4

입력이 10mV일 때 출력이 47mV가 되는 회로를 그리시오.

반전증폭기의 등가 입력 저항 Z_i는, Input과 Output 사이의 Feedback 저항 R_F를 Miller효과를 이용해 등가 저항으로 바꾸고, OP Amp는 등가 회로로 바꾸어 구하면 된다.

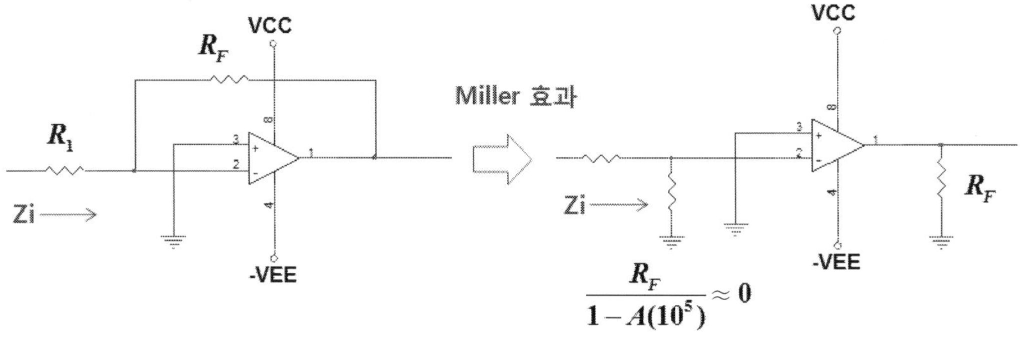

OP Amp 등가 회로

Zi = R1

반전 증폭기의 입력 등가 저항 값은 R_1과 같다. R_1, R_F에 주로 사용하는 저항은 1KΩ~10KΩ 정도이다. 따라서 반전 증폭기의 입력 저항은 대부분 1KΩ~10 KΩ 정도이다.

반전증폭기의 등가 출력 저항 Z_O은, Input과 Output 사이의 Feedback 저항 R_F를 Miller 효과를 이용해 등가 저항으로 바꾸고, OP Amp는 등가 회로로 대치한다.

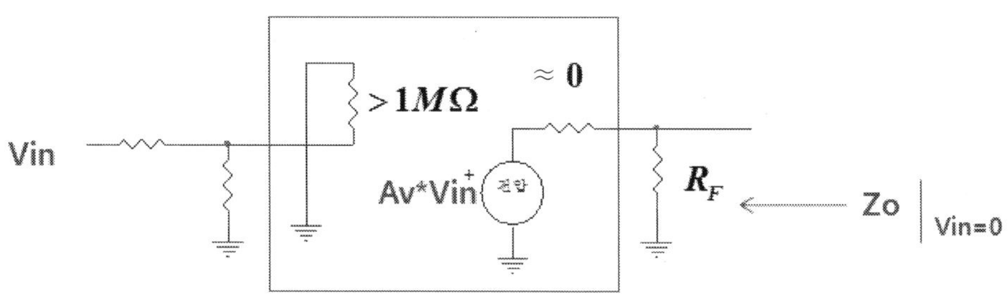

출력 등가 저항은 입력 전압 V_{in}이 "0" 인 경우의 값이다.

$V_{in} = 0$이면 $A_v * V_{in} = 0V$가 되어 다음 회로와 같아, 등가 저항은 "0"이 된다.

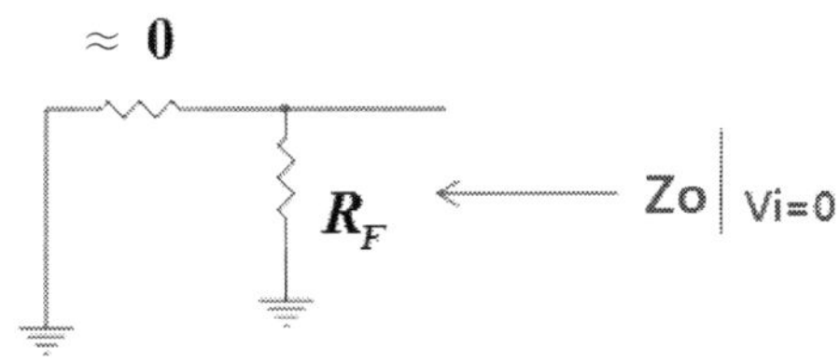

Zo = 거의 0

예제 3-5-5

출력 전압, Z_i, Z_O, 3dB Bandwidth는?

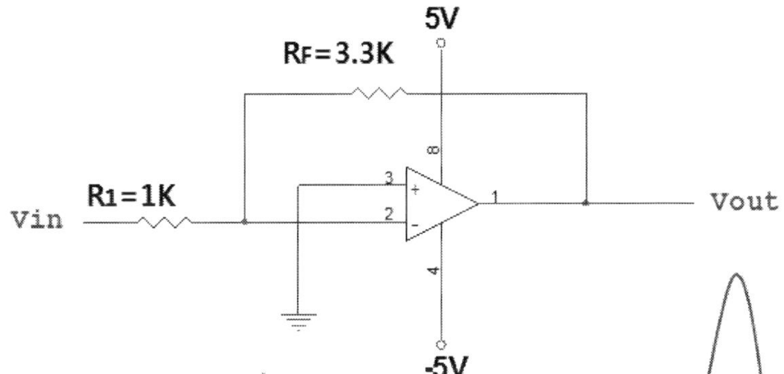

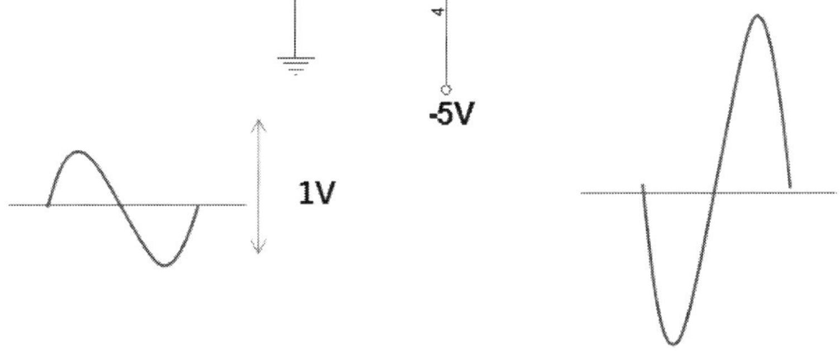

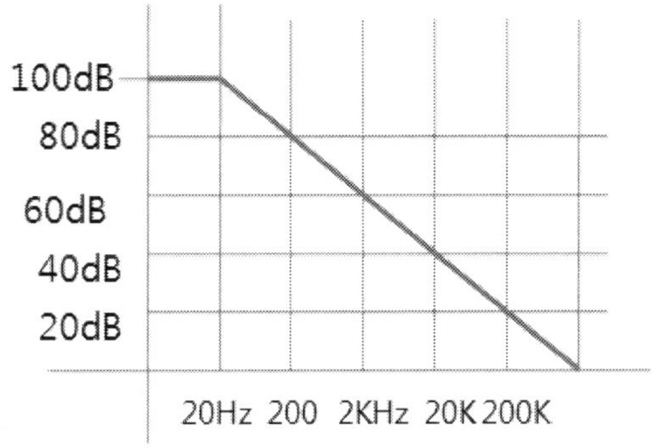

연습 3-5-5

$R = 2.2K$, $R_F = 8.2K$인 경우 출력 전압, Z_i, Z_o, 3dB Bandwidth는?

예제 3-5-6

$A_v = 2$이고 $Z_i > 3K$인 회로 그리기

연습 3-5-6

$A_v = 3$이고 $Z_i > 2K$인 회로 그리기

(+), (−) 양 전원을 쓰는 실제 증폭기 회로는 아래 그림과 같다.

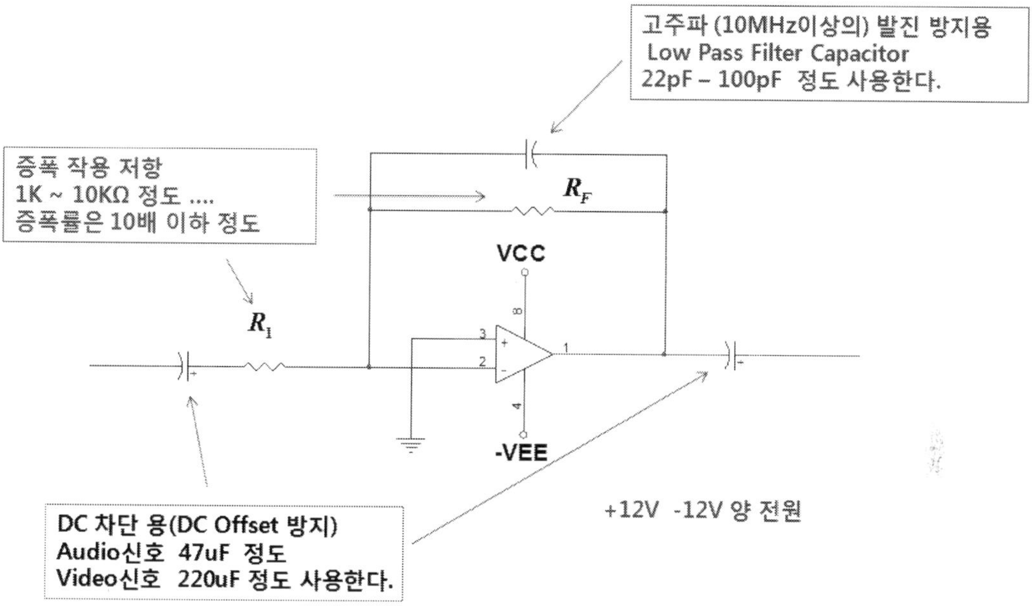

Capacitor는 주파수 특성에만 영향을 준다. 따라서 Bandwidth만 변한다. 사용 주파수대에서의 증폭률은 Capacitor 없이 계산하면 된다.

예제 3-5-7

$A_V = 10$이 되는 Audio용 회로를 그리시오.

연습 3-5-7

$A_V = 5$가 되는 Audio용 회로를 그리시오.

3.5.2 Inverting Amp의 주파수 특성

Capacitor가 회로에 첨가되면 주파수 특성이 변한다. 즉 Bandwidth가 변하게 된다. 이 절에서는 반전 증폭기의 주파수 특성에 대해 설명한다.

아래 그림을 보면 저항과 C로 구성된 Low Pass Filter가 있다. (3.1절)을 참조해서 보면 계산이 필요없이 3dB Bandwidth $f_o = 1/(2\pi RC)$이고 그 이후는 −20 dB/decade로 표시할 수 있다.

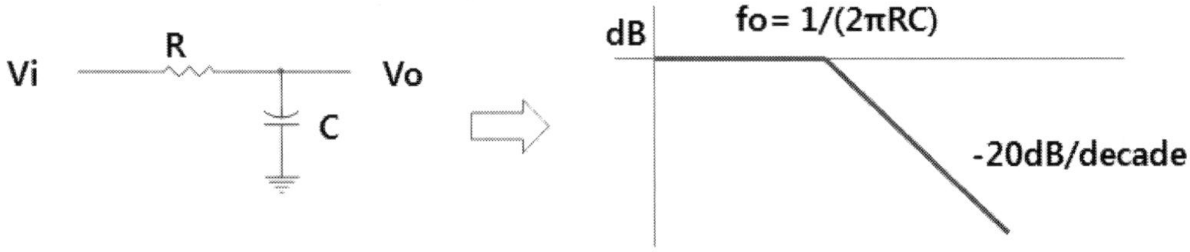

아래와 같이 회로가 복잡해지면 계산이 아주 복잡해진다.

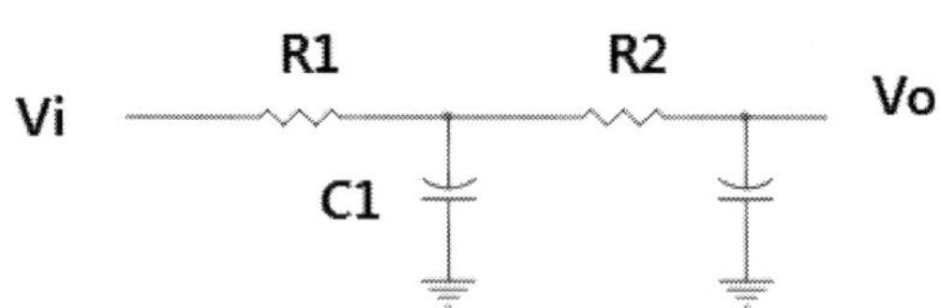

$$\frac{V_o}{V_i} = \frac{\left(\frac{1}{j\omega C_1}\right) // \left(R_2 + \frac{1}{j\omega C_2}\right)}{R_1 + \left[\left(\frac{1}{j\omega C_1}\right) // \left(R_2 + \frac{1}{j\omega C_2}\right)\right]} \times \frac{\frac{1}{j\omega C_2}}{R_2 + \frac{1}{j\omega C_2}}$$

위의 식을 손으로 계산하기는 쉽지 않다. 저항(5%), Cap(10%)도 어차피 오차가 있다. 손쉽게 계산하는 방법이 필요하다. 아래와 같이 2개의 RC을 따로 따로 계산한다.

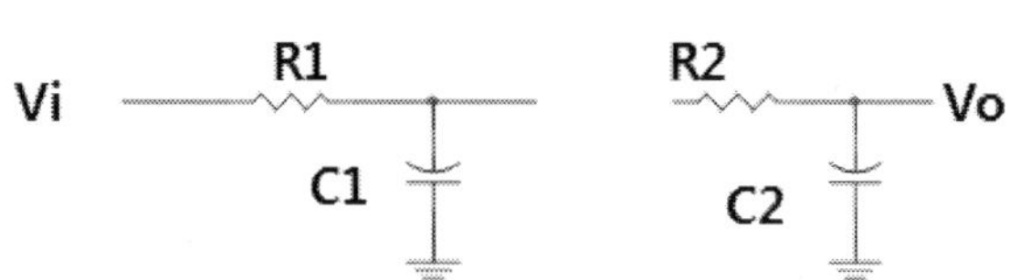

$$\frac{V_o}{V_i} = \frac{\frac{1}{j\omega C_1}}{R_1 + \frac{1}{j\omega C_1}} \times \frac{\frac{1}{j\omega C_2}}{R_2 + \frac{1}{j\omega C_2}}$$

위와 같이 나누면 앞의 식과 달라짐을 알 수 있다. 그러나 Low Pass Filter의 기본식을 사용할 수 있어 매우 쉽게 계산이 된다. **실제 값과는 차이가 있으나 저항 Capacitor 등의 오차를 감안하면 참을 만 하다.**

다음 과정은 손쉽게 그림을 이용해서 주파수 특성을 구하는 방법을 보여준다. 각각의 Bandwidth를 구하고 Bode plot을 한다.

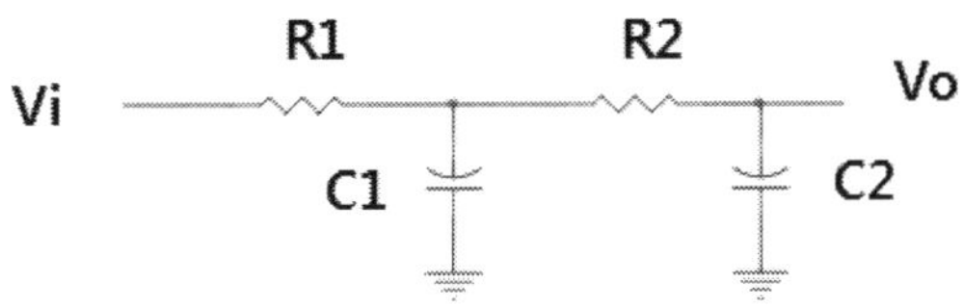

$$\frac{V_o}{V_i} = \frac{\frac{1}{j\omega C_1}}{R_1 + \frac{1}{j\omega C_1}} \times \frac{\frac{1}{j\omega C_2}}{R_2 + \frac{1}{j\omega C_2}}$$

dB 표시하면 곱하기가 더하기가 된다. 위의 2개의 LPF 더해준다. 최종은 $-20\text{dB} + (-20\text{dB}) = -40\text{dB/decade}$가 된다.

$$f_{O2} = \frac{1}{2\pi R_2 C_2}, \quad f_{O1} = \frac{1}{2\pi R_1 C_1}$$

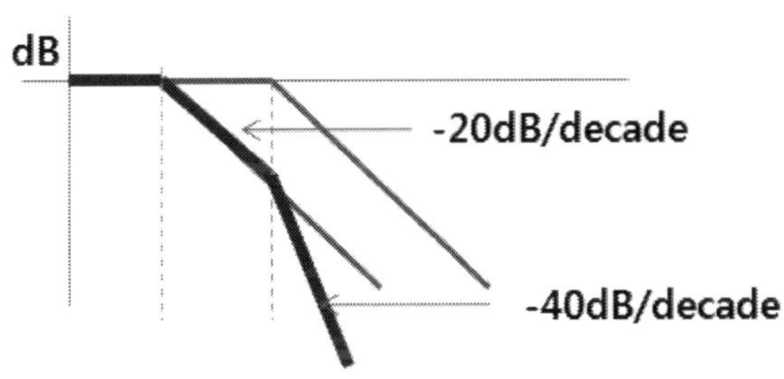

예제 3-5-8

아래 회로에 대한 주파수 특성을 그리시오.

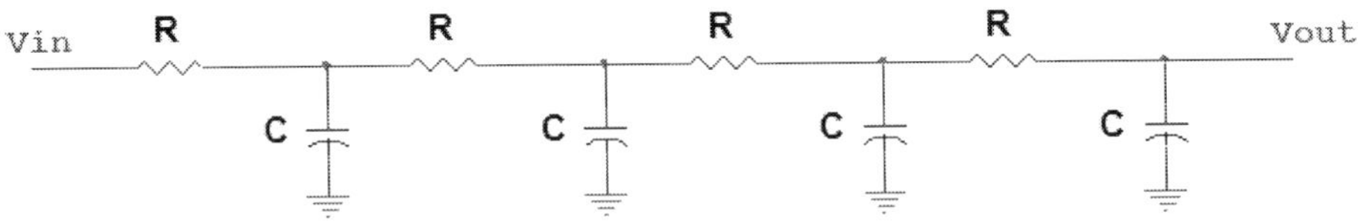

연습 3-5-8

RC가 5개인 회로에 대한 주파수 특성을 그리시오.

아래 그림은 일반적으로 사용되고 있는 OP Amp 회로 이다.

Filter 성분은 OP Amp 자체, C_1, C_2, C_F에 의해 발생한다. 앞에서도 설명했지만 한꺼번에 등가회로 그려서 제대로 계산하려면 너무 힘들다(Computer Simulation 해야 한다). C_1, C_2, C_F 각각에 대해 하나만 있다고 가정하고 Filter을 계산하여 나중에 3개를 더해 주면 보다 쉽게 해결할 수 있다. 실제의 값과는 오차가 있으나 큰 문제는 없다.

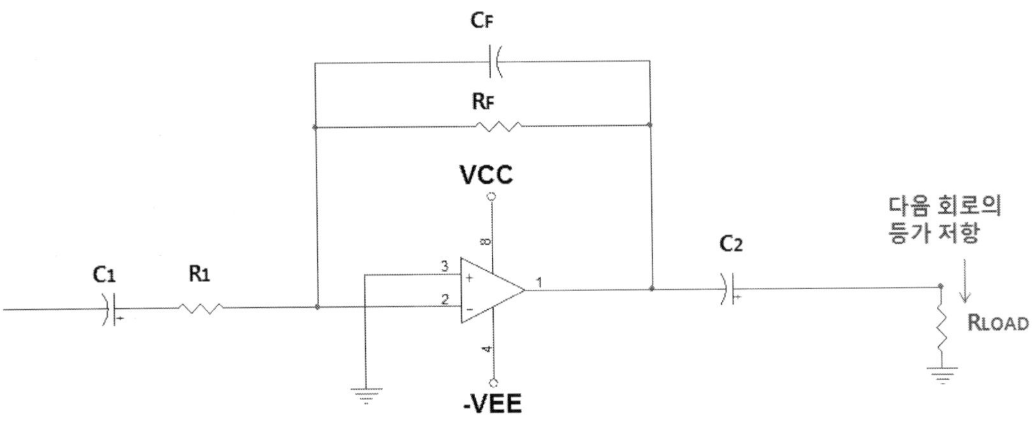

LPF(Low Pass Filter), HPF(High pass Filter)의 기본모양은 다음 그림과 같다. 등가 회로를 아래와 같은 모양으로만 만들면 된다.

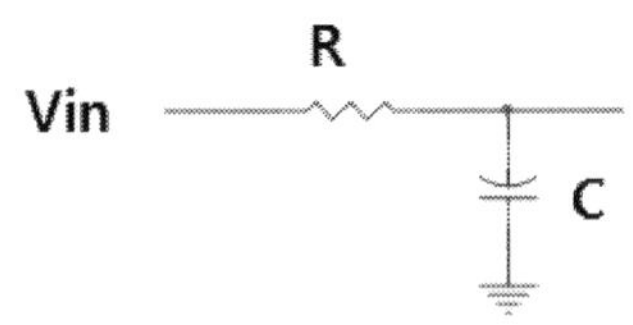

$$f_{LPF} = \frac{1}{2\pi RC}$$

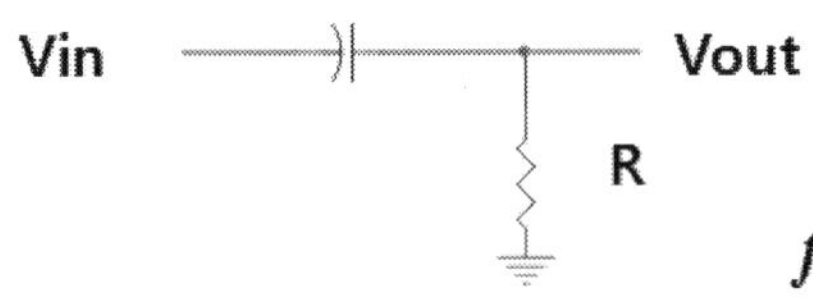

$$f_{HPF} = \frac{1}{2\pi RC}$$

3.5.2.1 C_1에 대한 HPF

C_2, C_F는 없다고 가정하고 C_1에 대해서만 계산한다. C_1은 High Pass Filter이다.

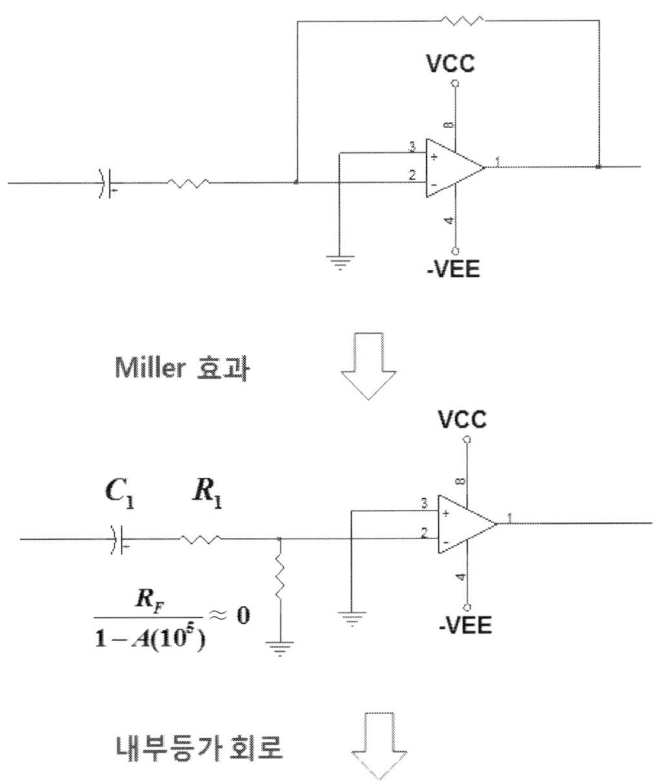

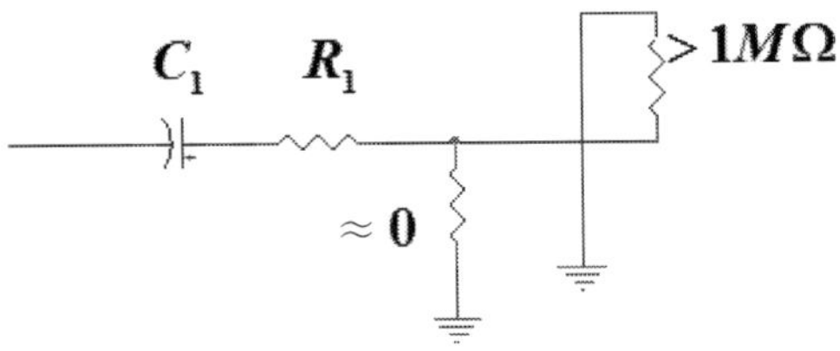

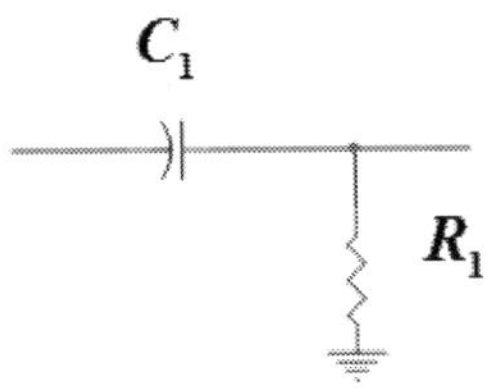

최종적으로 보면 R_1, C_1의 High Pass Filter이다.

3dB Bandwidth는 $f_{H1} = \dfrac{1}{2\pi R_1 C_1}$이다.

아래 그림은 Bode plot이다.

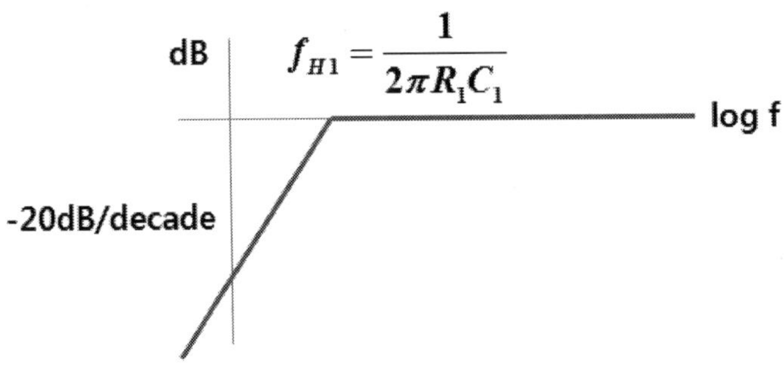

3.5.2.2 C_2에 대한 HPF

C_1, C_F는 없다고 가정하고 C_2에 대해서만 계산한다. C_2는 High Pass Filter이다.

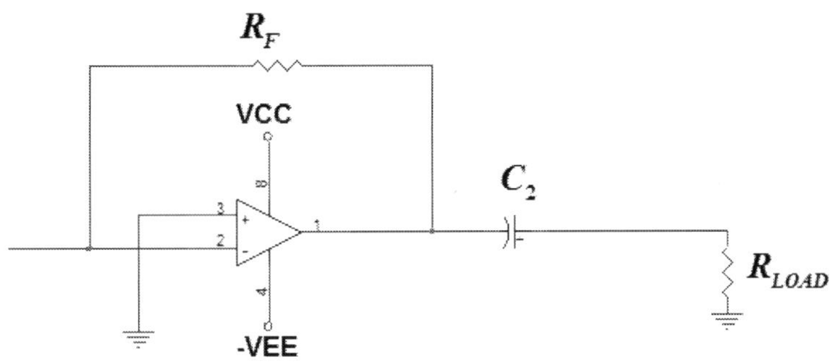

Miller 효과

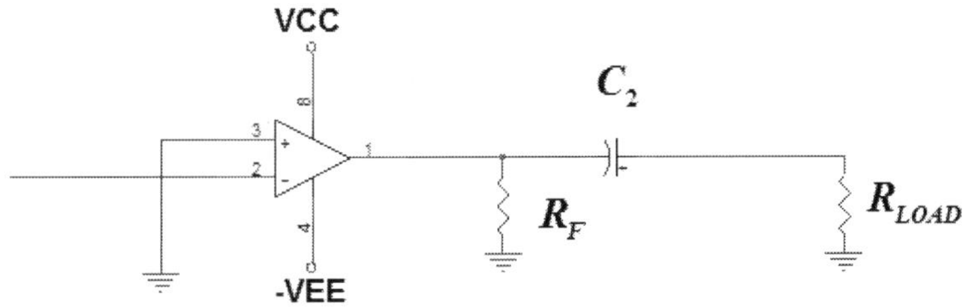

내부등가 회로

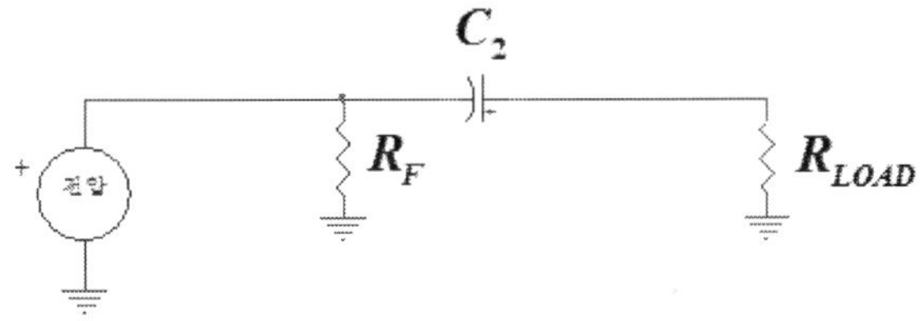

Zo (출력저항) =0　　　RF 가 있던 없던, C2에 공급 되는 전압소스의 값은 같다.

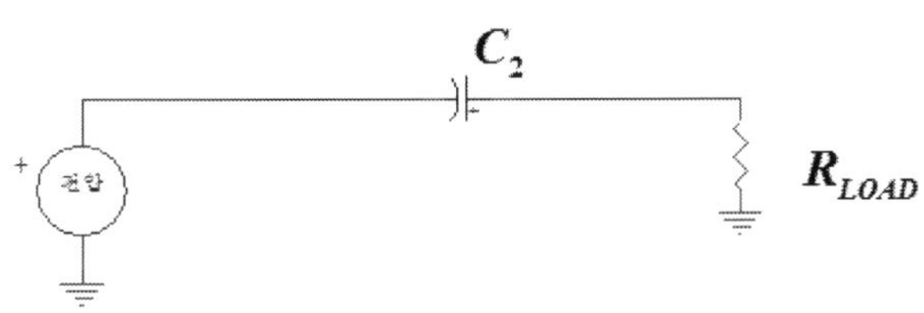

최종적으로 보면 RLOAD C_2의 High Pass Filter이다. 3dB BandWidth는 $f_{H2} = \frac{1}{2\pi R_{LOAD} C_2}$ 이다.

아래 그림은 Bode plot이다.

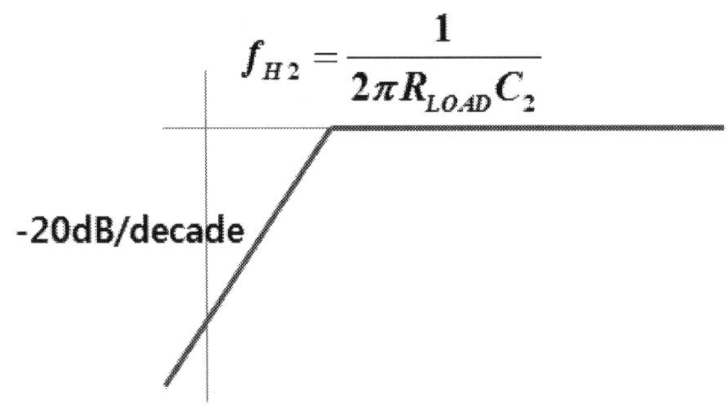

3.5.2.3 C_F에 대한 LPF

C_1, C_2는 없다고 가정하고 C_F에 대해서만 계산한다. C_F은 Low Pass Filter이다.

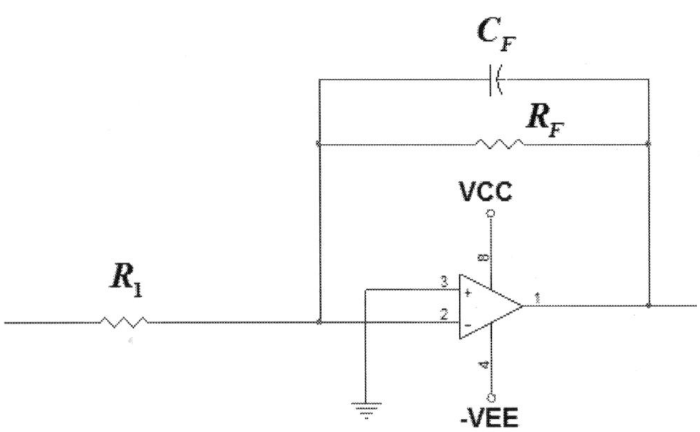

Miller 효과

출력의 경우 효과가 적다.
입력만 고려한다.

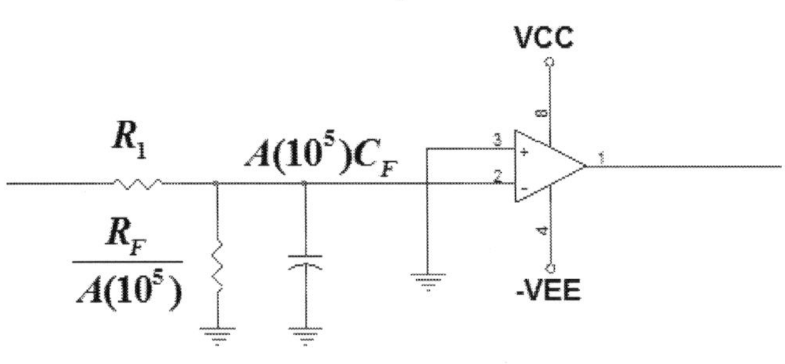

내부등가 회로

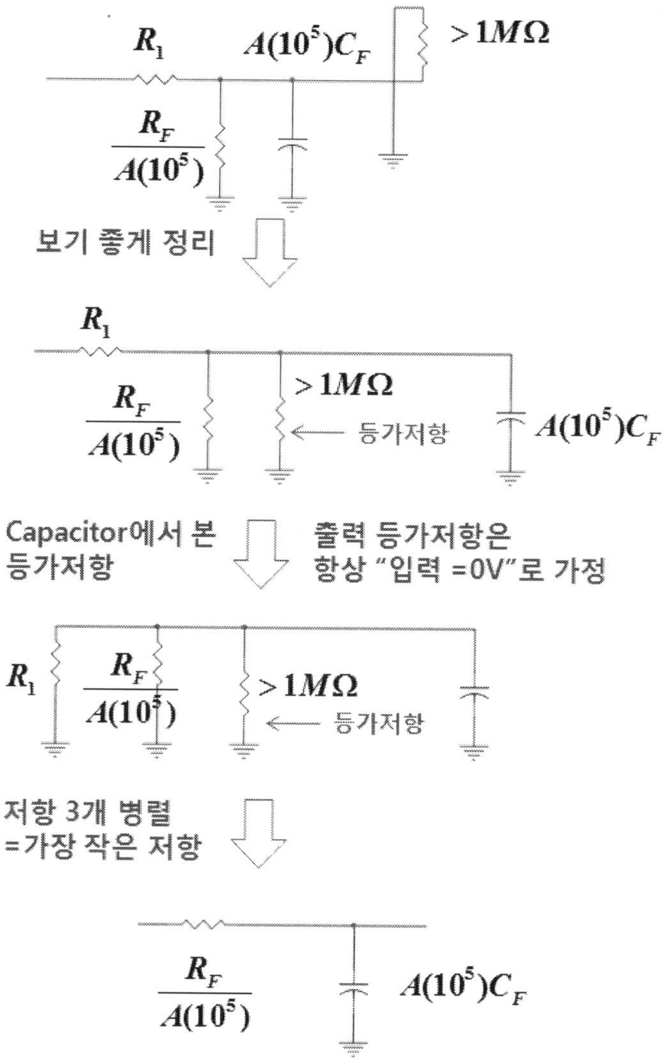

최종적으로 보면 Low Pass Filter이다.
3dB Bandwidth

$$\frac{1}{2\pi\frac{R_F}{A(10^5)}*A(10^5)C_F}=\frac{1}{2\pi R_F C_F}$$

아래 그림은 Bode plot이다.

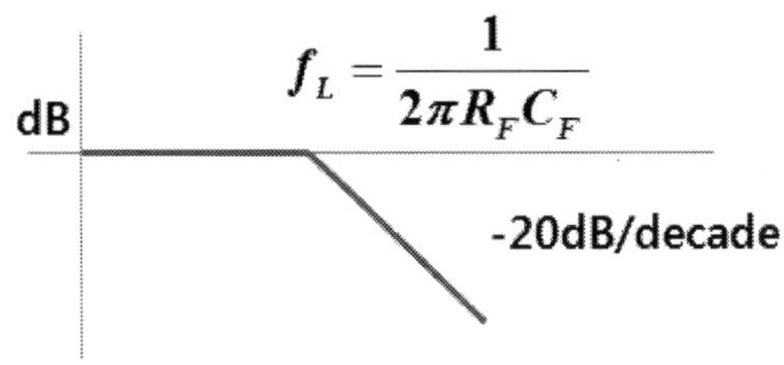

앞의 식을 보면 결과적으로 Capacitor와 연결된 저항 값을 이용해서 구하면 된다.

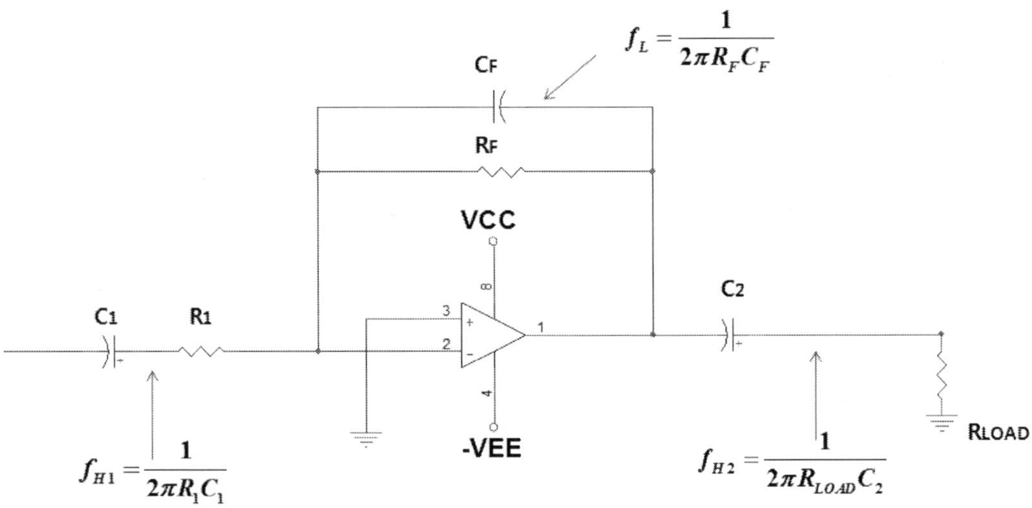

LPF인지 HPF인지 확인한 후 Bode Plot을 더해 주면 간단히 구할 수 있다.

LPF HPF 구별법

C의 저항값은 $\frac{1}{j\omega C} = \frac{1}{j2\pi f C}$로 표시된다. 주파수가 매우 크면(고주파) 저항이 "0" 이다(Short).

이때 입력이 출력에 잘 전달되면 High Pass Filter라고 판단할 수 있다. 반대로 주파수가 낮으면(저주파) 저항은 매우 크다(거의 무한대, Open으로 간주해도 됨).

이때 입력이 출력에 잘 전달되면 Low Pass Filter라고 판단할 수 있다.

예제 3-5-9

아래 회로 주파수 특성 그리기

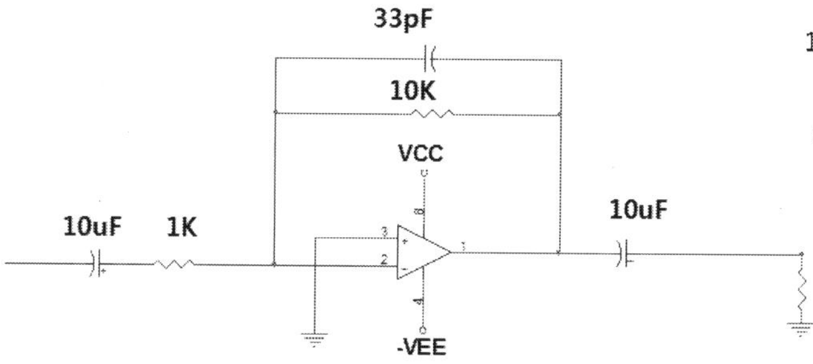

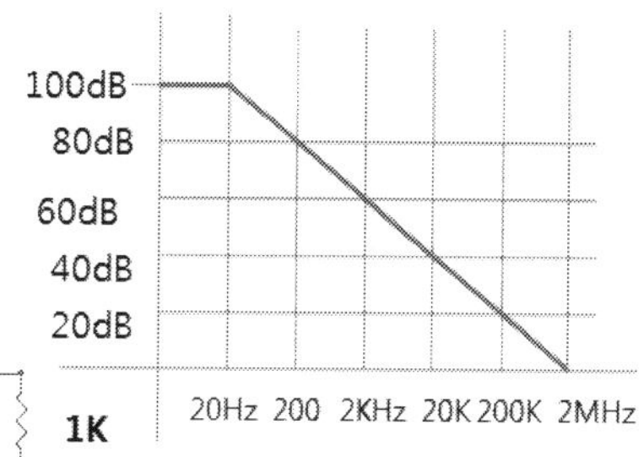

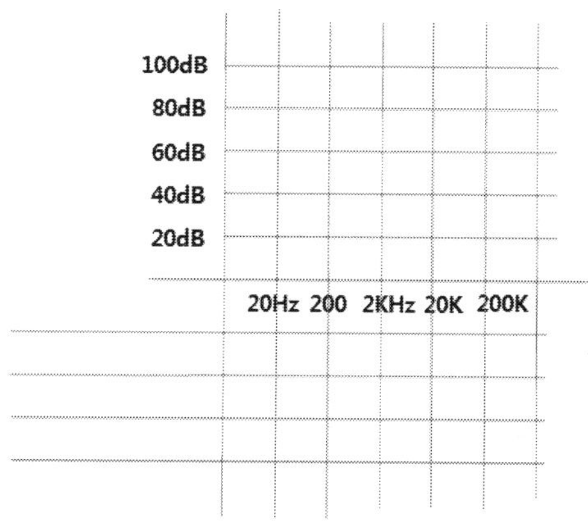

연습 3-5-9

아래 회로 주파수 특성 그리기.

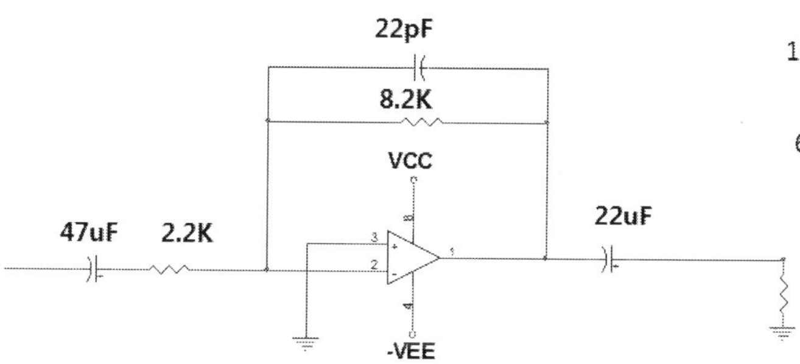

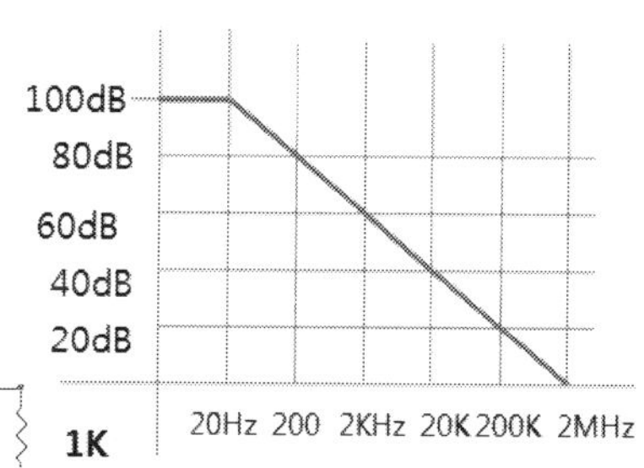

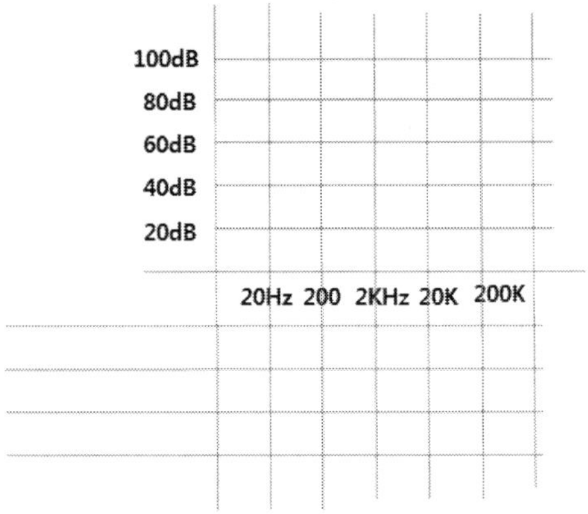

예제 3-5-10

아래 회로가 그림과 같은 주파수 특성을 가질 경우 RC값을 구하시오.

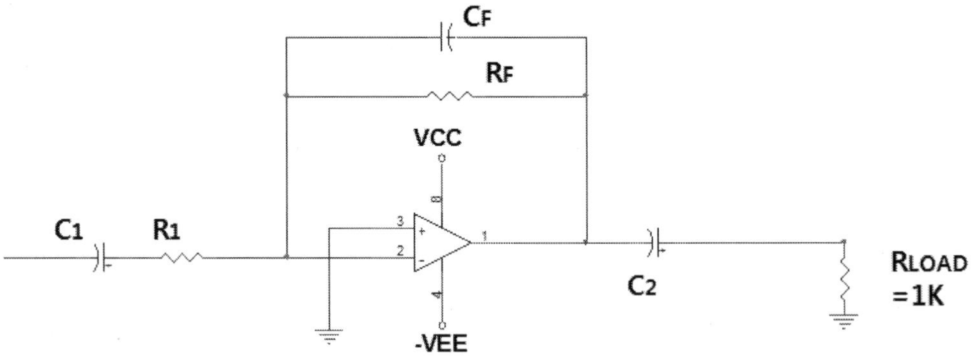

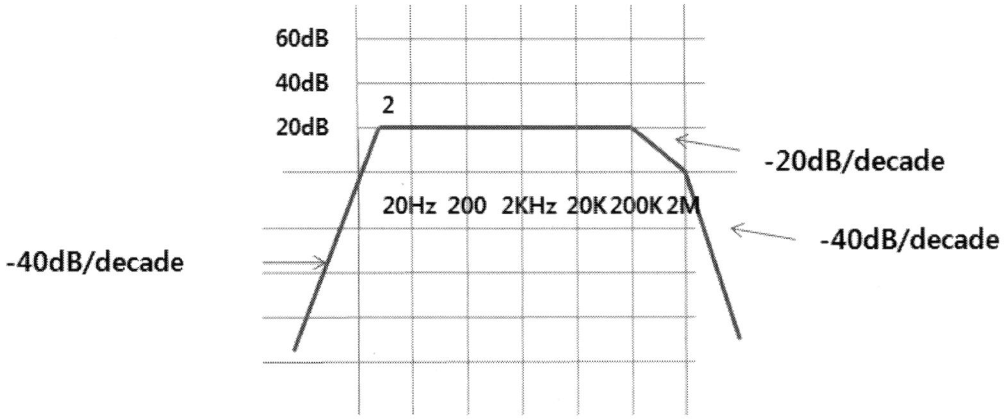

연습 3-5-10

아래 회로가 그림과 같은 주파수 특성을 가질 경우 RC 값을 구하시오.

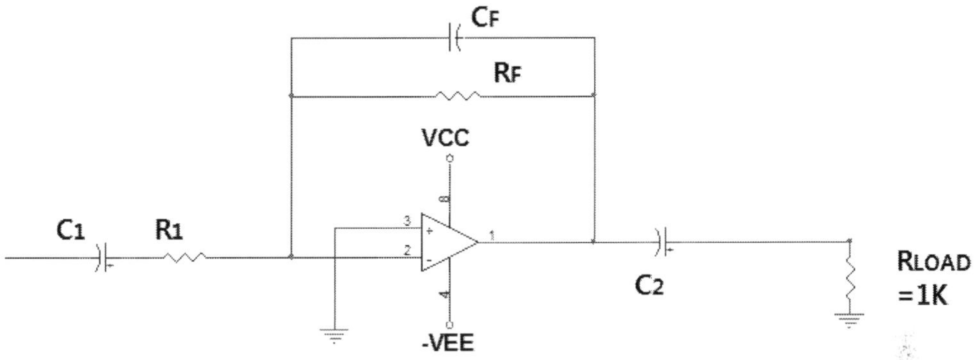

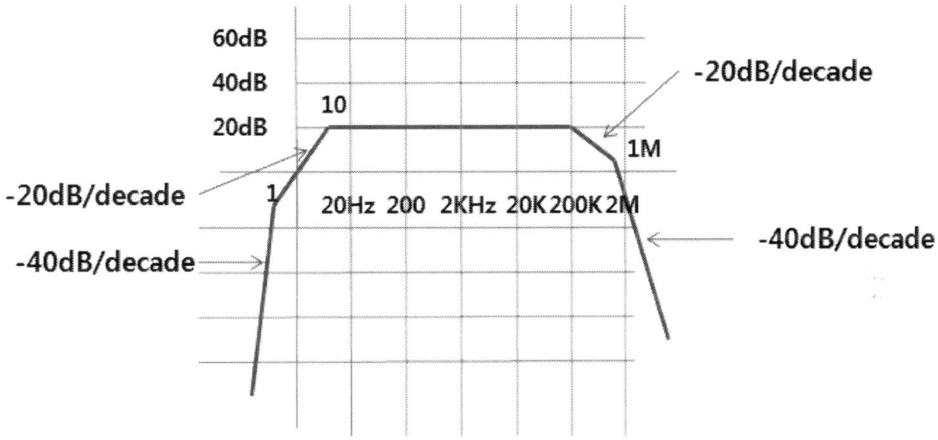

3.5.3 단일전원 사용하는 경우

대부분의 전자 기기가 소형화 저전력화함에 따라 점점 단일 전원, 낮은 전압을 사용하여 증폭기를 구성하는 회로의 쓰임새가 많아졌다. 이 절에서는 단일 전원 사용하는 회로를 보여 준다.

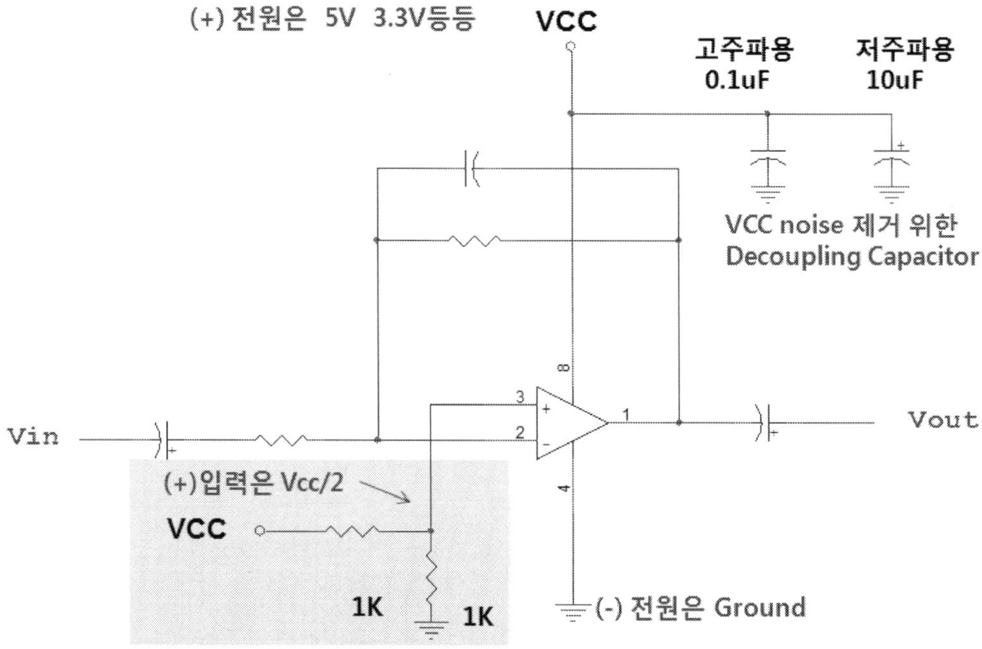

(+)입력의 전압을 VCC 전압의 절반으로 DC 전압을 인가하면 출력의 DC 전압도 VCC의 절반이 되어 출력 Swing 크기가 최대가 된다. 단일 전원의 경우 출력의 최대 Swing크기는 VCC보다 작다.

예제 3-5-11

양 전원(+5V, −5V) Inverting Amp를 설계하시오.

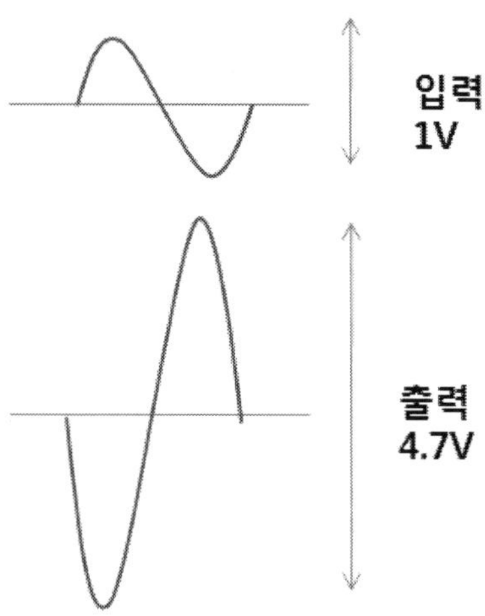

예제 3-5-12

3.3V 단일 전원 사용하는 Inverting Amp를 설계하시오.

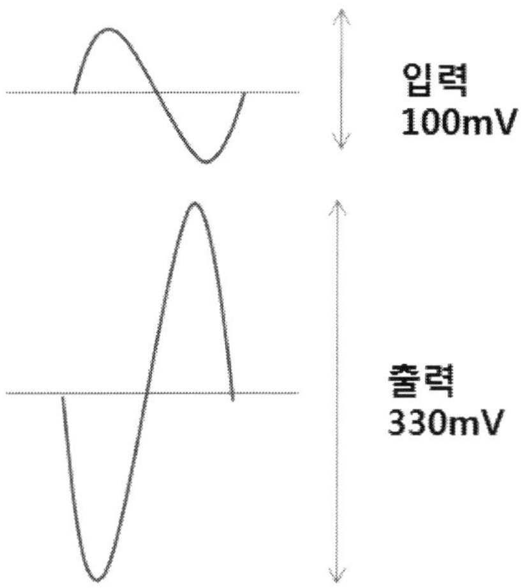

연습 3-5-11

양 전원(+5V, −5V) Inverting Amp를 설계하시오.

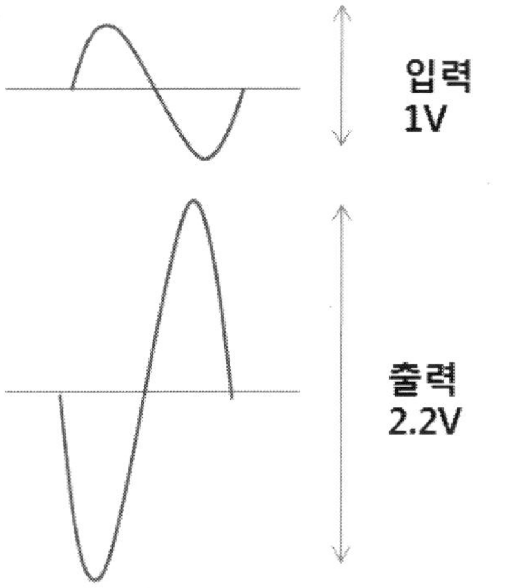

연습 3-5-12

5V 단일 전원 사용하는 Inverting Amp를 설계하시오.

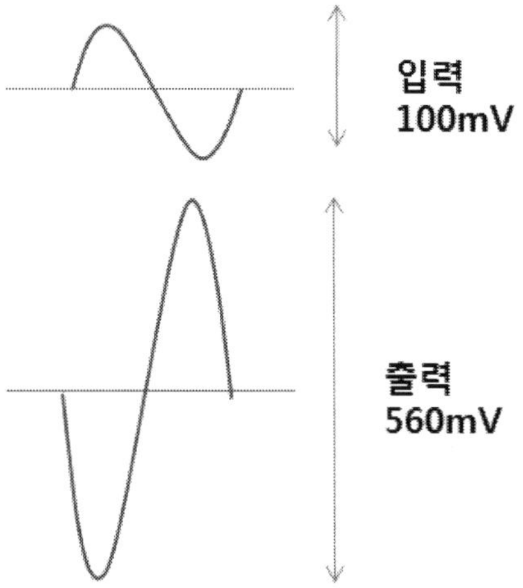

예제 3-5-13

Inverting Amp 설계하시오. 단, 한 단의 증폭률이 10을 넘으면 안됨.

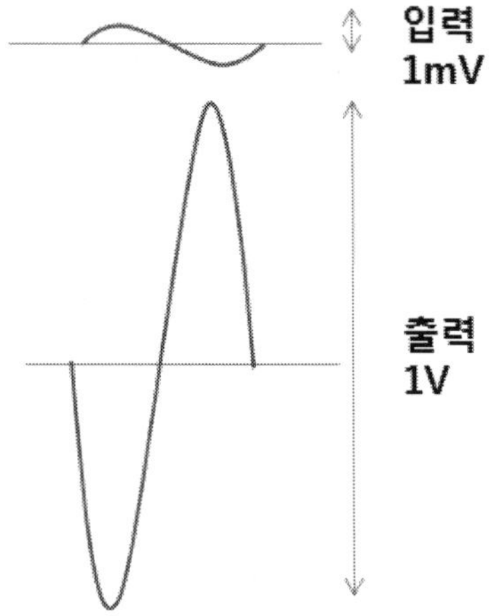

연습 3-5-13

Inverting Amp 설계하시오. 단, 한 단의 증폭률이 10을 넘으면 안됨. 위상이 동일함.

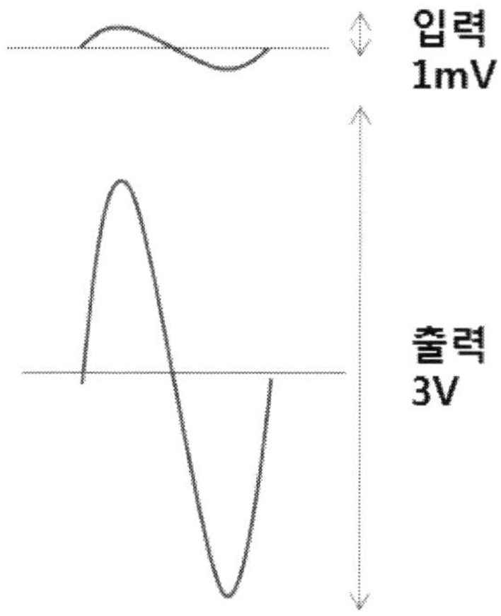

연습 3-5-14

단일 전원 Inverting Amp을 이용해서 설계하시오.

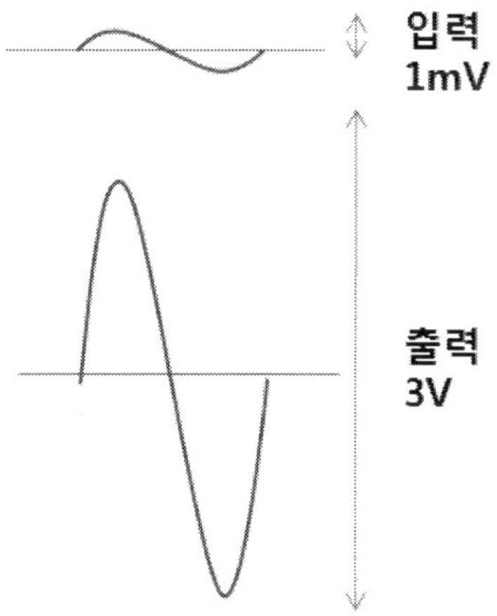

3.6 비반전 증폭기 Non inverting Amplifier

3.6.1 Non inverting Amp의 DC gain

전원은 +VCC, −VEE의 양 전원 사용한다.(+12V, −12V 또는 +5V, −5V 등)

(+) 입력에 신호가 인가된다.

(−) 입력은 R_F, R_1의 저항분배에 의해 출력 전압의 일부가 Negative Feedback 된다.

입력과 출력은 항상 **위상이 동일하여** 비반전 증폭기, Non inverting Amplifier 라고 한다.

OP Amp 응용의 3가지 기본 회로 중 하나이다.

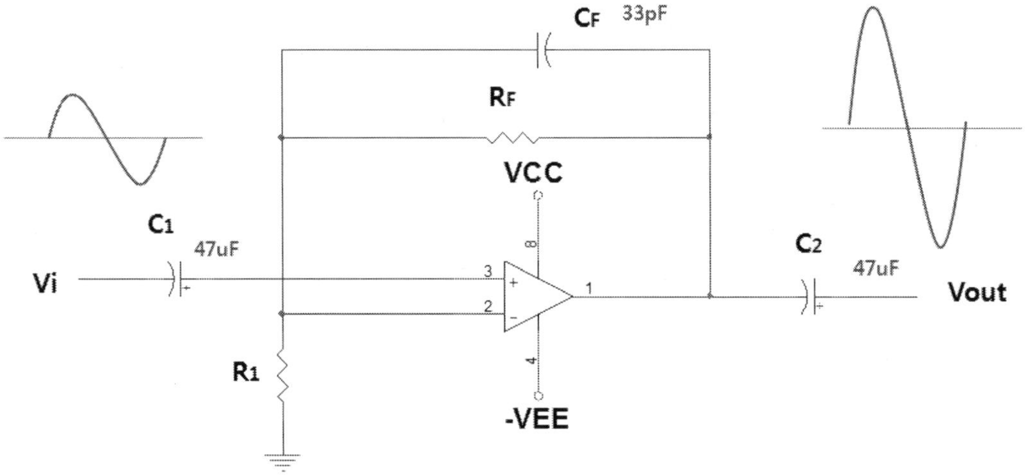

예제 3-6-1
위의 회로를 그리시오.

예제 3-6-2
C_1, C_2, C_F의 역할은?

DC 증폭률 계산을 위해서는 Capacitor는 없다고 가정한다. OP Amp의 입력 전압 전류가 "0" 이라는 가정을 사용한다.

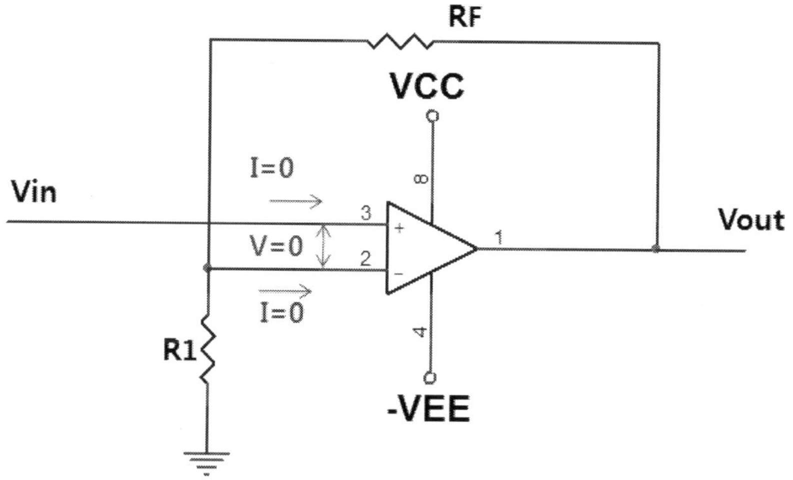

(+), (−) 2개 입력의 전류가 "0" 이면 Open으로 봐도 된다. 입력 전압 "0" 이면 (+) 입력 단자는 (−) 입력단자와 Short 되었다고 봐도 된다. (참조 Inverting Amp)

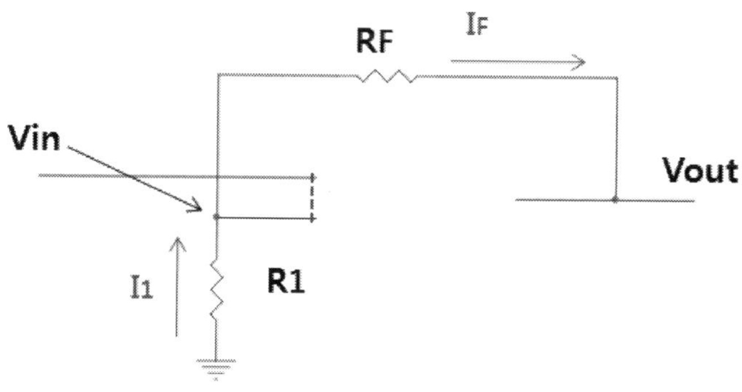

키르호프의 전류 법칙을 적용하면 $I_1 = I_F$가 된다.

$$I_1 = \frac{0 - V_{in}}{R_1} = I_F = \frac{V_{in} - V_{out}}{R_F}$$

정리하면

$$V_{out}\frac{1}{R_F} = V_{in}\left(\frac{1}{R_F}+\frac{1}{R_1}\right)$$

DC Gain은

$$A_V = \frac{V_{out}}{V_{in}} = R_F\left(\frac{1}{R_F}+\frac{1}{R_1}\right) = 1+\frac{R_F}{R_1}$$

예제 3-6-3

위의 해석을 다시 하시오.

예제 3-6-4

아래 회로의 출력은? 그림에 표시하시오.

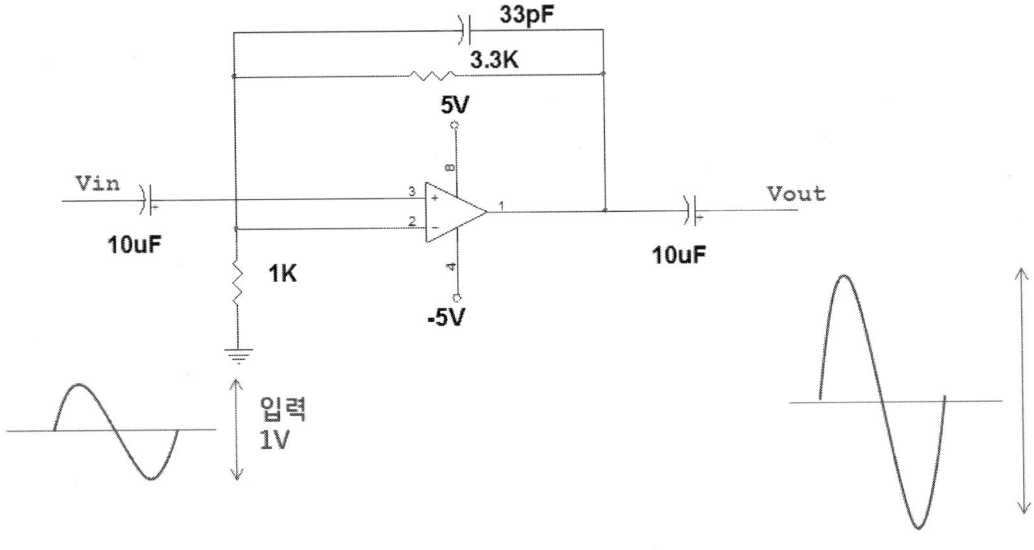

연습 3-6-4

아래 회로의 증폭률은? 출력은?

(a)

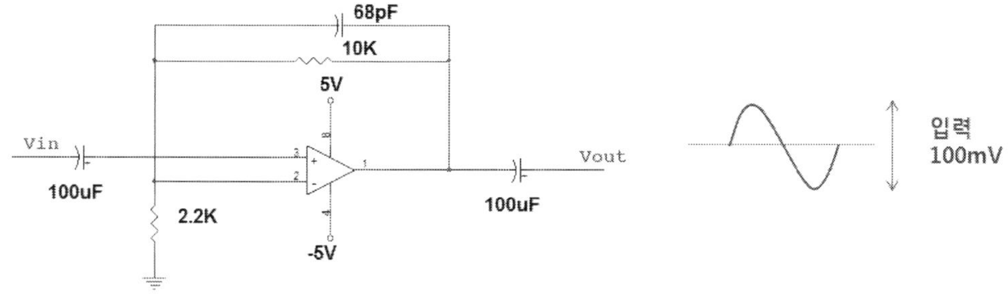

(b)

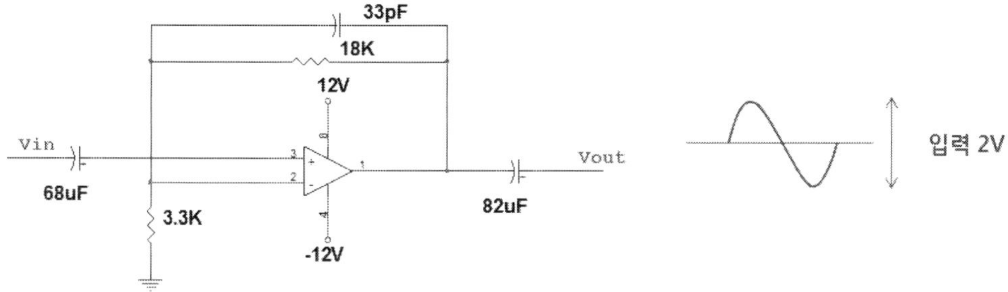

예제 3-6-5

입력이 1V일 때 출력이 7.8V가 되는 회로를 그리시오.

연습 3-6-5

증폭률이 (a) 4.3배 (b) 10.1배인 Non inverting Amp를 그리시오.

Non Inverting Amp의 등가 **입력 저항** Z_i는 Input과 Output 사이의 Feedback 저항 R_F를 Miller 효과를 이용해 등가 저항으로 바꾸고, OP Amp는 등가 회로로 대치하여 구한다.

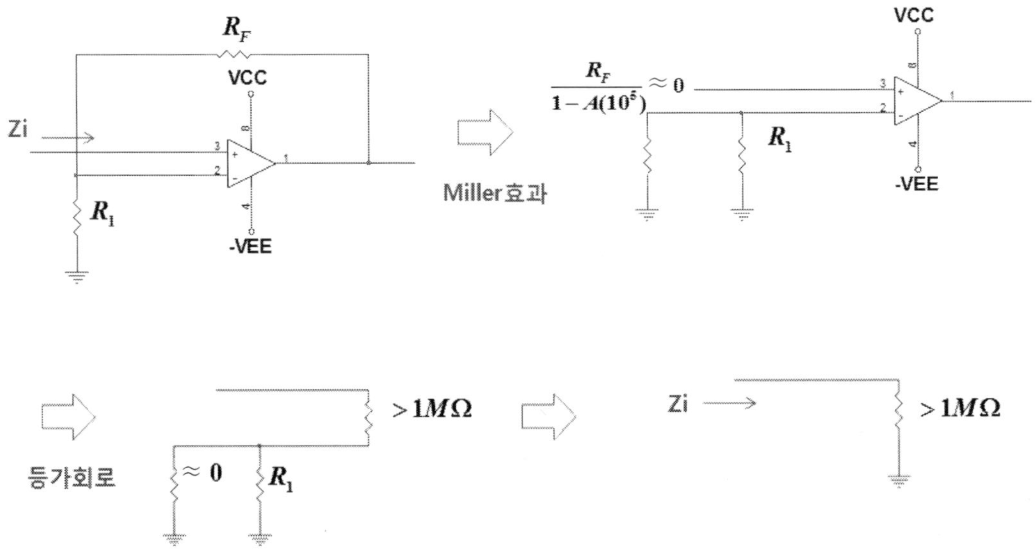

Z_i = OP Amp의 입력 등가 저항이 된다. 보통 1MΩ 이상(Inverting Amp 경우 R_1, 1K 정도)이다.

Mic 또는 Sensor 등은 출력 저항 값이 작지 않다. 따라서 입력 저항이 큰 회로가 필요하고 이런 경우에 사용한다.

외부 Noise 자기장이 암페아의 법칙에 따라, 도선에 전류가 유기되고, 입력 저항과 곱해져 입력 전압을 만들고, 이것이 증폭되어 출력이 만들어진다. 입력 저항이 커지면 이런 경우 불리하다.

가급적이면 Inverting Amp을 쓰는 것이 좋다.

비반전 증폭기의 등가 출력 저항 Z_o은 Input과 Output 사이의 Feedback 저항 R_F를 Miller 효과를 이용해 등가 저항으로 바꾸고, OP AMP는 등가 회로로 대치한다.

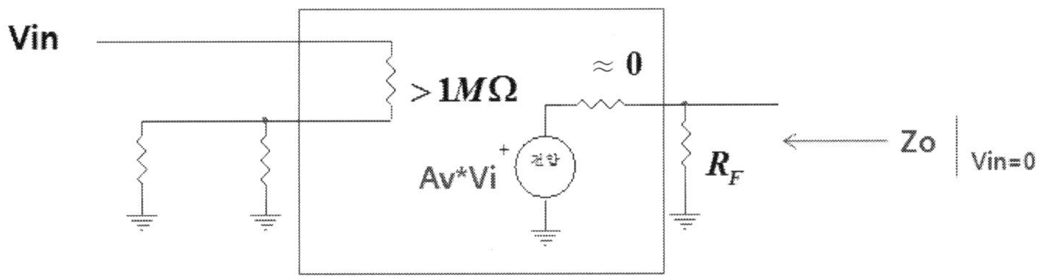

출력 등가 저항은 입력 전압 V_{in}가 “0” 인 경우의 값이다.
$V_{in} = 0$이면 $A_v * V_i = 0$가 되어 Short 된 것과 같아 출력 저항 Z_O가 거의 “0” 이 된다.

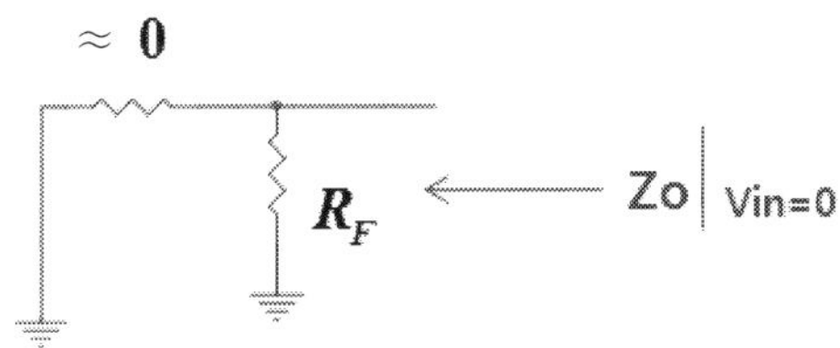

Zo = 거의 0 (Inverting Amp경우와 같다)

예제 3-6-6
출력 전압, Z_i, Z_o, 3dB Bandwidth는?

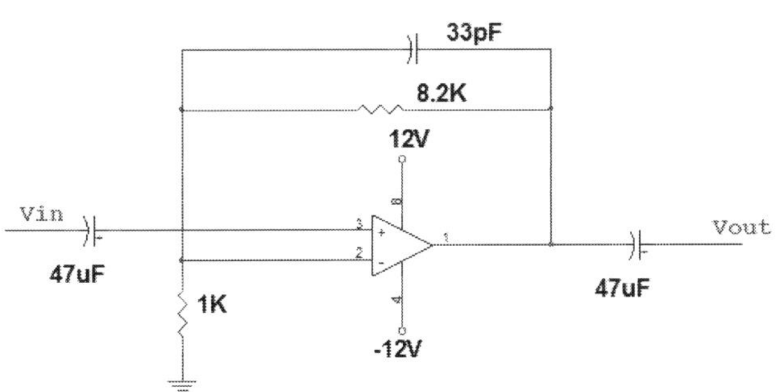

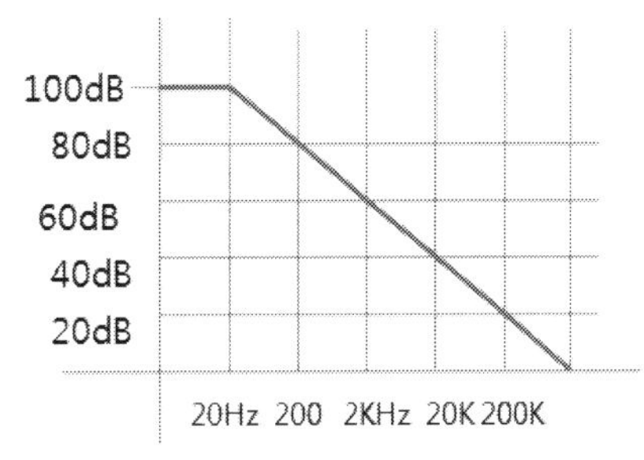

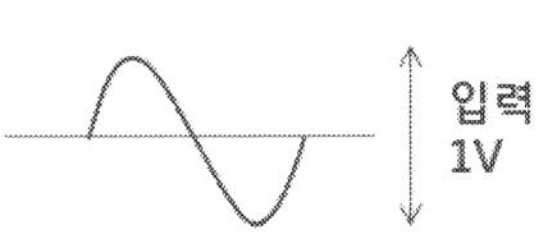

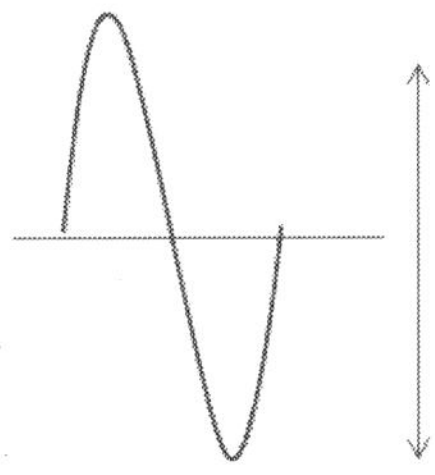

> **연습 3-6-6**
> 증폭률 전압, Z_i, Z_o, 3dB Bandwidth는?

(a)

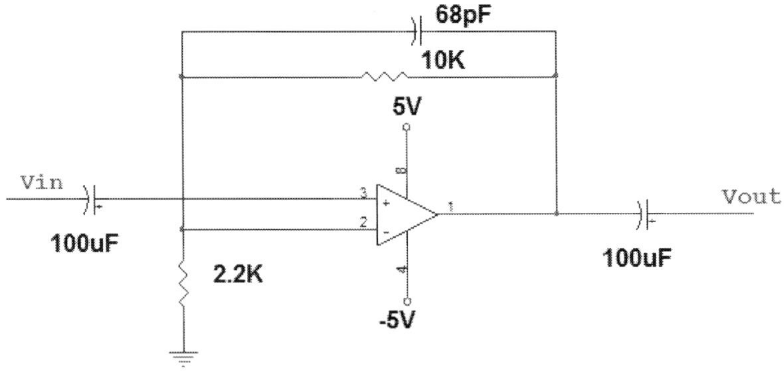

(b)

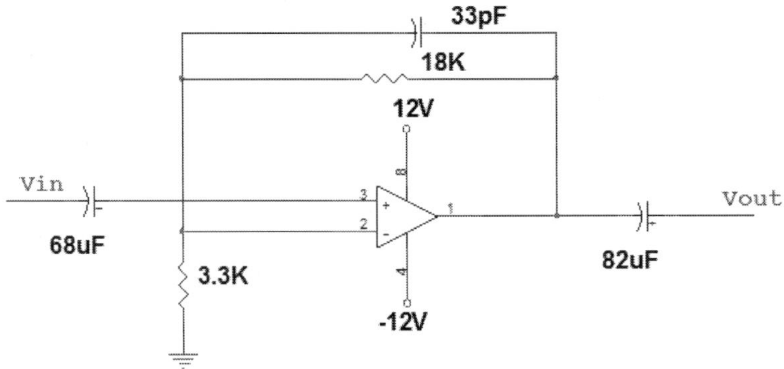

3.6.2 Non Inverting Amp의 주파수 특성

Inverting Amp와 비교하면 C_2, C_F의 영향은 똑같다. 입력 저항 값 Z_i가 달라지는 것에 따라 C_1의 주파수 특성이 달라진다.

이 절에서는 C_1에 대한 주파수 특성만 설명한다. C_2, C_F의 경우는 Inverting Amp와 같다.

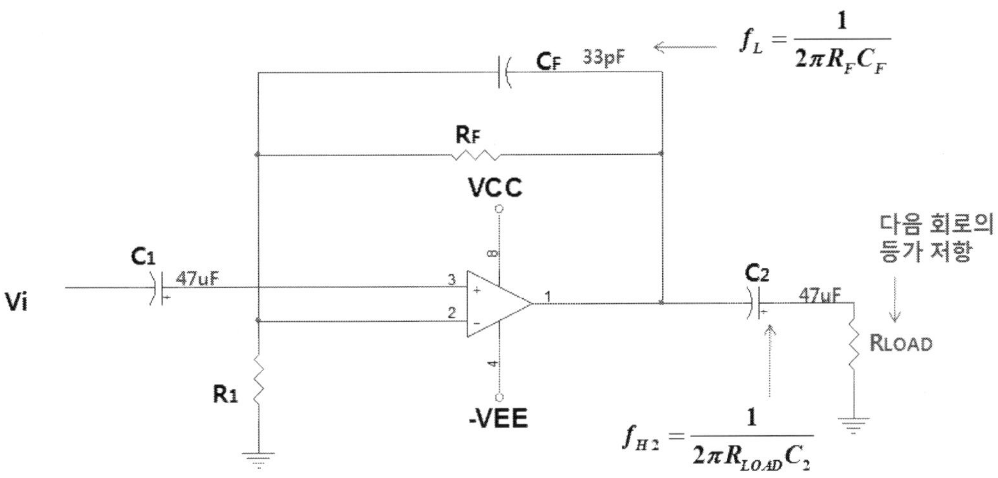

3.6.2.1 C_1에 대한 HPF

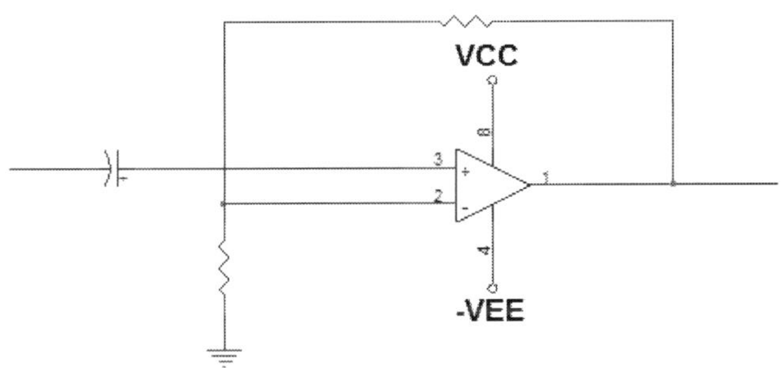

Miller 효과

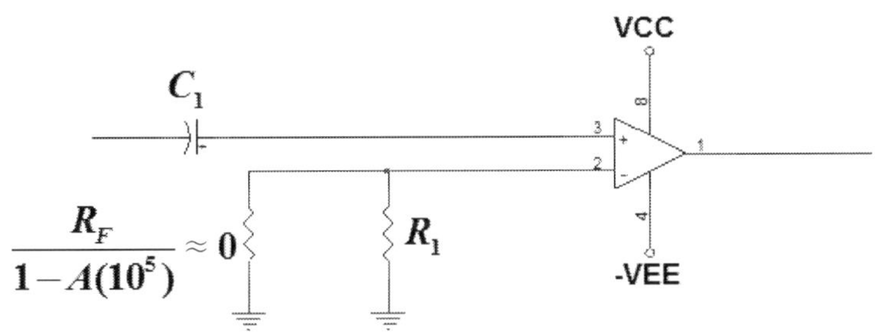

내부등가 회로

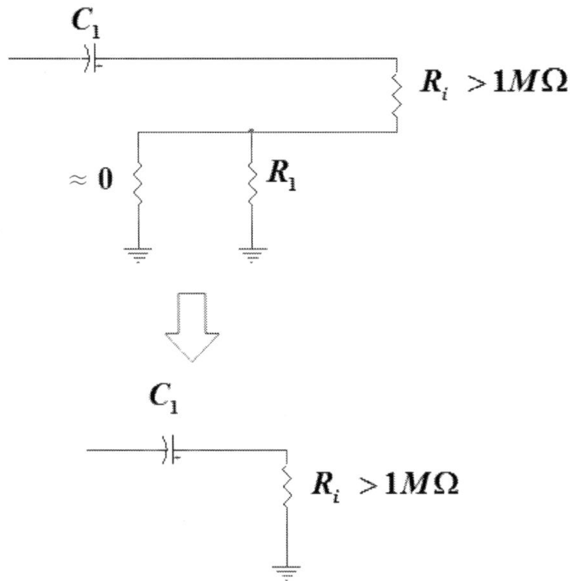

최종적으로 보면 C_1과 OP Amp의 입력저항(1MΩ정도)의 High Pass Filter이다.

3dB point $f_{H1} = \dfrac{1}{2\pi R_i(1M\Omega)C_1}$ 이다.

아래 그림은 Bode plot이다.

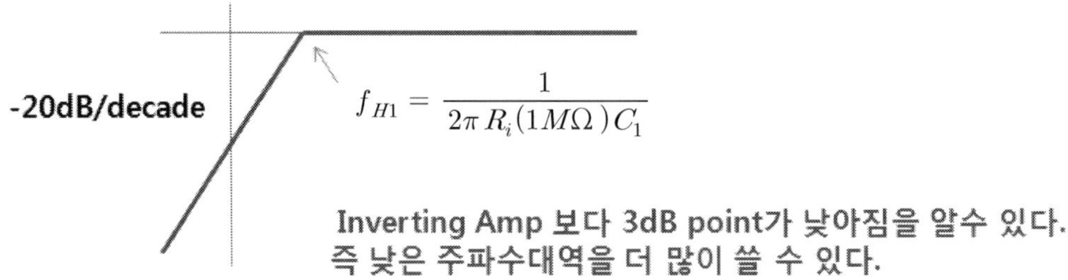

예제 3-6-7

아래 회로 주파수 특성 그리기

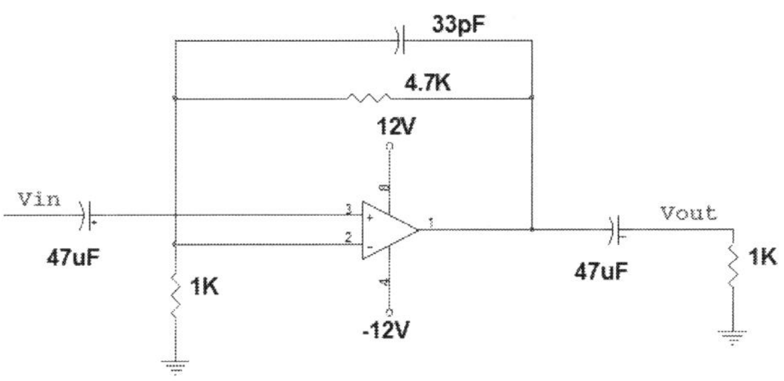

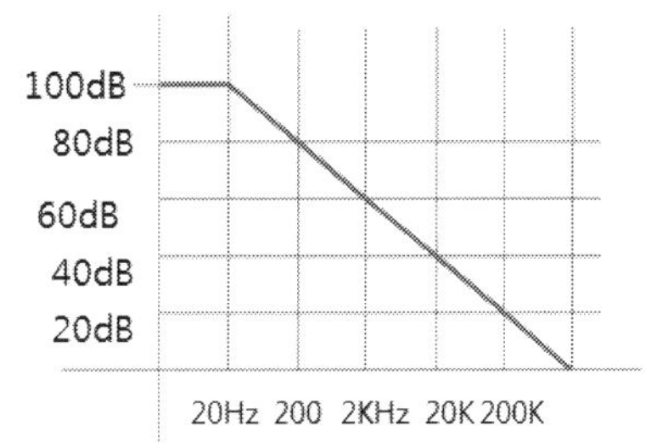

연습 3-6-7

아래 회로 주파수 특성 그리기

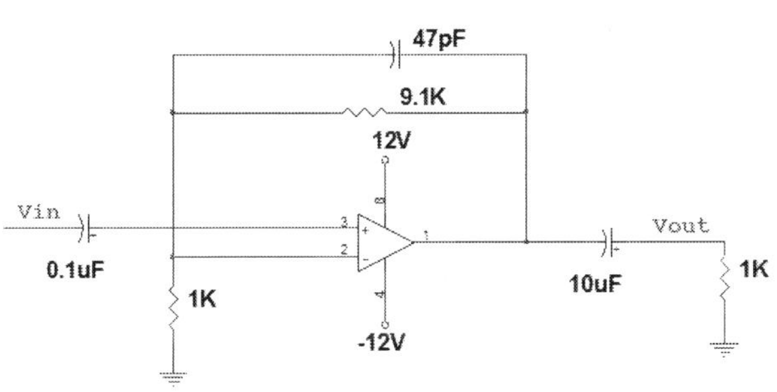

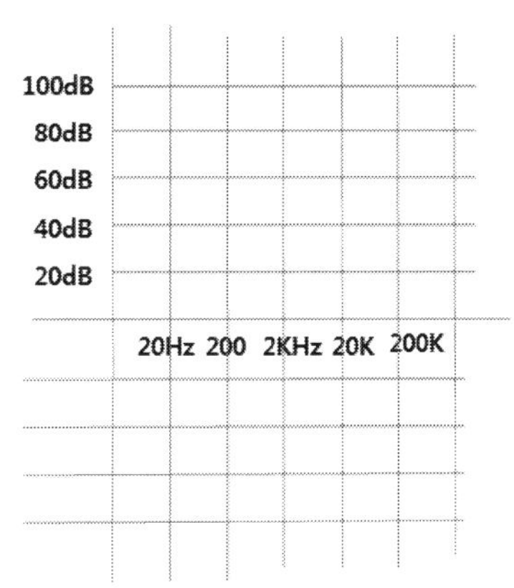

예제 3-6-8

아래 회로가 그림과 같은 주파수 특성을 가질 경우 RC값을 구하시오.

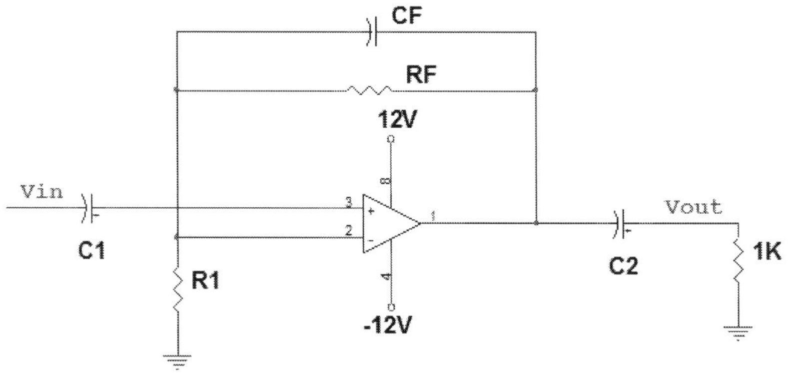

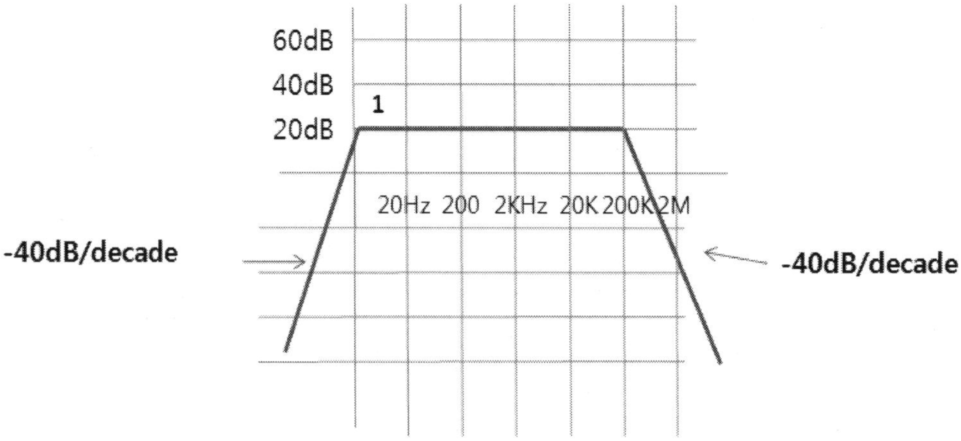

연습 3-6-8

아래 회로가 그림과 같은 주파수 특성을 가질 경우 RC값을 구하시오.

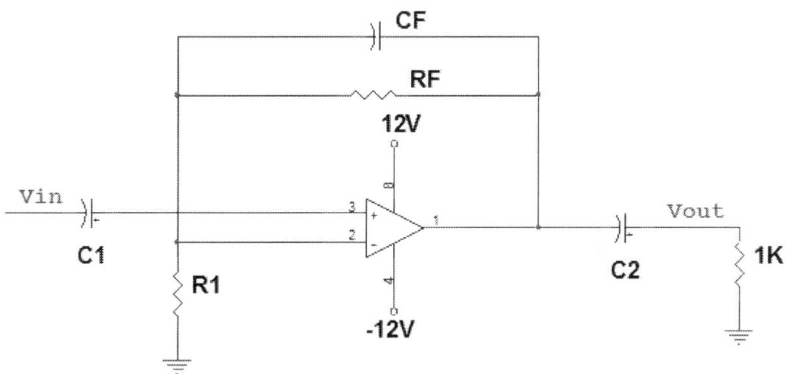

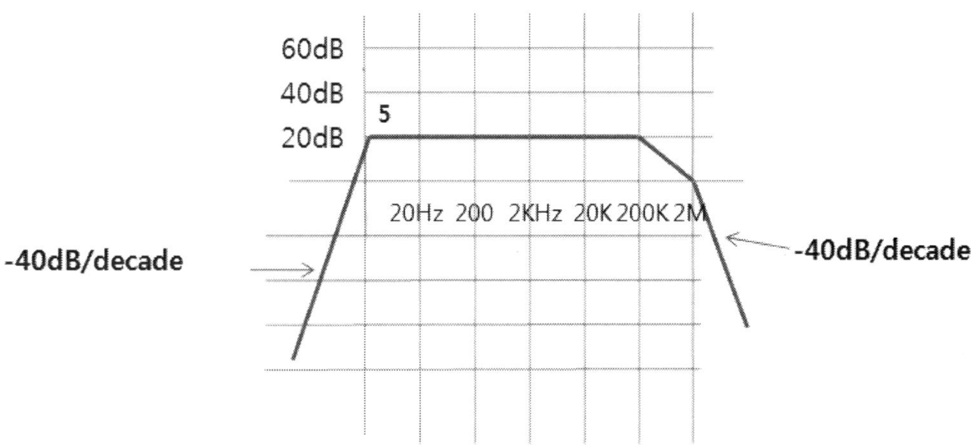

예제 3-6-9

아래 회로 설계하시오.

(a)

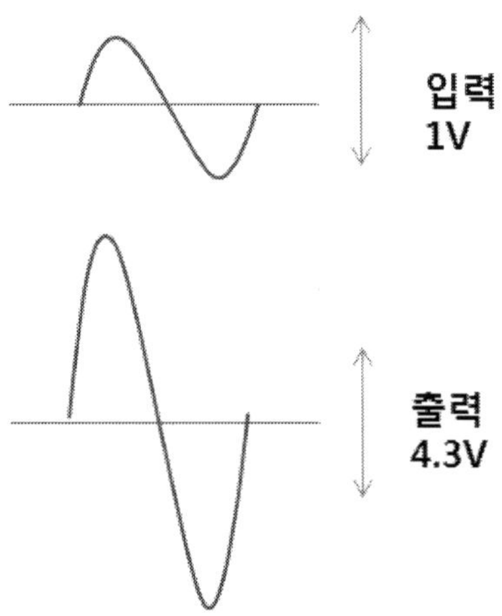

(b)

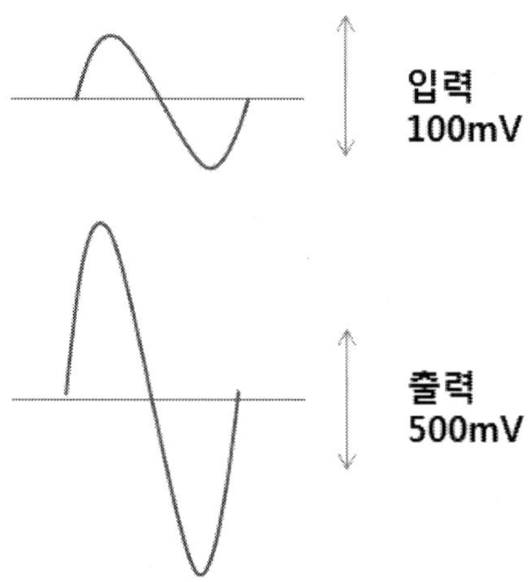

연습 3-6-9

비반전 증폭회로를 설계하시오.

(a) 증폭률 7(+/−10%)인 회로

(b) 증폭률 3(+/−10%)인 회로

예제 3-6-10

아래와 같은 입출력을 갖는 OP Amp 회로를 설계하시오. NonInverting Amp를 기본으로 사용하시오. 한 단의 증폭률이 10을 넘으면 안됨.

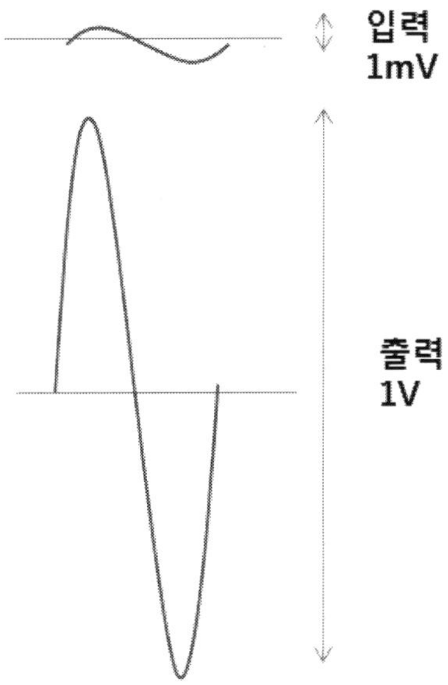

연습 3-6-10

출력이 4V가 되는 OP Amp 회로를 설계하시오. NonInverting Amp을 기본으로 사용하시오. 단, 한 단의 증폭률이 10을 넘으면 안됨.

예제 3-6-11
5V 단일 전원을 사용하여 아래 회로 설계하시오.

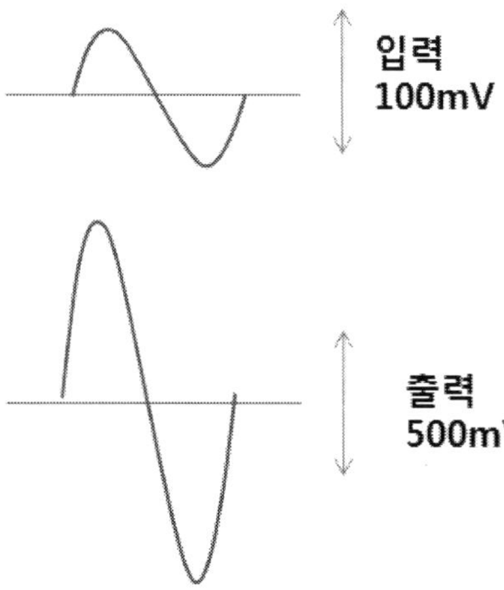

연습 3-6-11
5V 단일 전원을 사용하여 증폭률 7(+/-10%)인 비반전 증폭 회로를 설계하시오.

3.7 단위 이득 폴로어(Unity Gain Follower)

높은 입력 저항, 낮은 출력저항과 증폭률이 "1" 인 Amp이다. 주로 Buffer로 사용한다.

전원은 +VCC, -VEE의 양 전원 사용한다.(+12V, -12V 또는 +5V, -5V 등)

(+) 입력은 신호가 인가된다.

(-) 입력은 출력과 연결되어 있어 직접 Negative Feedback 된다.

입력과 출력은 항상 위상이 동일하고 증폭률이 "1" 이다. Follower라고 한다.

OP Amp 응용의 3가지 기본 회로 중 하나이다.

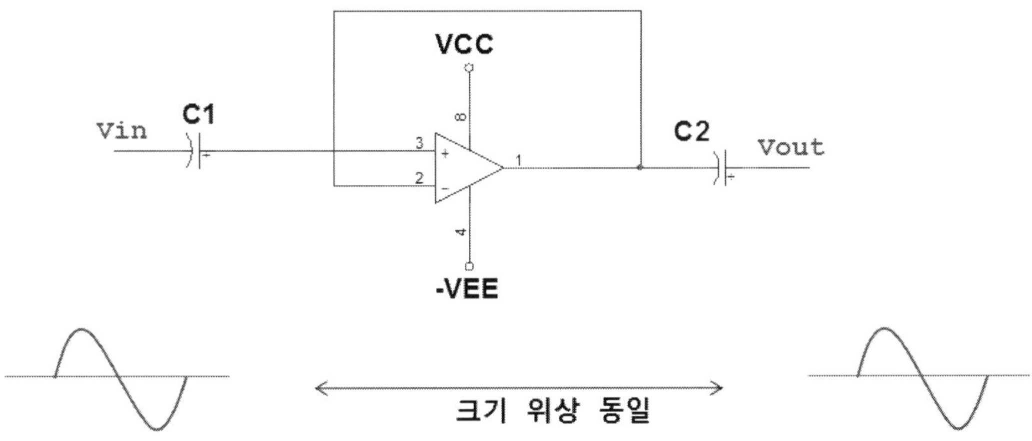

> **예제 3-7-1**
> 위의 회로를 그리시오.

> **예제 3-7-2**
> C_1, C_2의 역할은?

3.7.1 Unity Gain Follower의 DC gain

DC 증폭률 계산을 위해서는 Capacitor는 없다고 가정한다. OP Amp의 입력 전압 전류가 "0" 이라는 가정을 사용한다.

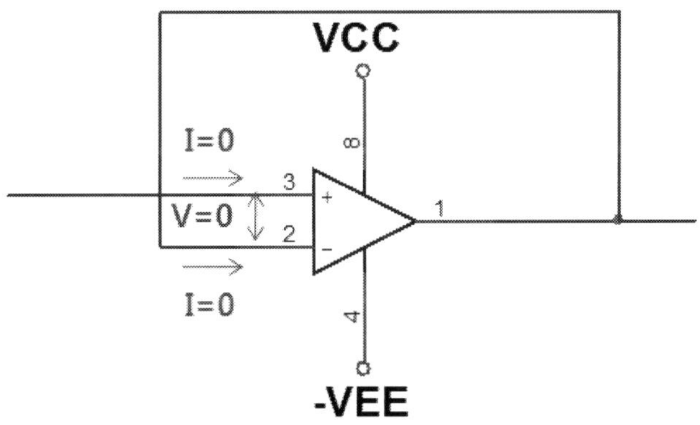

(+), (−) 2개 입력의 전류가 "0" 이면 Open으로 봐도 된다. 입력 전압 "0" 이면 (+) 입력 단자는 (−) 입력단자와 Short 되었다고 봐도 된다. (참조 Inverting Amp)

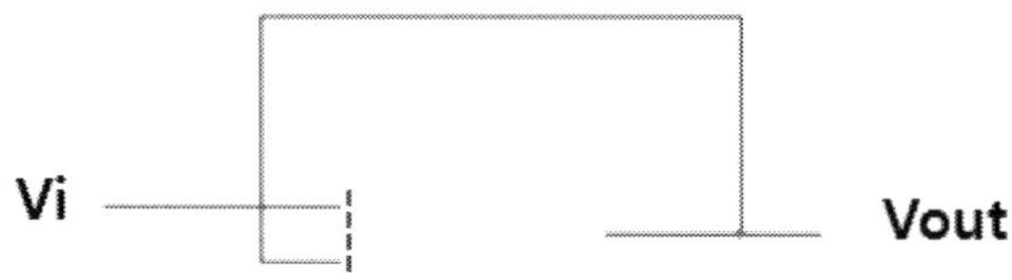

입력 V_i와 출력 V_o가 직접 연결되어 있는 것과 같다.

$$V_o = V_i, \quad A_v = 1$$

입력 저항과 출력 저항은 Non Inverting Amp와 거의 같다.

Z_i = OP Amp의 입력 등가 저항이 된다.
보통 1MΩ 정도 (Inverting Amp 경우 1K 정도)
Z_o = 거의 0

3.7.2 Follower의 주파수 특성

Follower의 C_1, C_2의 역할은 거의 Non Inverting Amp의 경우와 같다.
증폭률 =1 인 관계로 "Follower BandWidth = Gain*BandWidth" 와 같다.

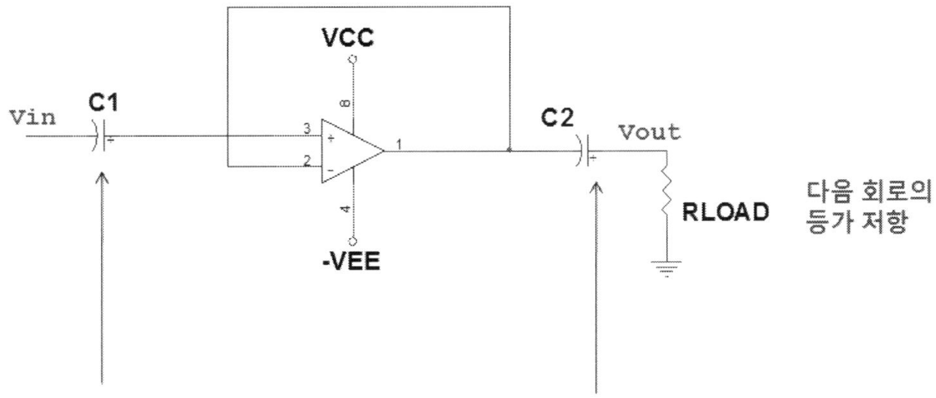

$$f_{H1} = \frac{1}{2\pi \quad R_i(1M\Omega)C_1}$$

$$f_{H2} = \frac{1}{2\pi R_{LOAD} C_2}$$

예제 3-7-3

입력 파형이 "2V DC + 2V AC"일 때 출력전압, Z_i, Z_o, 3dB Bandwidth 및 Bode plot?

입력 파형

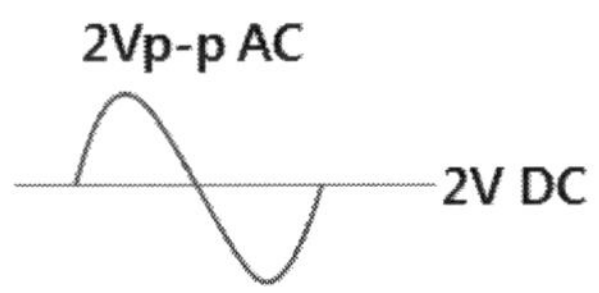

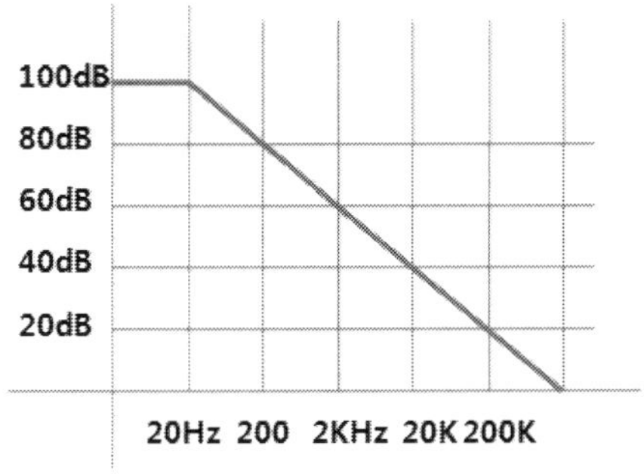

(a)

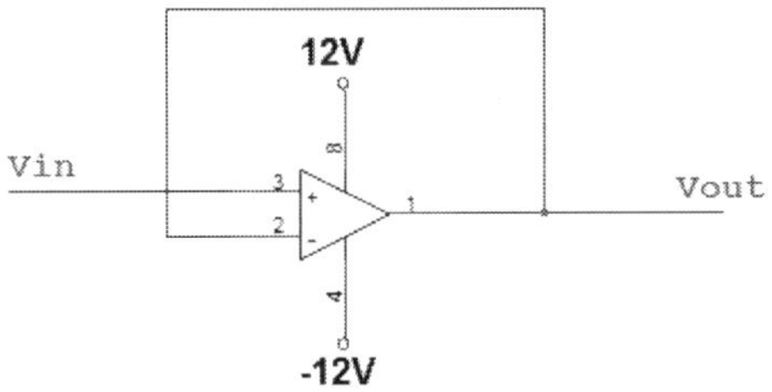

(b)

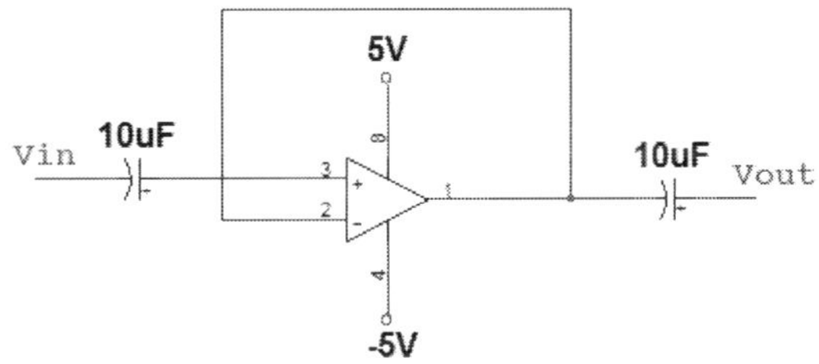

연습 3-7-3

입력 파형이 "2V DC + 2V AC"일 때 출력전압, Z_i, Z_o, 3dB Bandwidth 및 Bode plot?

입력 파형

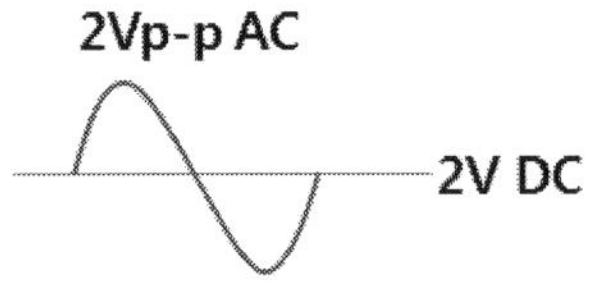

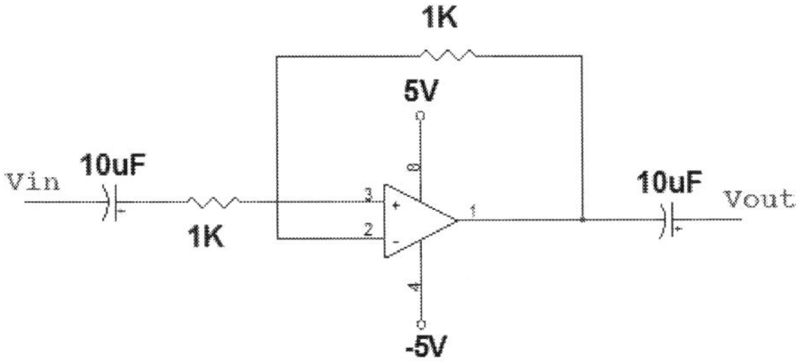

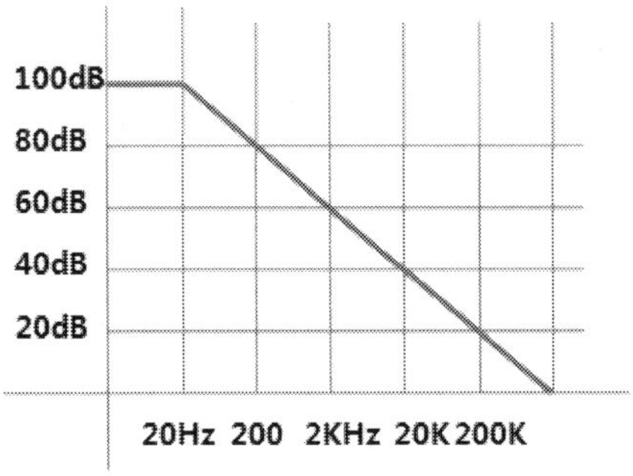

예제 3-7-4

+12V, −12V를 사용하여 입력 출력 조건에 맞는 OP AMP 증폭기 설계하시오.

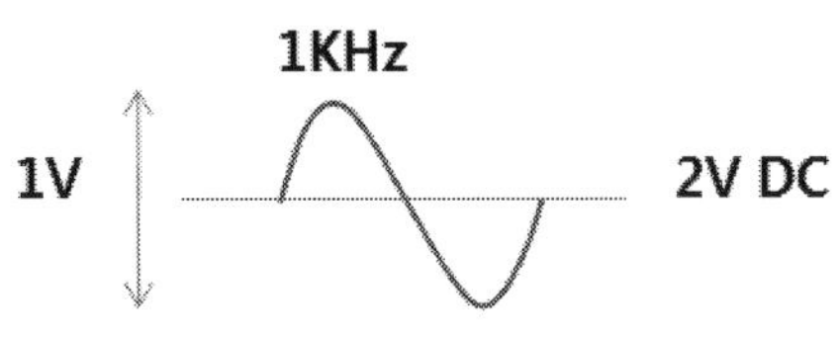

입력 파형

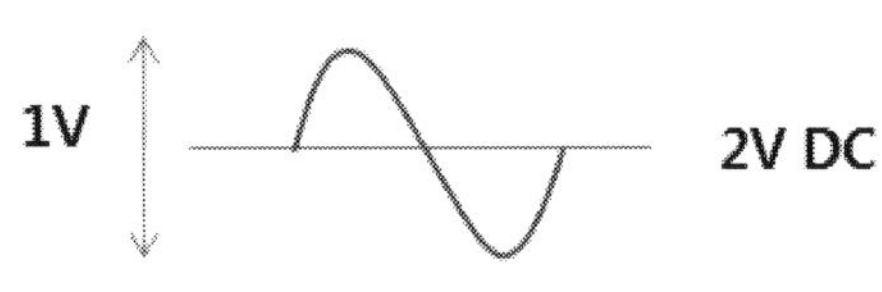

출력 파형

예제 3-7-5

+12V, −12V를 사용하여 입력 출력 조건에 맞는 OP AMP 증폭기 설계

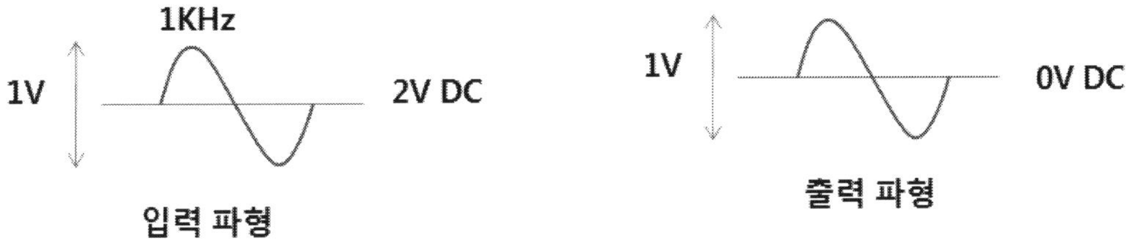

예제 3-7-6

아래 회로의 증폭률 A_v, Z_i, Z_o, high frequency의 3dB Bandwidth는?

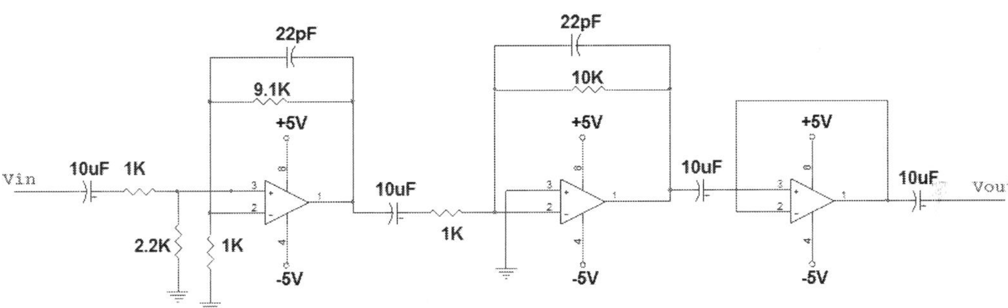

예제 3-7-7

위 경우 입력이 아래 파형과 같을 때 출력 파형을 그려라.

(a)

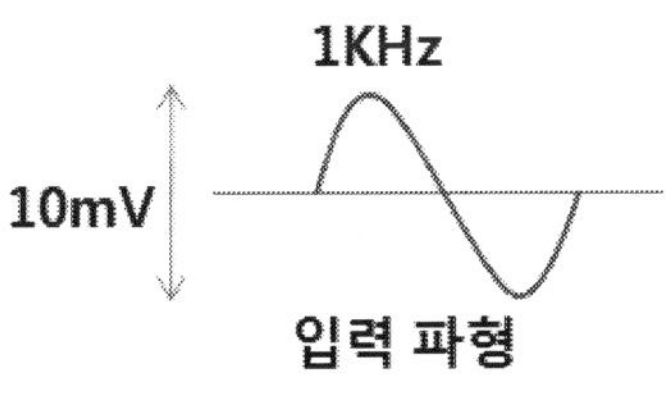

(b)

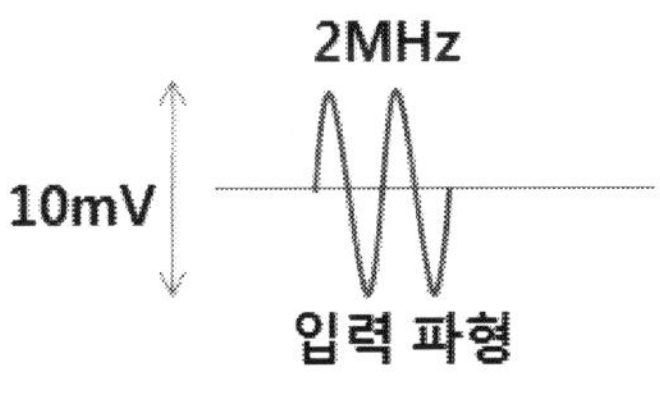

연습 3-7-6

아래 회로의 증폭률 A_v, Z_i, Z_o, high frequency의 3dB Bandwidth는?

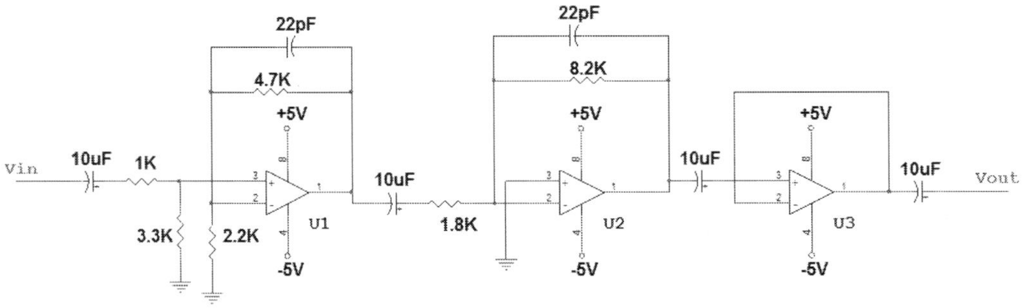

연습 3-7-7

위 경우 입력이 아래 파형과 같을 때 출력 파형을 그려라.

(a)

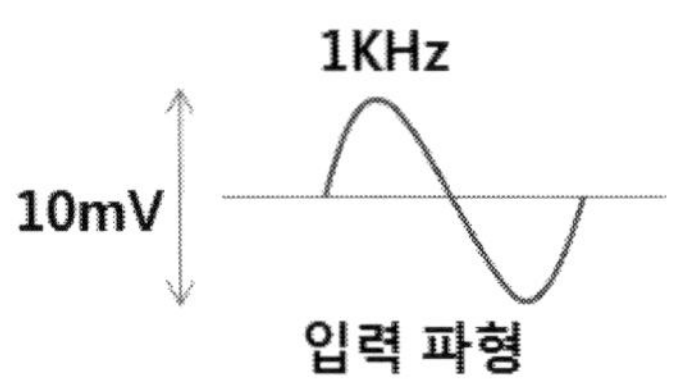

(b)

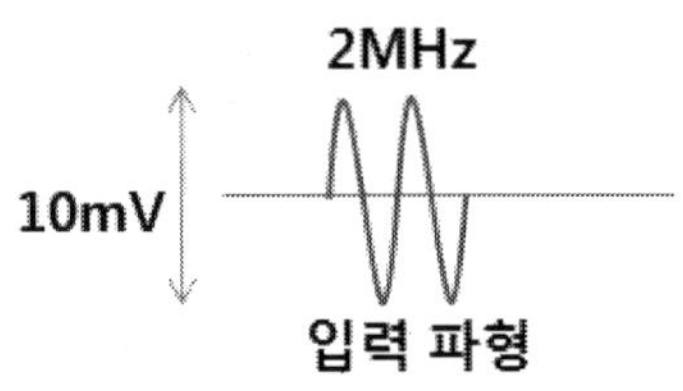

3.8 가산 증폭기

Radio에서 노래 소리와 DJ 소리가 같이 나오는 경우는 2개의 신호를 더해준 것이다. Analog 방식으로 더해 주는 회로를 가산 증폭기라고 한다.

가산 증폭기는 여러 개의 입력 신호(V_{in1}, V_{in2}, V_{in3}, …)을 더해주어서(Add) 출력을 내는 회로를 말한다.

Inverting Amp을 기본으로 하고 (−)입력에 저항(R_1, R_2, R_3, …)을 통해 여러 입력 신호를 연결한다.

입력과 출력의 위상은 반전된다. 해석은 전압 중첩의 법칙에 따라 한 입력씩 따로 계산 후 더해 준다.

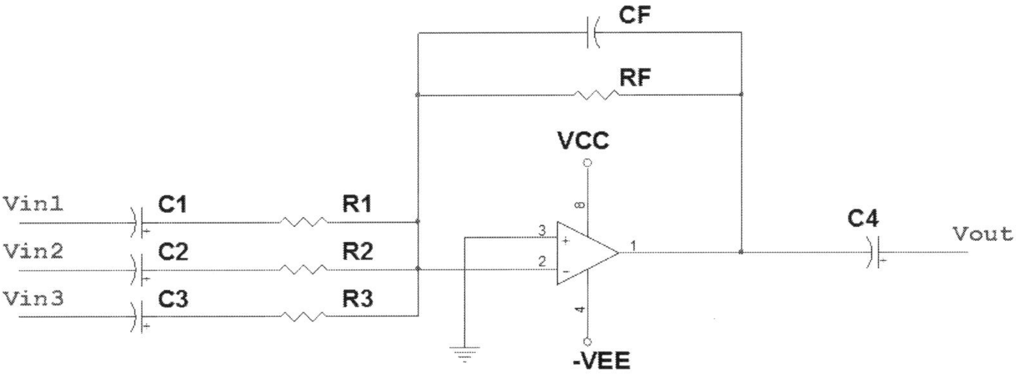

예제 3-8-1

위의 회로를 그리시오.

V_{in1}만 있는 경우, V_{in2}, V_{in3} = "0"라 가정하면

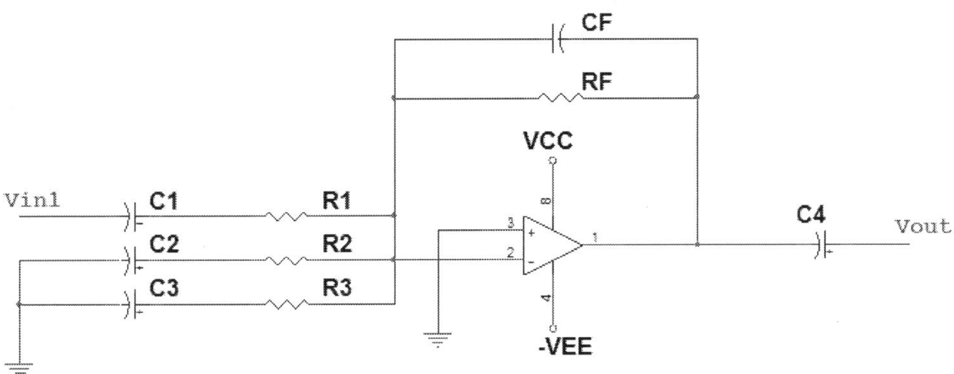

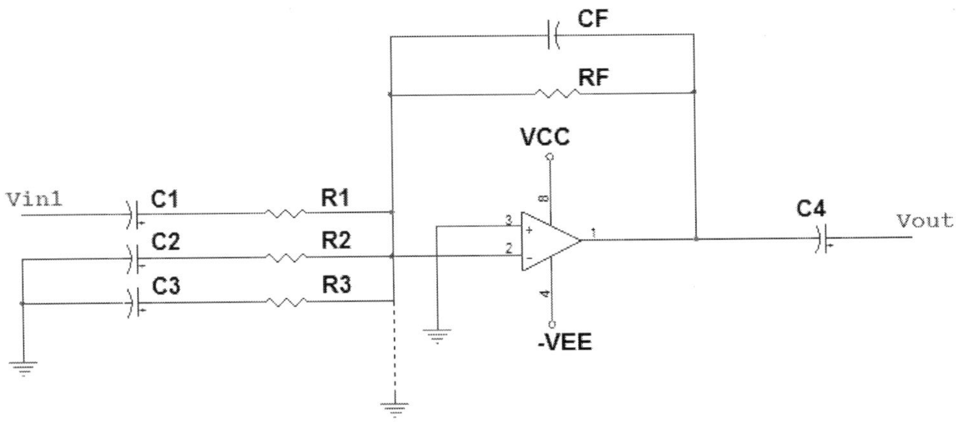

Op Amp의 입력 전압=0V이므로 R_2, R_3을 우측은 “0V” 와 같다(Virtual Ground). R_2, R_3 양단이 “0V” 이다. R_2, R_3는 없는 것과 같다.

R2 R3 양쪽 Ground, 없는 것과 동일

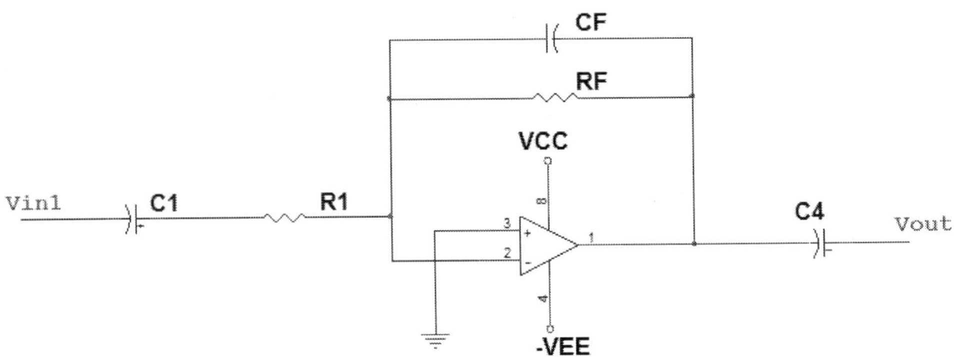

결국 Inverting Amp와 동일하다. $A_V = \frac{V_{out}}{V_{in1}} = -\frac{R_F}{R_1}$

V_{in2}, V_{in3}의 경우도 마찬가지이다. 3개를 더하면 출력이 된다.

$$V_{OUT} = -\left(\frac{R_F}{R_1}V_{in1} + \frac{R_F}{R_2}V_{in2} + \frac{R_F}{R_3}V_{in3}\right)$$

예제 3-8-2

아래 가산기 회로의 출력 전압은?

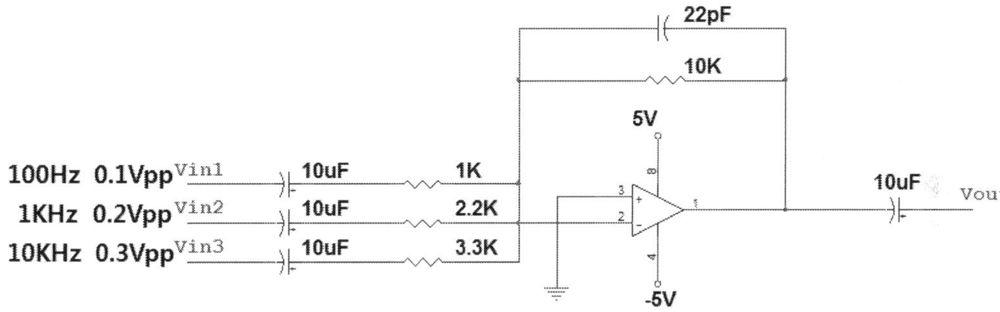

연습 3-8-2

아래 가산기 회로의 출력 전압은?

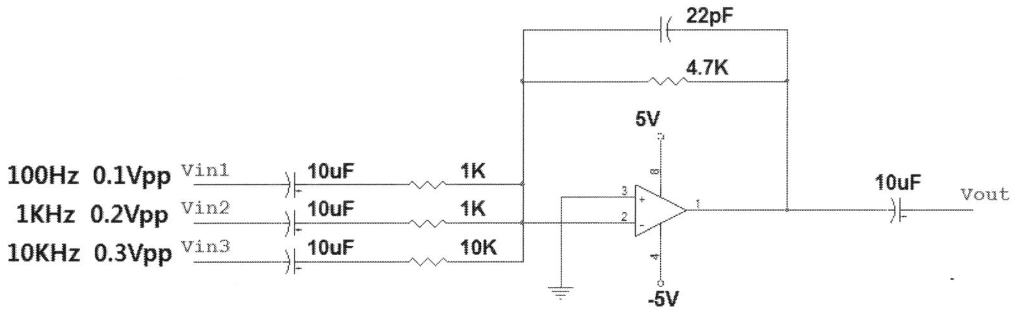

예제 3-8-3

입력 전압이 아래와 같이 3가지일 때 출력 전압의 각 주파수 성분이 모두 1V가 되는 회로를 설계하라.

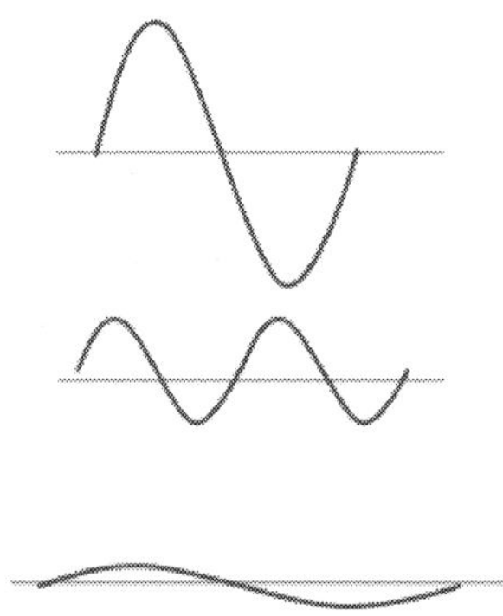

1KHz 1Vpp

2KHz 0.5Vpp

500Hz 0.1Vpp

연습 3-8-3

입력전압이 아래와 같이 3가지일 때 출력 전압의 각 주파수 성분이 모두 0.5V가 되는 회로를 설계하라.

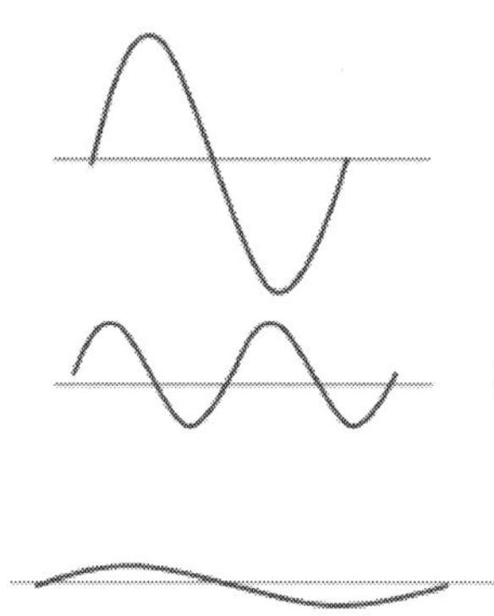

1KHz 1Vpp

2KHz 0.5Vpp

500Hz 0.1Vpp

3.9 감산 증폭기

2개의 신호를 빼는 회로이다. 아래 회로는 입력신호 V_{in1}은 Inverting Amp (U1) 통해 가산 증폭기(U2)에 연결되어 있다. 2번의 위상 반전을 거쳐서 위상 변화가 없다. 입력신호 V_{in2}는 가산 증폭기(U2)만 거친다. 위상이 반전된다. 두 개의 신호가 가산 증폭기(U2)에서 더해지면 마치 빼기와 같은 효과가 있다.

DVD 같은 기기에서 음악 중에서 가수 소리를 빼는 Voice canceller 같은 기능에 이용된다.

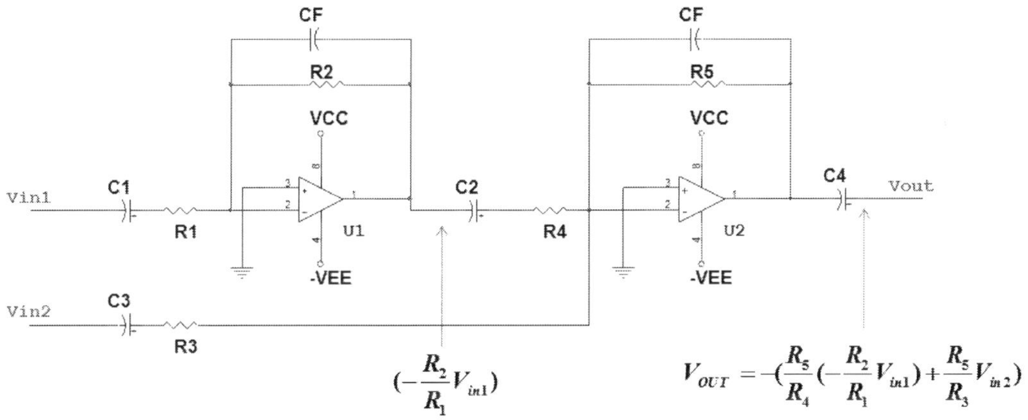

결국 출력 신호는

$$V_{OUT} = -\left\{\frac{R_5}{R_4}\left(-\frac{R_2}{R_1}V_{in1}\right) + \frac{R_5}{R_3}V_{in2}\right\} = \frac{R_5}{R_4}\frac{R_2}{R_1}V_{in1} - \frac{R_5}{R_3}V_{in2} \text{ 되어서}$$

V_{in1}과 V_{in2}의 항이 (+), (−)가 되어 빼기한 것과 같은 효과이다.

예제 3-9-1

아래 회로에서 입력 전압이 (a), (b)와 같을 때 출력 전압은?

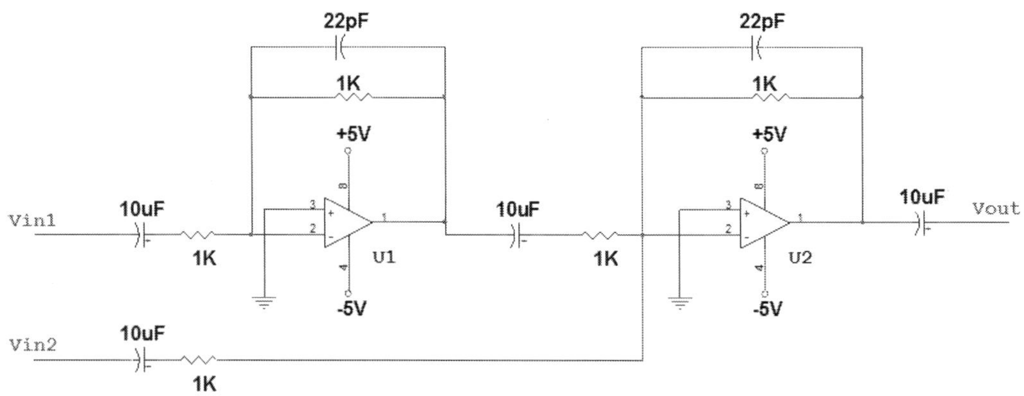

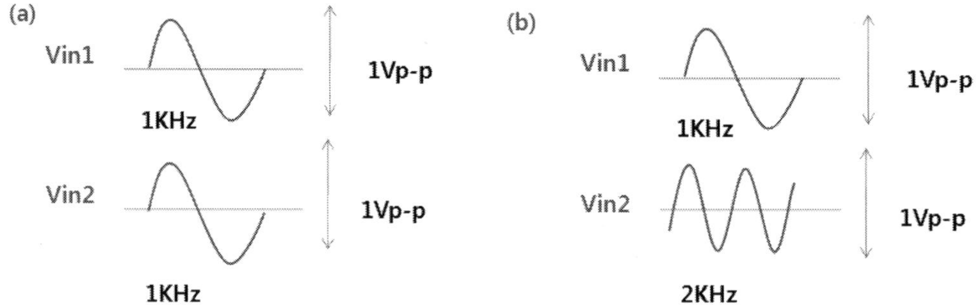

아래 회로도 감산 증폭기의 역할을 한다. V_{in1}은 (−)반전입력에, V_{in2}는 (+) 비반전 입력에 연결되어 있다. 2개의 입력은 증폭 후 빼기와 같은 효과를 한다.

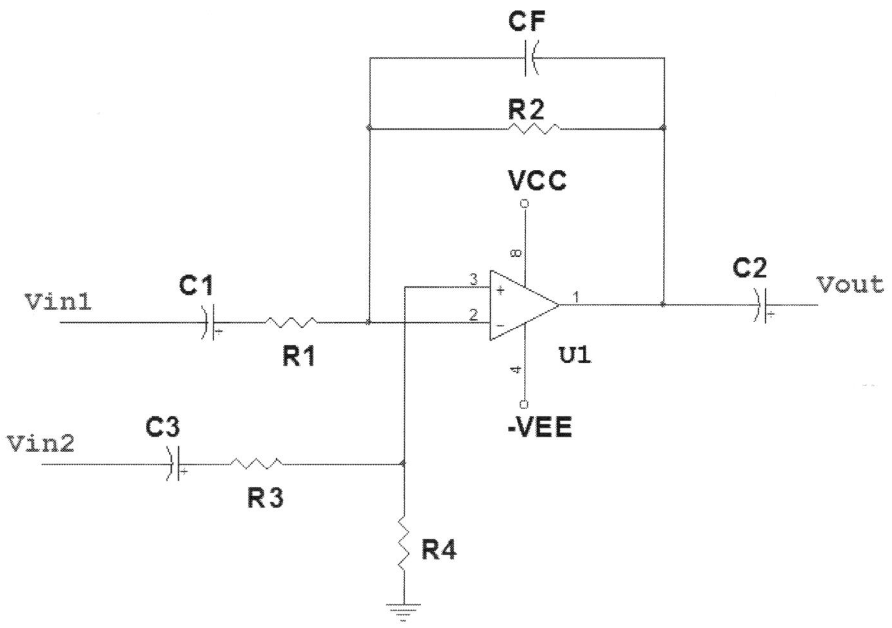

전압 중첩의 법칙을 이용하여 V_{in1}, V_{in2} 각각을 계산하여 더해 주면 된다.

V_{in1}만 계산

V_{in2}만 계산

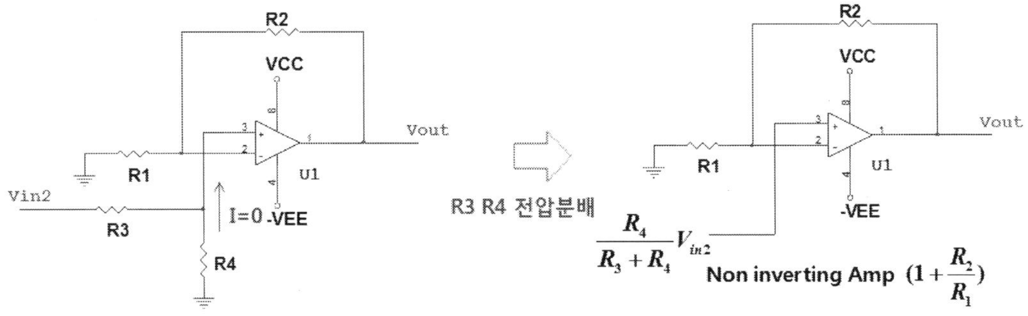

$$V_{out} = \left(-\frac{R_2}{R_1}V_{in1}\right) + \left(1+\frac{R_2}{R_1}\right)\left(\frac{R_4}{R_3+R_4}V_{in2}\right)\text{이고}$$

$R_1 = R_2 = R_3 = R_4$이면 $V_{out} = -V_{in1} + V_{in2}$이 된다.

예제 3-9-2

입력이 아래와 같을 때 $V_{out} = 0$이 되는 회로 설계하시오.

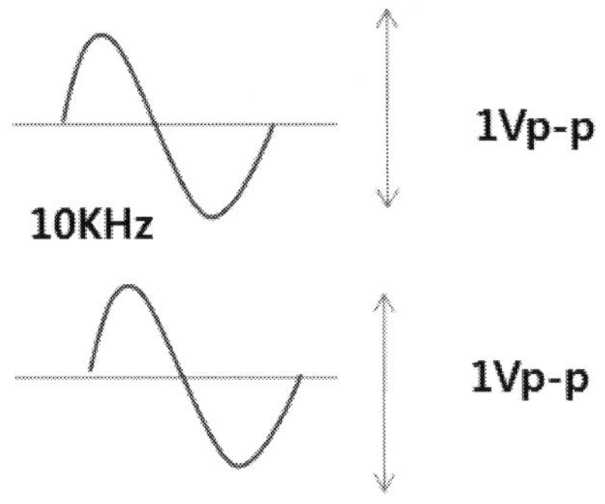

연습 3-9-2

입력이 아래와 같을 때 $V_{out} = 0$이 되는 회로 설계하시오.

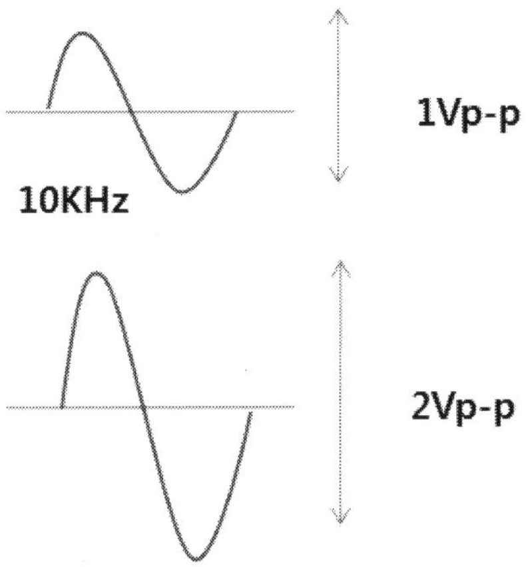

"2.2.2절의 Video용 OP AMP "592" 는 출력이 (+), (-) 2개이다. 출력은 크기 주파수는 같지만 위상이 반대이다.(Differential Amp 특성)

2개의 출력이 나올 경우, 출력을 앞의 회로와 같이 빼주면 하나의 출력으로 바꿀 수 있다.

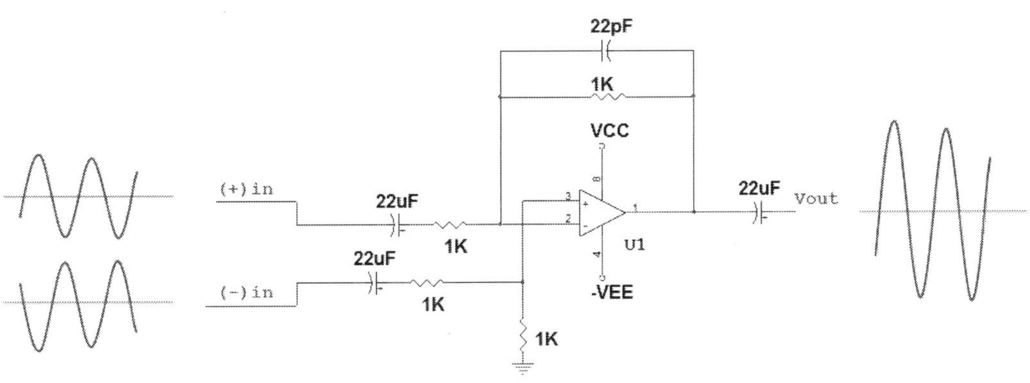

출력은 입력을 빼주기 때문에 입력 신호의 2배가 된다.

Common Noise가 많은 환경에서는 2개의 (+), (-) 신호를 이용하여 선을 연결하면 Noise 제거 특성이 좋아진다.

3.10 Instrument Amplifier

일반적으로 Sensor 등의 경우 출력 전압이 매우 작아 Noise에 민감하다. 이런 분야의 응용을 위해 Instrument Amp을 사용한다.

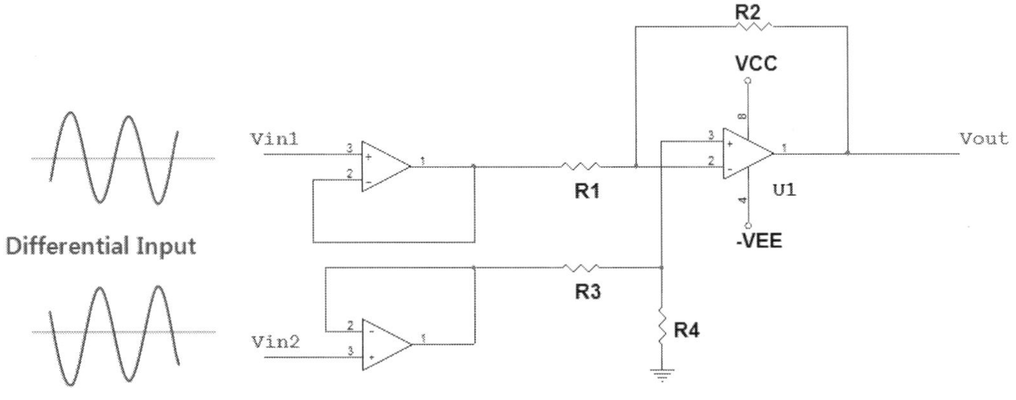

입력 (+), (-)는 Sensor 등을 연결한다. 각각의 입력을 Follower 통한다.

Follow 2개가 정확히 같으면(대개의 경우 OP Amp 2개가 하나의 IC) Common Mode Noise을 보다 많이 제거할 수 있다. 이 출력이 최종 Amp의 (+), (-)로 입력이 된다. 최종 Amp는 앞의 감산기와 같다.

저항 값이 같으면 입력 신호 빼기와 같다. 즉 Differential 입력은 증폭이 되고 Common입력인 Noise는 제거된다.

위와 같은 목적으로 만들어진 OP Amp인 "TI(Texas Instrument)의 INA128" 을 소개한다.

INA128-HT, INA129-HT

PRECISION, LOW POWER INSTRUMENTATION AMPLIFIERS

FEATURES (1)

- Low Offset Voltage
- Low Input Bias Current: 50 nA Typ
- High CMR: 95 dB Typ
- Inputs Protected to ±40 V
- Wide Supply Range: ±2.25 V to ±18 V
- Low Quiescent Current: 2 mA Typ

APPLICATIONS

- Bridge Amplifier
- Thermocouple Amplifier
- RTD Sensor Amplifier
- Medical Instrumentation
- Data Acquisition

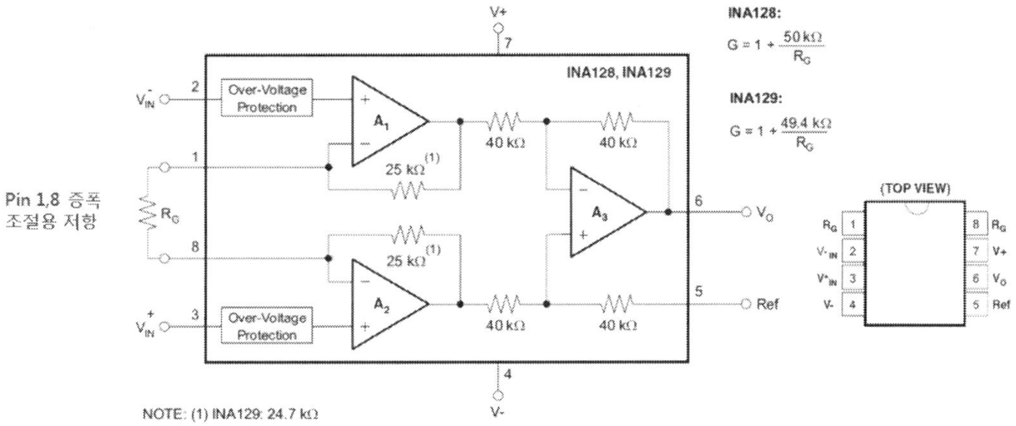

Thermocouple은 온도에 따라 출력 전압이 커진다. 이 전압을 읽으면 온도를 알 수 있다.

아래의 응용 예는 정밀한 전압측정을 위해 Instrument Amp로 증폭한 예이다.

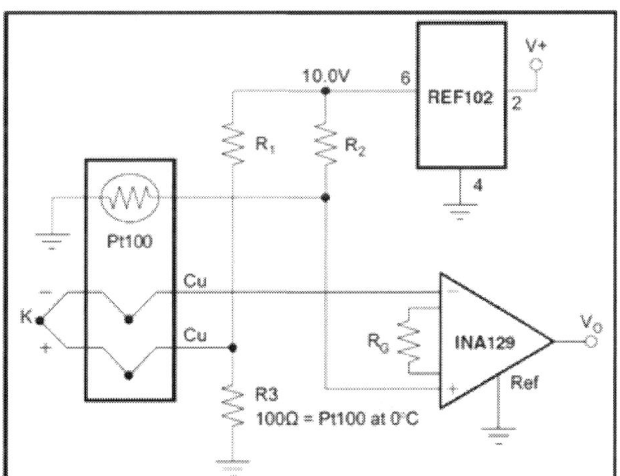

ISA TYPE	MATERIAL	SEEBECK COEFFICIENT (μV/°C)	R_1, R_2
E	+Chromel -Constantan	58.5	66.5kΩ
J	+Iron -Constantan	50.2	76.8kΩ
K	+Chromel -Alumel	39.4	97.6kΩ
T	+Copper -Constantan	38	102kΩ

Thermocouple Amplifier With RTD Cold-Junction Compensation

아래의 그림은 심장박동의 크기를 재는 심전도 측정기에 대한 예이다. 입력 연결선에서 유기되는 Common mode Noise를 더 많이 제거 가능하다.

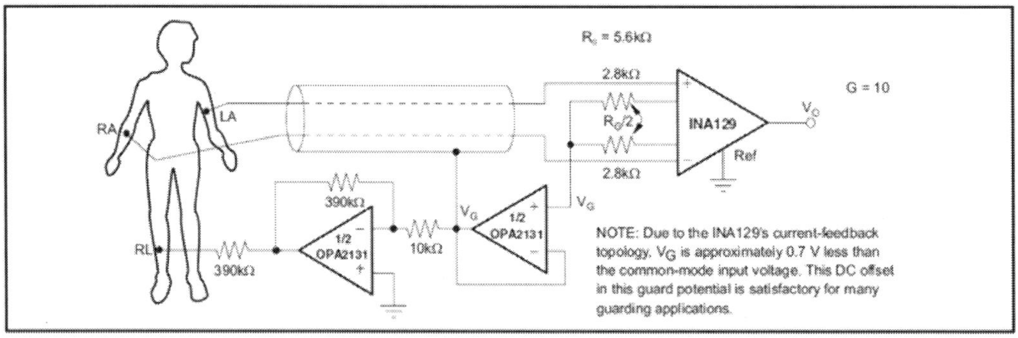

ECG Amplifier With Right-Leg Drive

예제 3-10-1

Instrument Amp의 내부회로의 증폭률은?

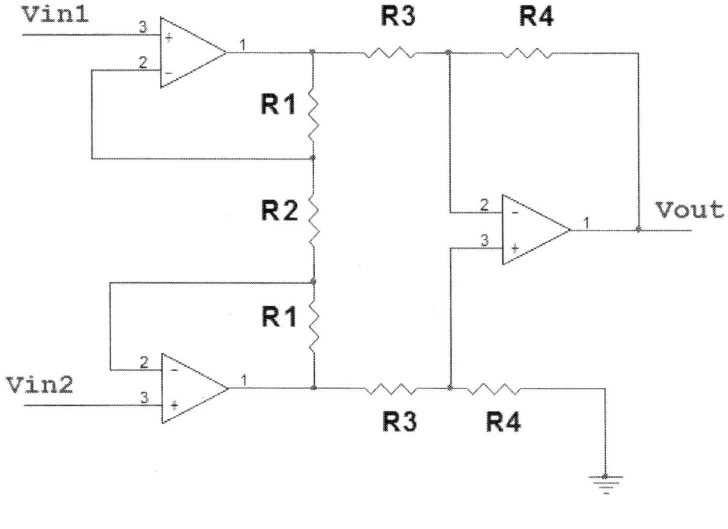

입력 전류 전압 ="0"
키르호프 법칙을 적용

3.11 적분기

적분기는 입력 신호를 적분해서 출력 신호를 낸다.
반전증폭기의 Feedback 저항 RF 대신 Capacitor를 사용한다.

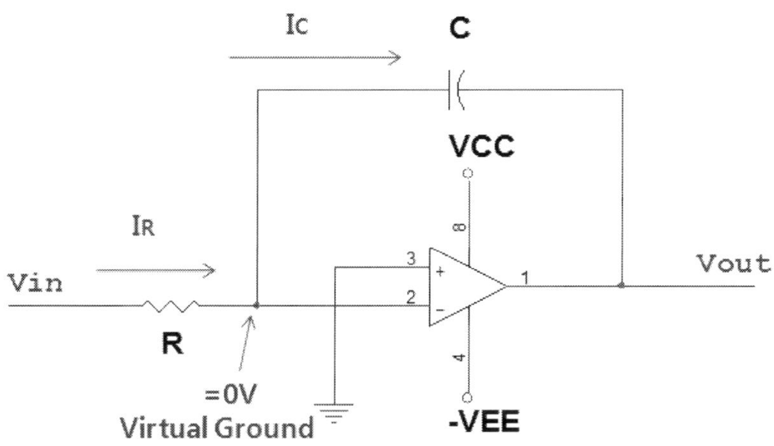

키르호프의 전류 법칙을 적용하면 $I_R = I_C$가 된다

$$I_R = \frac{V_{in} - 0}{R} = I_C = C\frac{d(0 - V_{OUT})}{dt}.$$

$$\frac{V_{in}}{RC} = -\frac{dV_{OUT}}{dt} \Rightarrow dV_{OUT} = -\frac{1}{RC}V_{in}dt \Rightarrow \int_0^t dV_{OUT} = -\frac{1}{RC}\int_0^t V_{in}dt$$

$$\boxed{V_{OUT} = -\frac{1}{RC}\int_0^t V_{in}dt}$$

출력은 입력의 적분으로 표시된다.

예제 3-11-1

입력이 아래 그림과 같을 때 출력을 그리시오.

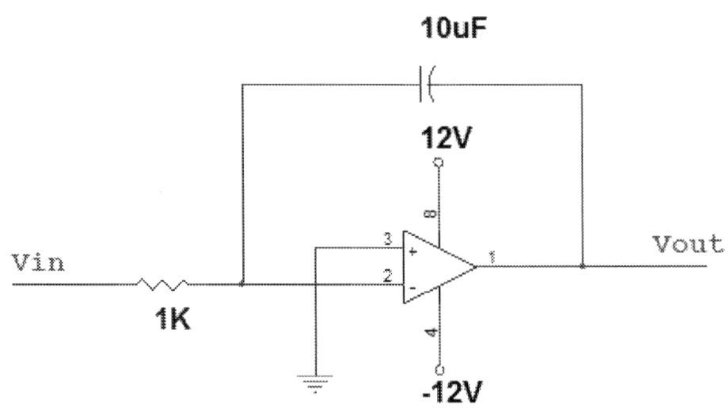

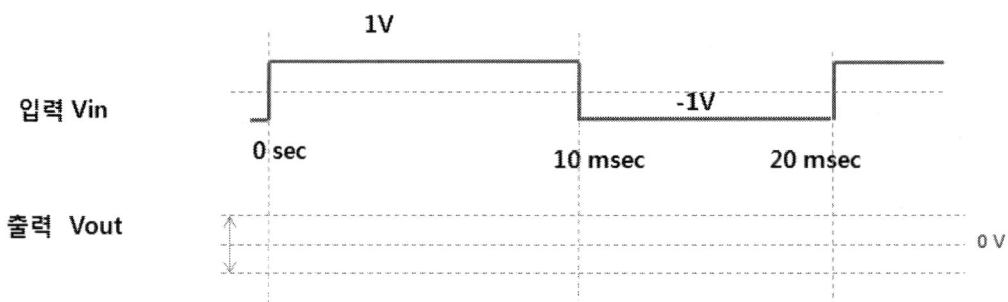

연습 3-11-1

입력이 아래 그림과 같을 때 출력을 그리시오.

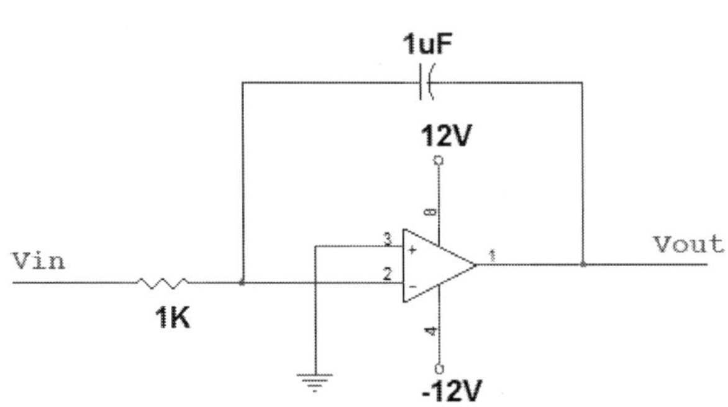

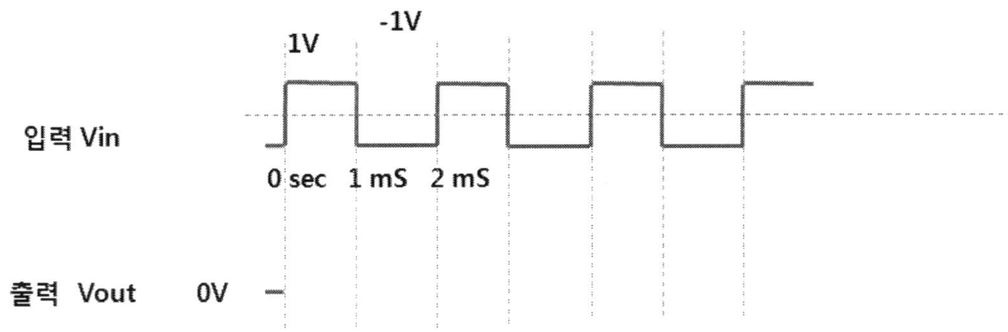

3.12 미분기

미분기는 입력 신호를 미분해서 출력 신호를 낸다.
반전증폭기의 입력 저항 R_1 대신 Capacitor를 사용한다.

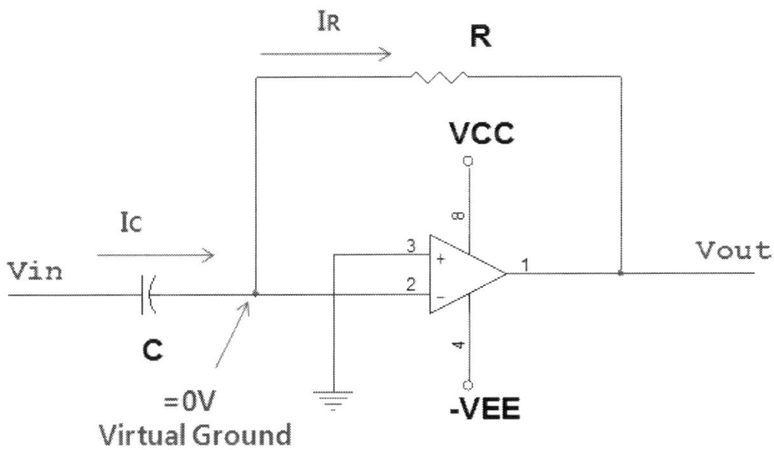

키르호프의 전류 법칙을 적용하면 $I_R = I_C$가 된다.

$$I_R = \frac{0 - V_{OUT}}{R} = I_C = C\frac{d(V_{in} - 0)}{dt}$$

$$V_{OUT} = -RC\frac{dV_{in}}{dt}$$

출력은 입력의 미분으로 표시된다.

예제 3-12-1

입력이 아래 그림과 같을 때 출력을 그리시오.

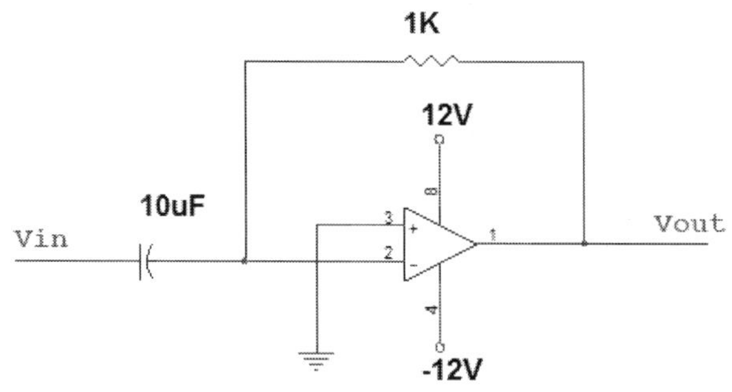

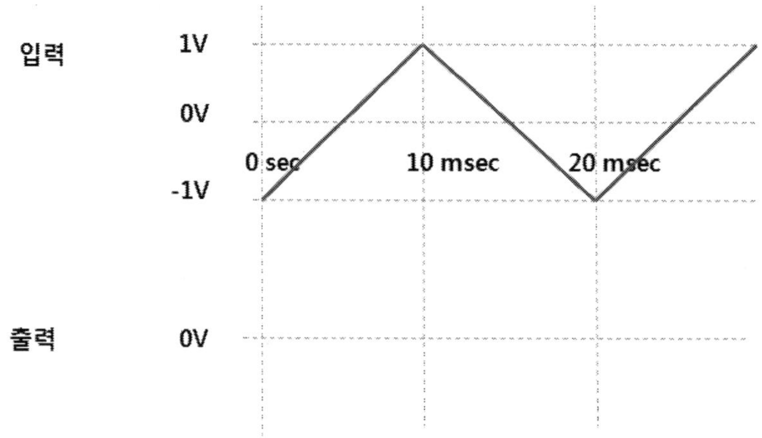

연습 3-12-1

입력이 아래 그림과 같을 때 출력을 그리시오.

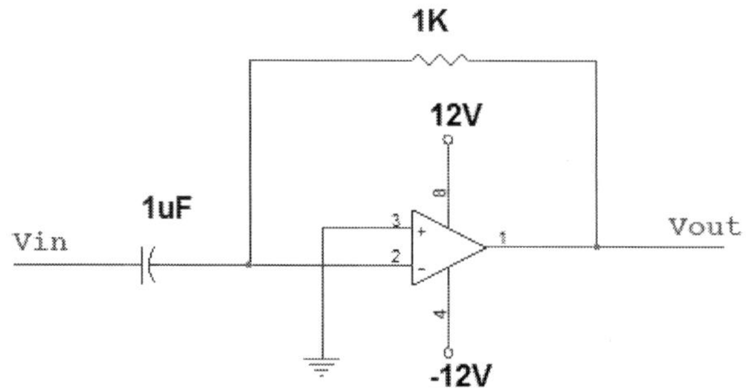

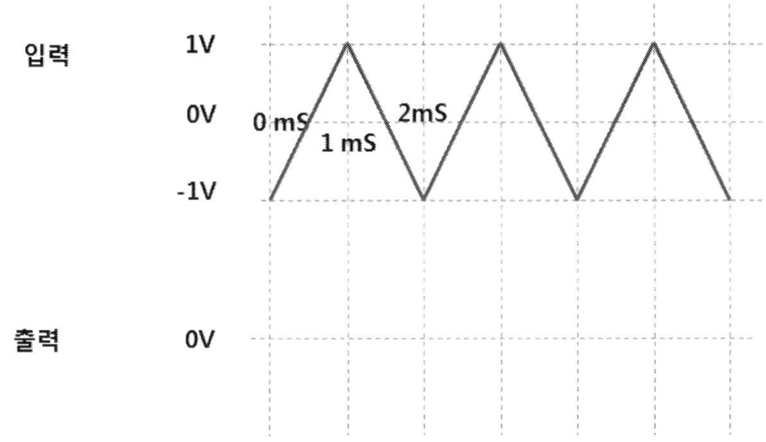

3.13 Schmitt Trigger 회로

Digital Logic 1, 0을 사용할 때 Hysteresis 곡선을 이용해 입력의 Noise 등에 대한 영향을 줄인 회로이다. 입력 V_{in}은 (−)입력 단자로, 출력 V_{out}은 저항을 통해 (+)입력단자로 연결되어 있다. 일종의 Positive Feedback이다.

동작 설명을 위해 전압 저항에 값을 주었다. 입력 전압이 +5V, −5V로 Swing 할 경우를 가정한다.

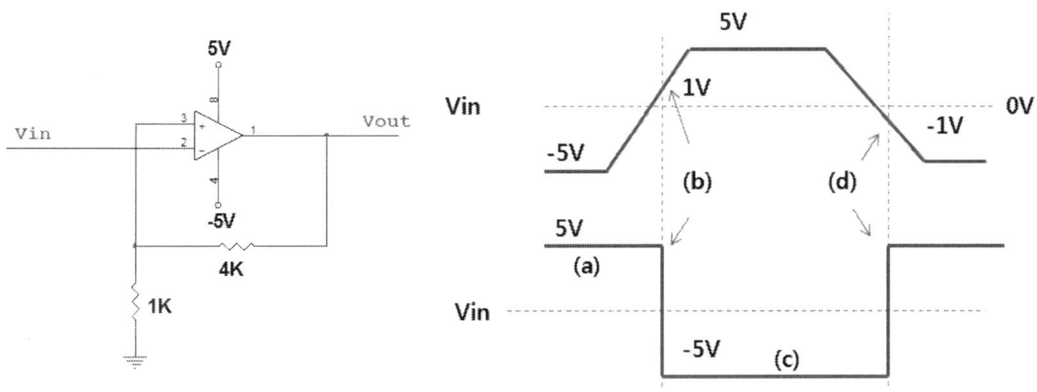

입력이 −5V인 경우 OP Amp의 증폭률이 10^5인 관계로 출력은 5V가 된다.(a)

OP Amp의 (+) 입력 단자의 전압은 5V을 저항 4K와 1K의 전압 분배에 의해 "1V" 가 인가된다. (−) 단자와 (+)단자의 입력 차이가 증폭되어 출력에 나타나므로 (−5V, 1V)에 의해 출력은 5V가 유지된다.

입력 전압 V_{in}이 증가하여 (−)단자가 1V 이상이 되는 순간 (+) 단자의 1V보다 커진다.

(−)단자가 조금이라도 커지면 큰 증폭률 덕에 출력은 −5V가 된다. (b)

OP Amp의 (+) 입력 단자의 전압은 −5V을 저항 4K와 1K의 전압 분배에 의해 "−1V" 로 바뀐다.

입력 전압에 Noise가 있더라도 Logic Level은 바뀌지 않는다.

입력 전압이 5V까지 증가하여도 더 이상 (+), (−) 단자의 전압 역전은 없어서 출력은 −5V를 유지한다.(c)

입력 전압 V_{in}이 감소하여 (−)단자가 −1V 이하가 되는 순간 (+) 단자의 −1V보다 작아진다.

(+)단자가 조금이라도 크면 큰 증폭률 덕에 출력은 5V가 된다. (d)

OP Amp의 (+) 입력 단자의 전압은 5V을 저항 4K와 1K의 전압 분배에 의해 "1V" 로 바뀐다.

입력 전압에 Noise가 있더라도 Logic Level은 바뀌지 않는다.

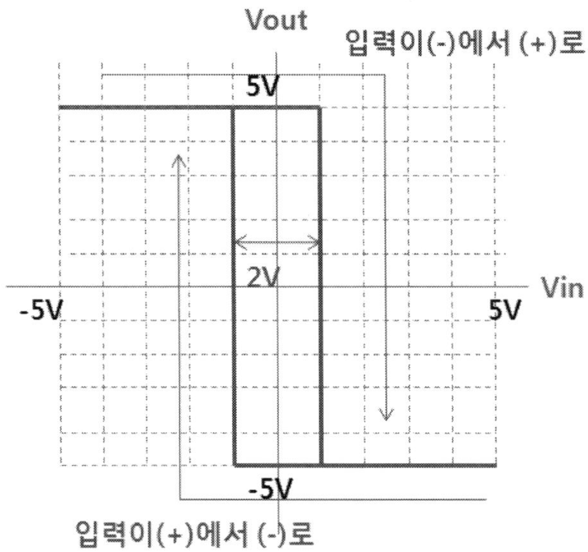

위의 그림은 입력 출력의 전압 변화를 그렸다.

입력이 (−)에서 (+)로 움직일 때는 입력이 1V에서 출력이 바뀌고, 입력이 (+)에서 (−)로 움직일 때는 입력이 − 1V에서 출력이 바뀐다.

한번 Logic 바뀌면 최소 2V(1V−(−1V)) 정도의 입력 변화가 있어야 logic이 바뀐

다. 즉 2V 이하의 Noise에서는 안전하다.(Noise Margin)

Box 같이 형성되는 부분을 Hysteresis 곡선이라 한다.

아래 그림은 Noise Margin을 보여 주기 위해 입력 신호에 Noise 있는 경우 일반 Logic과 Schmitt Trigger 입력 Logic과의 비교 그림이다.

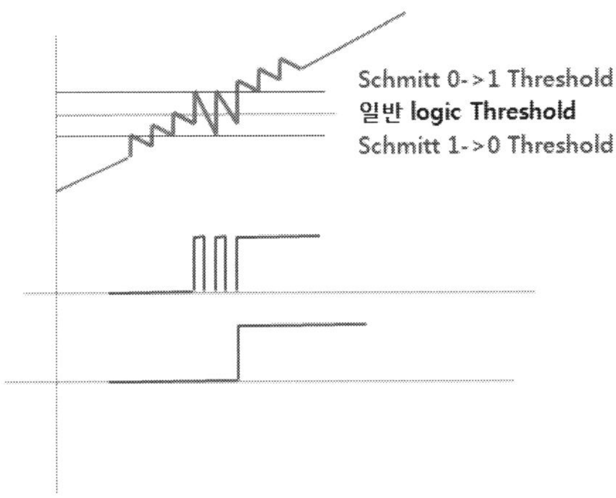

입력 신호에 NOISE가 있는 경우

일반 Logic Gate의 경우 Threshold 전압에서 출력이 "1", "0"로 바뀐다. Noise 따라 "1", "0"의 Glitch가 발생할수 있다.

Schmitt Trigger의 경우는 출력이"1"로 바뀌면"0"으로 다시 변하기 위해서는 입력 전압이 크게 변해야 한다. 작은 Noise에 대해서는 반응하지 않는다.

아래 예는 Schmitt Trigger을 입력에 채용한 "NOT" gate IC인 74F14의 경우이다.

54F/74F14 (7404 의 Schmitt Version)
Hex Inverter Schmitt Trigger

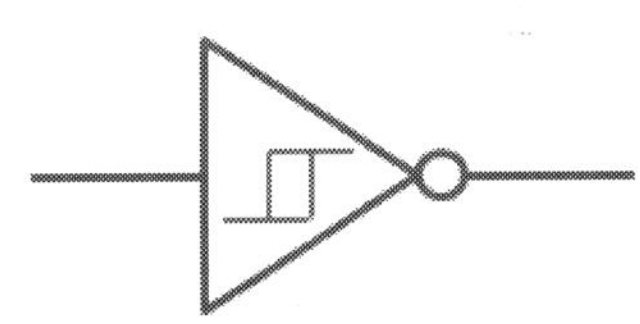

		Min	Typ	Max			
V_{T+}	Positive-Going Threshold	1.5	1.7	2.0	V	5.0V	Schmitt 0->1 Threshold
V_{T-}	Negative-Going Threshold	0.7	0.9	1.1	V	5.0V	Schmitt 1->0 Threshold
ΔV_T	Hysteresis ($V_{T+}-V_{T-}$)	0.4	0.8		V	5.0V	

3.14 구형파 발생기(Square Wave Generator)

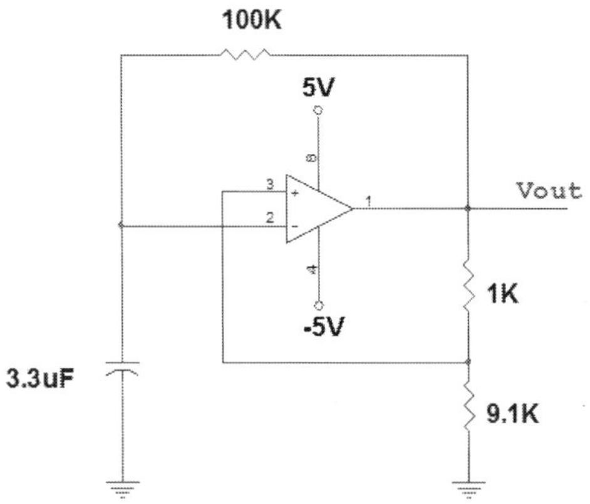

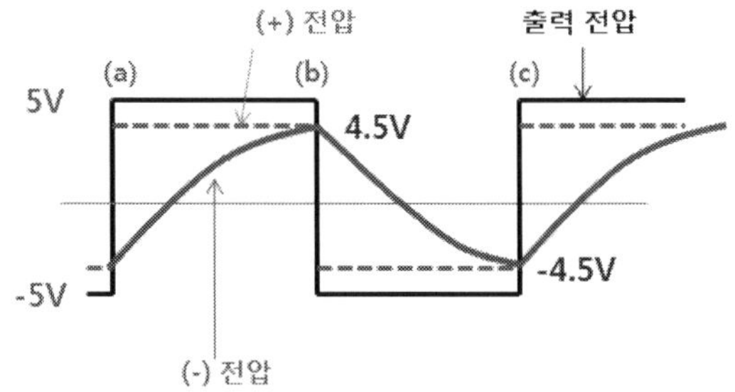

위의 회로는 100K 저항과 3.3μF의 RC 충방전 회로를 이용한 Square Wave 발생기이다.

(+) 입력은 출력 V_{out} 전압의(1K, 9.1K) 전압분배, 9/10의 출력 전압이 인가된다.

(−) 입력은 출력 V_{out} 전압을, 100K 저항과 3.3μF의 RC 충방전에 의해 따라간다.

(+) 입력과 (−) 입력을 비교해서 큰 값에 따라 출력 Vout이 정해진다.

출력이 −5V에서 5V로 바뀌는 순간(a)

(+) 전압은 $-5V*(9/10) = -4.5V$에서 $5V*(9/10) = 4.5V$가 된다.(점선)

(−) 전압은 출력이 −5V일 때는 방전하여 −5V를 따라가다, 출력이 5V가 되면 충전하여 5V를 따라가게 된다.(실선)

(−) 전압은 충전식 (+)전압 $= V(1-e^{-\frac{t}{RC}}) = V(1-e^{-\frac{t}{(100K)*(3.3\mu F)}})$에 따라 전압이 증가한다. 증가하다가 (−) 전압이 4.5V 이상이 되면 (−)전압이 (+)전압보다 커진다.

출력은 −5V가 된다. (b)

출력이 −5V에서 5V로 바뀌는 순간(b)

(+) 전압은 $5V*(9/10) = 4.5V$에서 $-5V*(9/10) = -4.5V$가 된다.(점선)

(−) 전압은 출력이 −5V로 방전된다.(실선)

(-)전압은 방정식 (+)전압 $= Ve^{-\frac{t}{RC}} = Ve^{-\frac{t}{(100K)*(3.3\mu F)}}$에 따라 전압이 감소한다. 증가하다가 (-)전압이 -4.5V 이하가 되면 (-)전압이 (+)전압보다 작아진다.

출력은 +5V가 된다. (c)

이와 같은 작용이 반복되어 구형파의 출력을 만든다.

주파수는 저항과 Capacitor에 의해 결정된다. 계산은 생략한다.

위와 같은 회로를 구성할 경우는 표준 저항의 오차는 5% Capacitor의 오차는 10% 정도임을 감안하여 설계해야 한다.

3.15 OP Amp 응용회로

OP Amp가 1963년 IC로 개발되고 상당히 많은 전자회로에 응용이 되었다. 특히 Digital 회로로 바뀌지기 전까지는 Analog 회로에 각종 응용이 상당히 많이 사용되었다. 아래의 회로는 JRC 회사의 Application Note에 나와 있는 OP Amp을 이용한 응용회로를 보여준다. (www.njr.co.kp)

현재의 Design 환경에서는 CPU 등의 사용이 확대되면서 대부분 Digital 설계를 기본으로 하는 추세이어서 아래 회로 중 많은 회로가 사용되고 있지는 않다. 동작에 대한 간단한 설명을 첨부한다.

Voltage Follower

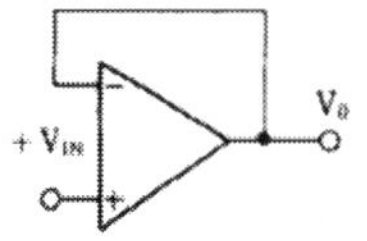

Lamp Driver

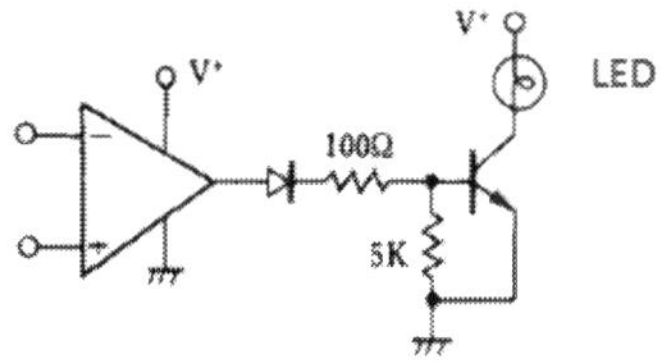

TR On Off에 의해 LED On Off

Power Amplifier

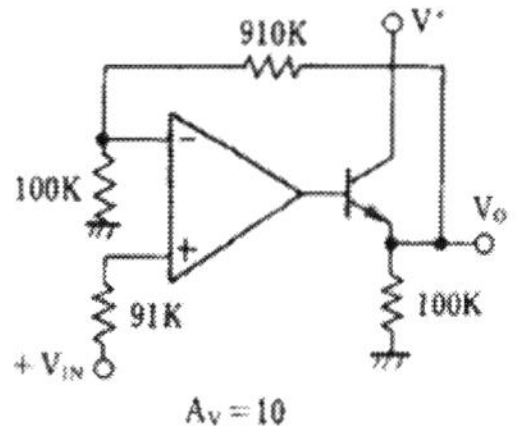

비반전 증폭기 + 전류 증폭 위해 TR 사용

Comparator with Hysterisis

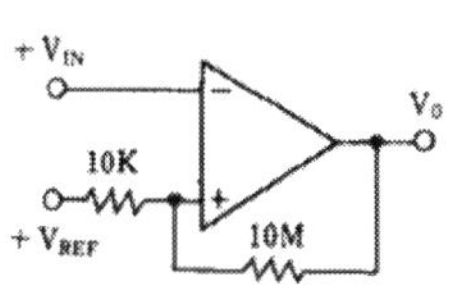

Schmitt Trigger

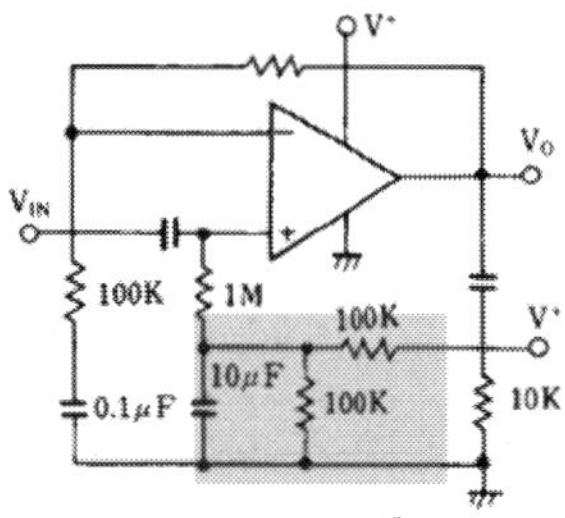

1KHz Band Pass Active Filter

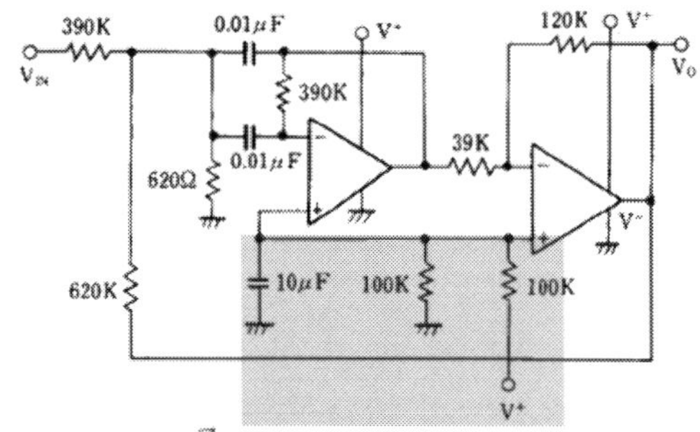

단일 전원사용-100K 2개로 ½ 전압
10uF Capacitor는 전압 안정용

Square Wave Generator

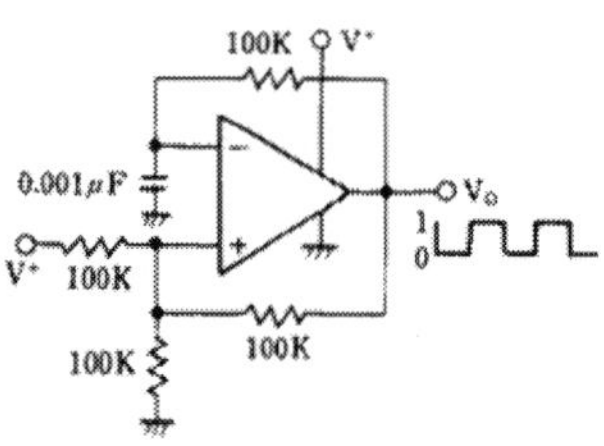

(-) 입력 전압
출력 전압 RC 충 방전에 의해 정해지고
(+) 전압은 DC 전압
두 입력 비교해 출력 발생

Differential Amplifier

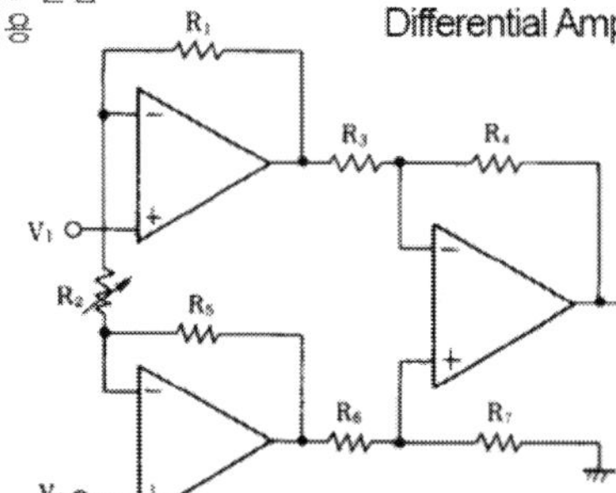

$R_1 = R_5$
$R_3 = R_4 = R_6 = R_7$
$V_o = 1 + \frac{2R_1}{R_2}(V_2 - V_1)$

Instrument Amp

Stereo Tone Control

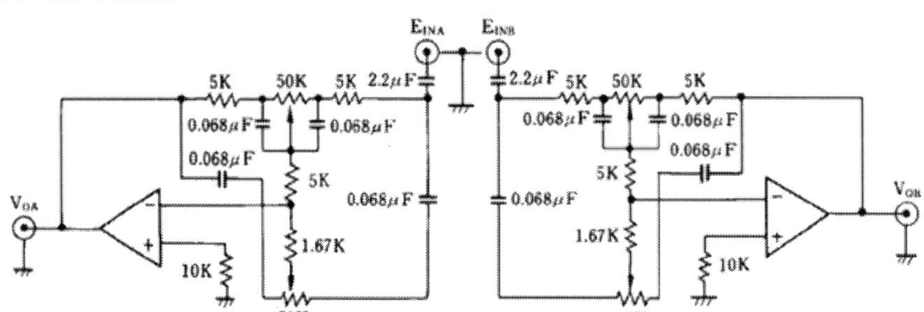

Radio Amp의 주파수 조정(LPF HPF)

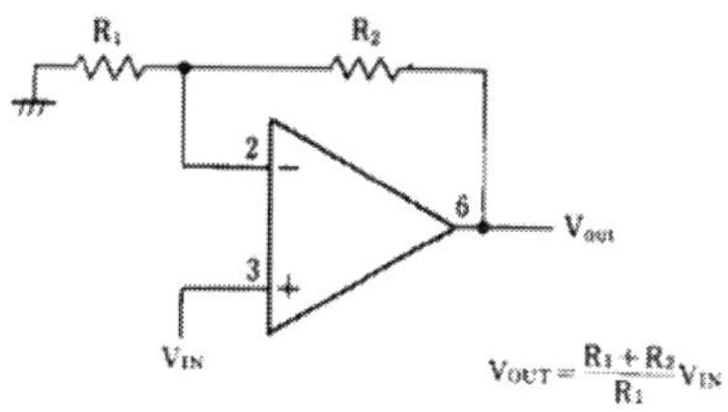

Non-Inverting Amplifier

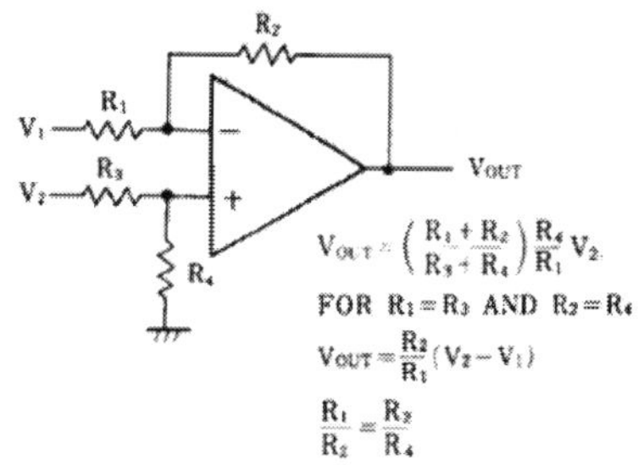

Differential Amplifier

Inverting Amplifier

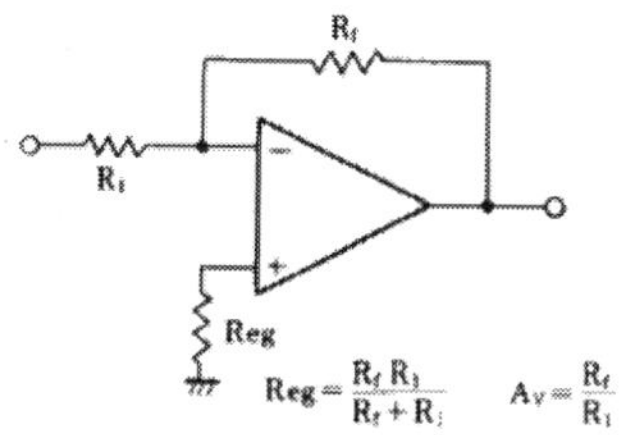

Inverting Summing Amplifier

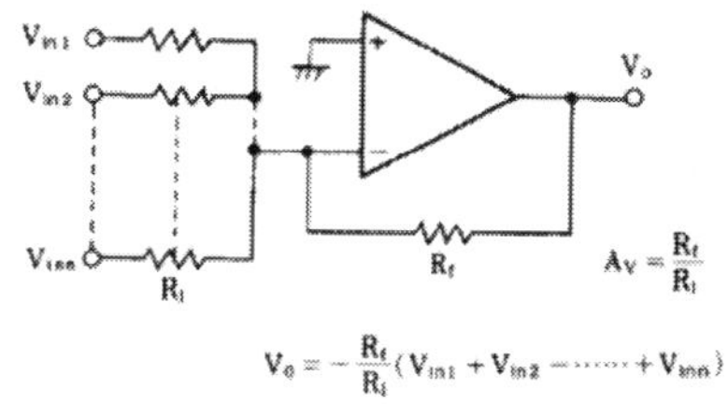

Sample and Hold

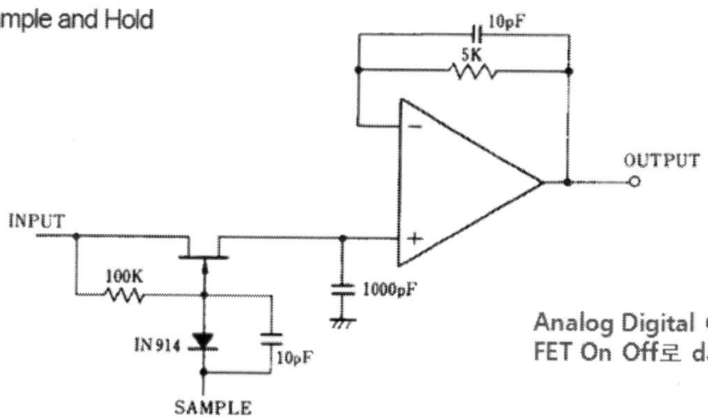

Analog Digital Converter 입력
FET On Off로 data sample후 Follower

0.5Hz Square Wave Oscillator

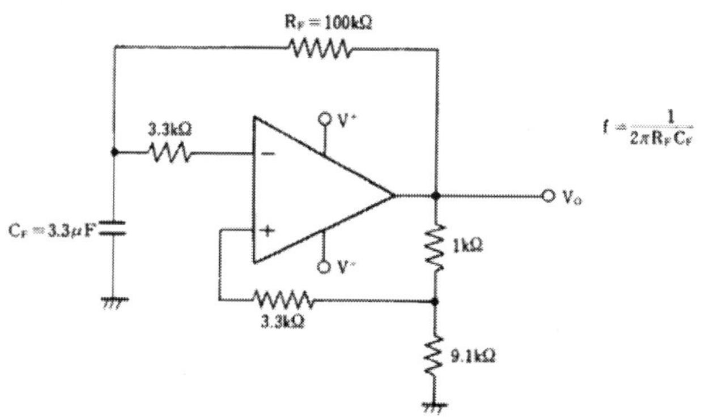

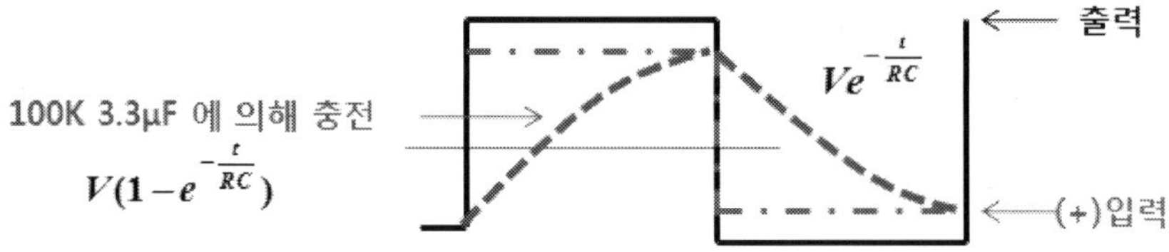

Voltage Control Oscillator (VCO)

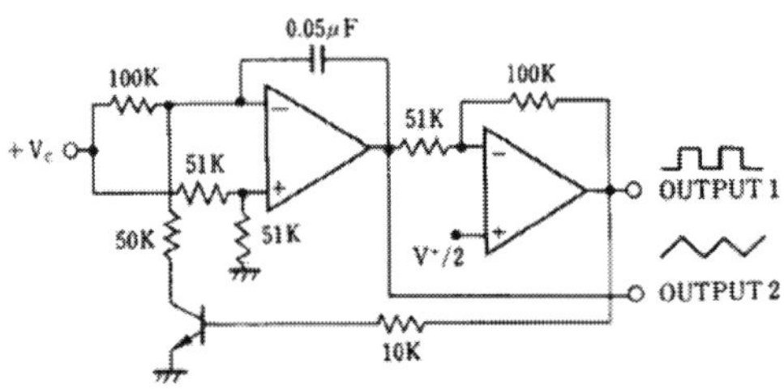

VC의 DC전압이 바뀌면 발진 주파수가 달라진다
(+) 입력은 DC 전압의 절반
(-) 입력은 0.05μF 100K 에 따라 충전
출력이 High일 때는 TR을 On 시켜 50K 통해 방전

Low Frequency Sine Wave Oscillator

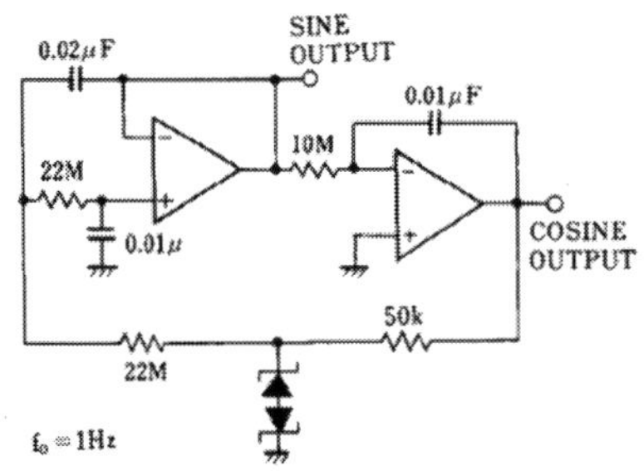

Triangle Wave Oscillator

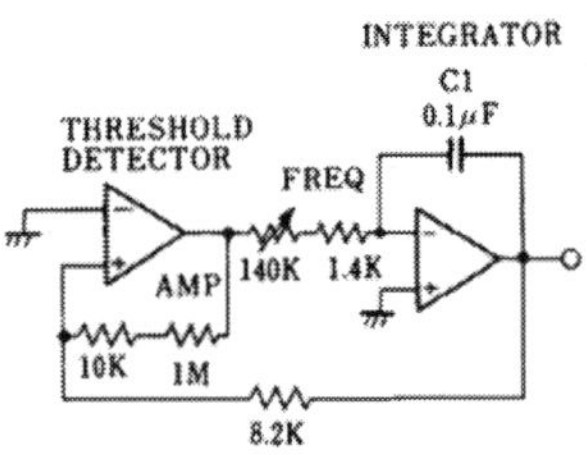

Full Wave Rectifier and Average Filter

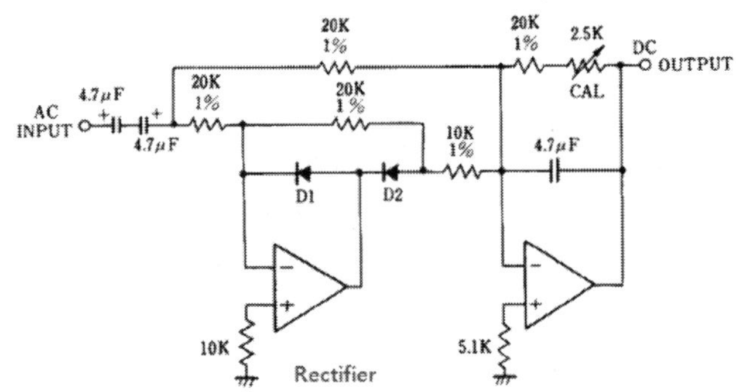

〈Full wave Rectifier 회로 설명〉

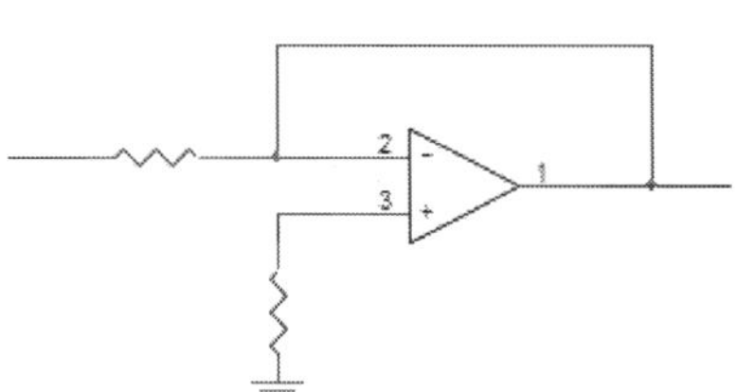

Rectifier 출력이 High되면 D1 short D2 Open 출력은 0가 된다(OP amp 입력 전압 전류 = 0)

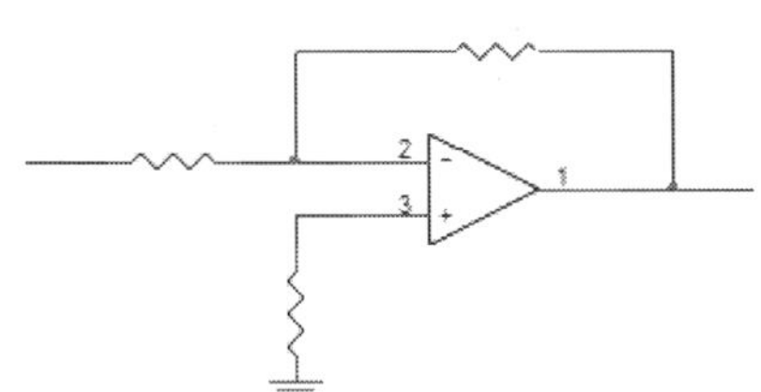

Rectifier 출력이 Low되면 D1 Open D2 Short 출력은 반전증폭기와 같다.

입력이 wave 이면 (–) 반주기만 출력이 된다. 

Inverting Amplifier (AC-Couple)

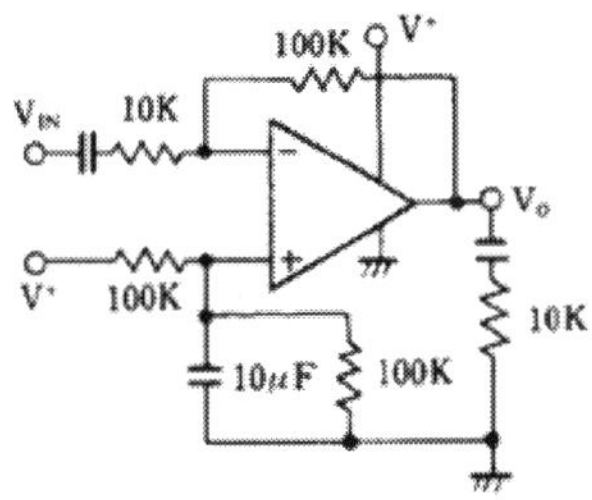

1kHz Low Pass Active Filter

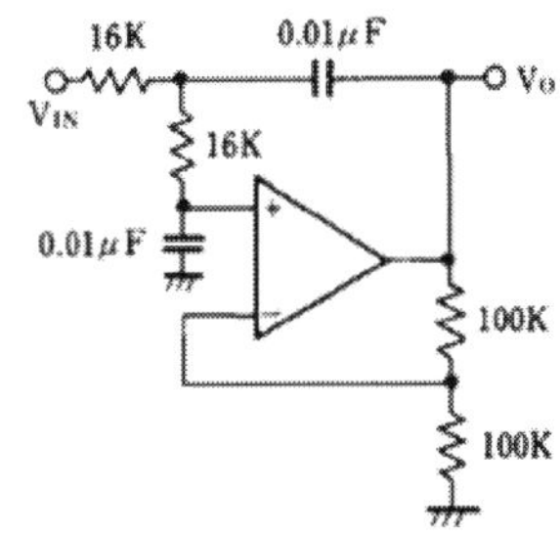

단일전원 5V 만들기 위해 DC V+인가

3.16 실제회로 사용 예 –IC Application Note에서

PCM1739는 Digital –Analog converter이다. Single 5V만 사용해서 Analog 신호를 출력한다. (V_{OUT})

5V인 절반인 깨끗한 2.5V 신호를 내부회로를 통해 만들어 V_{COM}에 출력한다. Single 5V 사용자는 V_{COM} 신호를 사용하면 보다 좋은 특성을 얻을 수 있다.

아래 회로들은 PCM1739에서 제공하는 Application Note의 응용회로이다.

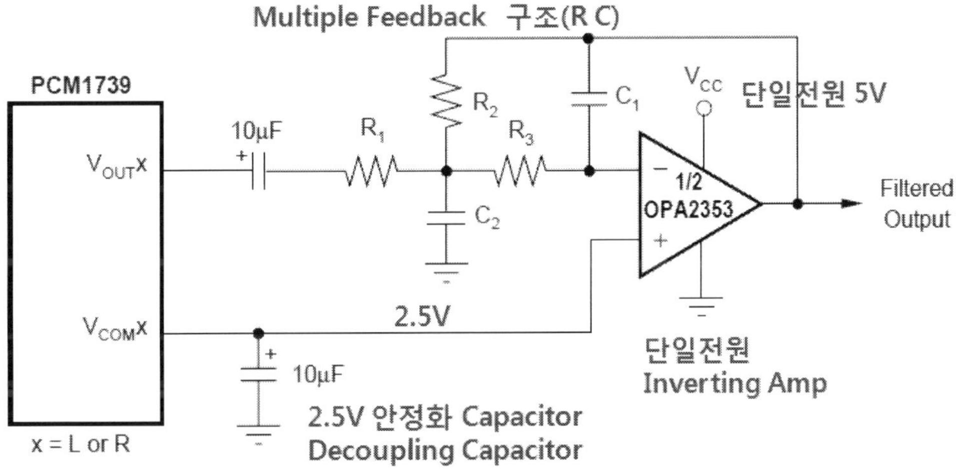

Multiple Feedback 구조의 Inverting Amp이다. C1, C2는 주파수 특성에만 영향을 주는 Low Pass Filter이다.

사용 주파수대역의 증폭률은 $A_V = -\frac{R_2}{R_1}$ 이다.

OP Amp의 (+)단자에는 PCM1739 IC에서 제공하는 "단일 전원의 절반인 2.5V DC" 가 인가된다.

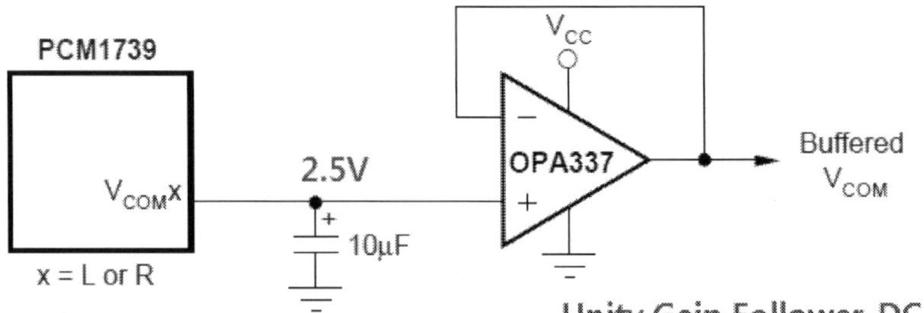

PCM1739 IC에서 제공하는 "단일 전원의 절반인 2.5V DC" 을 회로의 다른 부분에 사용하기 위해 Unity Gain Follower를 통해 DC 전압을 Buffering하는 회로이다.

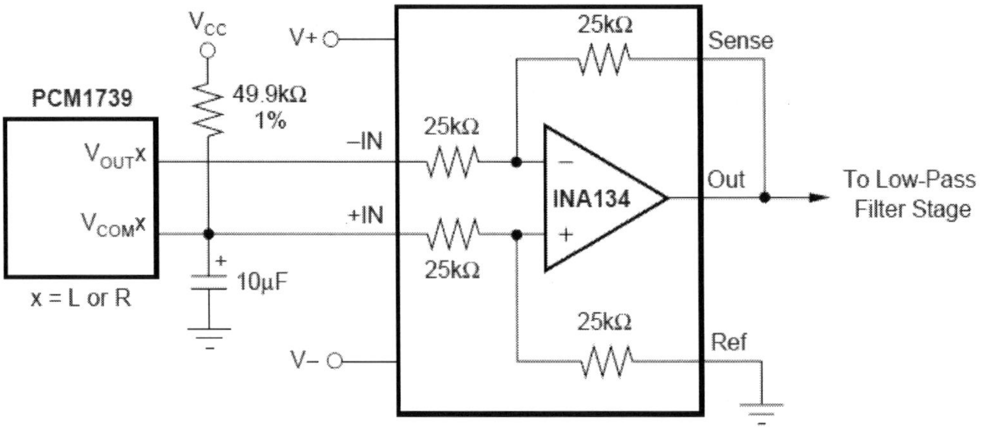

감산 증폭기 구조

(−)입력은 신호를 (+)입력은 DC 2.5V을 Differential 입력으로 인가한 후 감산 증폭기를 이용하여 증폭한 회로이다.

저항 값이 같은 관계로 출력 $V_{out} = V_{in1} - V_{in2}$의 형태로 표시된다.

PCM1739의 출력 신호는 "2.5V DC+ 출력 AC 신호"로 나오므로 OP Amp의 출력은 DC 2.5V만 빠진 후 "출력 AC 신호"만 출력된다.

Differential 입력을 사용하면 Common Noise 제거에 유리한다.

아래 회로는 PCM1710의 Application 회로이다. MP3 Player와 같이 Left Right의 Stereo 출력을 내는 Audio 회로이다. Op Amp는 양전원(+, −)을 쓰는 Multiple Feedback 구조의 Inverting Amp이다.

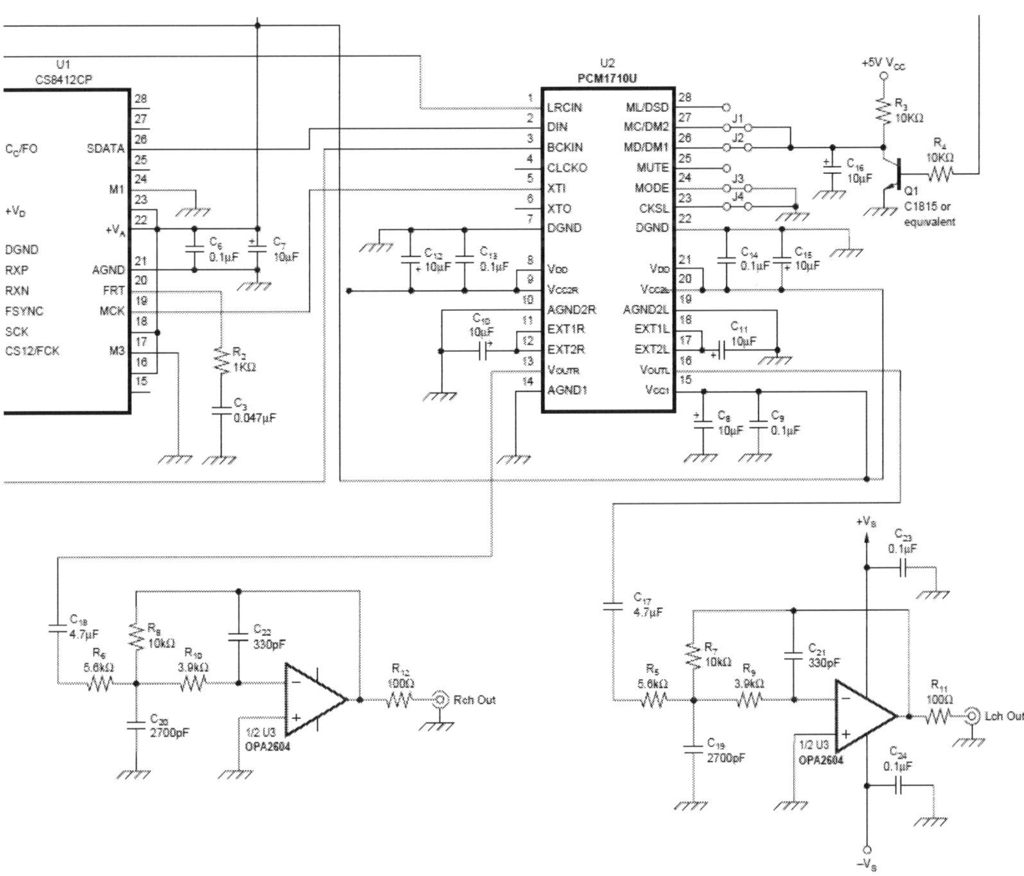

예제 3-16-1

앞의 회로의 Op Amp 증폭률은?

아래 회로는 Analog Digital Converter인 ADS931의 Application 회로의 2가지 예이다.

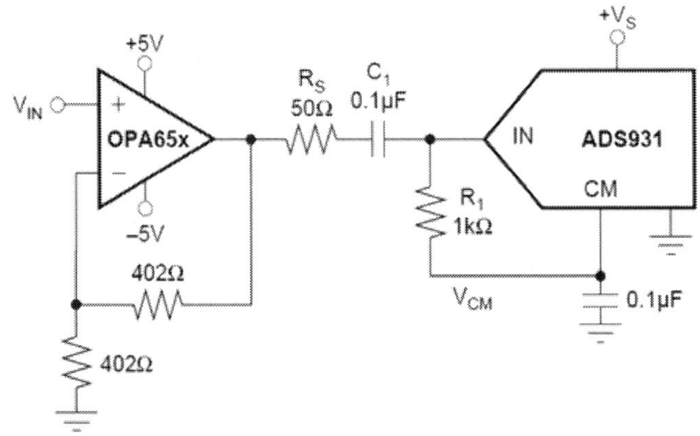

Non Inverting Amp을 사용하였고 증폭률은 약 2배이다. 큰 입력 저항을 이용하기 위한 회로이다.

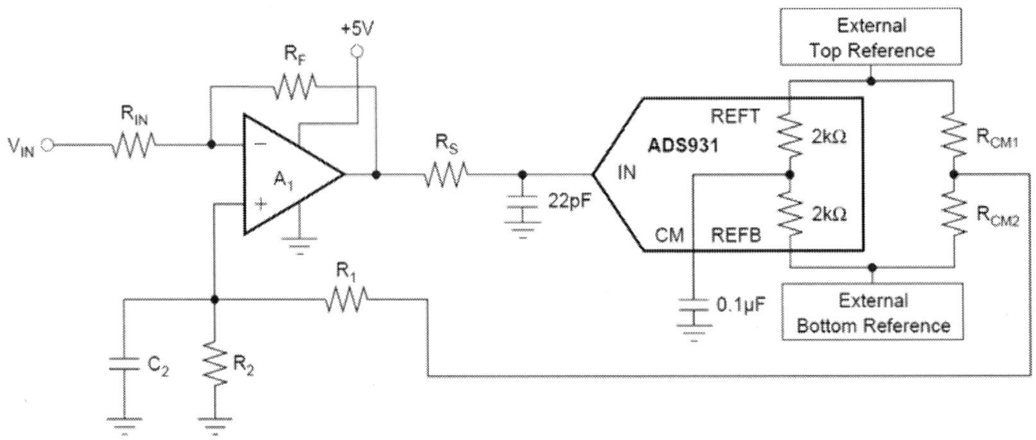

Inverting Amp을 사용하였다.

단일 전원을 사용하기 위해서 R1, R2의 전압 분배를 이용하였다.

일반적으로 대부분의 IC datasheet에는 사용회로가 제공된다. IC 제조업체에서 충분한 Test을 거친 회로들이다. 그대로 사용해도 된다.

예제 3-16-2

입력 1 = 1mV, 100Hz

입력 2 = 20mV, 1KHz

입력 3 = 1V, 10KHz인 경우 각각의 출력이 8V가 되는 가산기 회로를 설계하시오.

단, 입력 위상과 출력위상은 같아야 한다. 1단의 증폭이 10을 넘지 말아야 한다.

연습 3-16-2

입력 1 = 2mV, 100Hz

입력 2 = 10mV, 1KHz

입력 3 = 2V, 10KHz인 경우 각각의 출력이 5.6V가 되는 가산기 회로를 설계하시오.

단, 입력 위상과 출력위상은 같아야 한다. 1단의 증폭이 10을 넘지 말아야 한다.

3.17 Current Mode OP AMP

앞의 설명한 OP Amp 및 회로는 Voltage Feedback Amplifier다. 높은 주파수 대역을 사용하기 위해(수백 MHz까지) Current Mode Amplifier가 개발되었다.

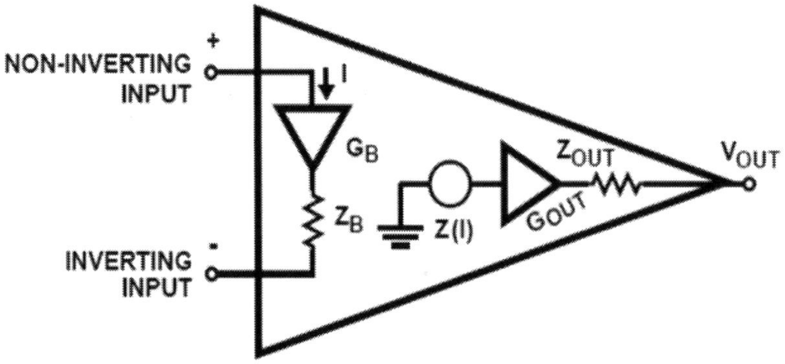

위의 그림은 Block Diagram이다. (+), (−) 입력단자 사이에 Gain 1의 Amp (GB)을 달아 입력 전압을 전류로 바꾸고 이 전류가 출력의 저항 $Z(I)$을 통해 출력이 된다.

반전 비반전 증폭기에 그냥 쓰면 된다. 단 R_F 저항은 1K 이상이 되지 않게 조정한다.

"TI OPA2693" 은 Current Feedback을 쓰는 IC이다. 증폭률 2일 경우 150MHz 까지 쓸 수 있다.

OPA2683 Very Low-Power, Dual, Current-Feedback Operational Amplifier

FEATURES

- REDUCED BANDWIDTH CHANGE VERSUS GAIN
- 150MHz BANDWIDTH G = +2
- > 80MHz BANDWIDTH TO GAIN > +10
- LOW DISTORTION: < –65dBc at 5MHz
- HIGH OUTPUT CURRENT: 110mA
- SINGLE-SUPPLY OPERATION: +5V to +12V
- DUAL-SUPPLY OPERATION: ±2.5V to ±6V
- LOW SUPPLY CURRENT: 1.9mA Total
- POWER SHUTDOWN VERSION: MSOP-10

APPLICATIONS

- LOW-POWER BROADCAST VIDEO DRIVERS
- μPOWER ACTIVE FILTERS
- SHORT-LOOP ADSL CO DRIVERS
- MULTICHANNEL SUMMING AMPLIFIERS
- PROFESSIONAL CAMERAS
- DIFFERENTIAL ADC INPUT DRIVERS

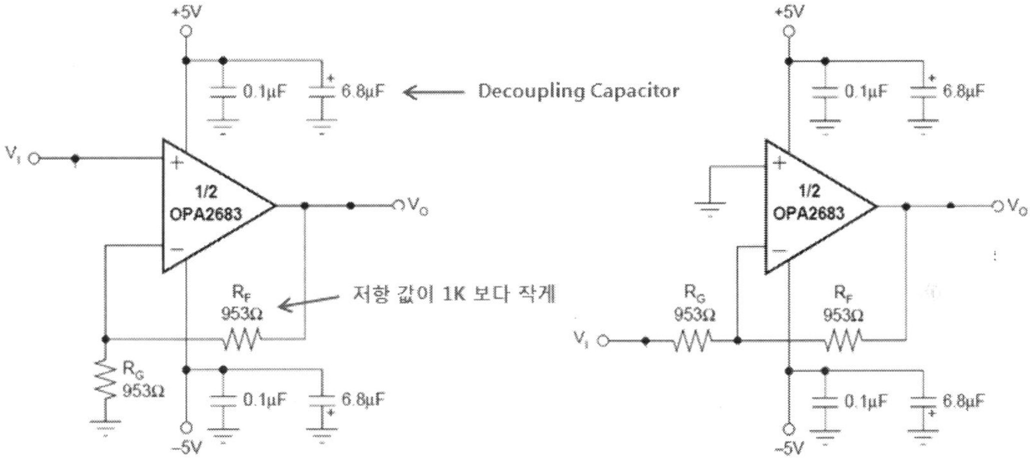

Non Inverting Amp   Inverting Amp

문제풀이 | ANSWER

Linear IC

예제 3-1-1

$R=1K$, $C=1000pF$ 일 경우 증폭률과 위상의 그림을 그리시오.

$$f_o = \frac{1}{2\pi RC} = \frac{1}{2\times 3.14\times 1\times 10^3\times 1000\times 10^{-12}} = 0.16\times 10^6 = 160kHz$$

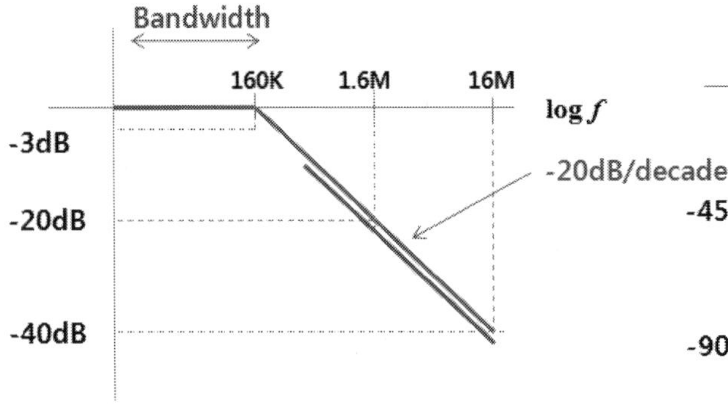

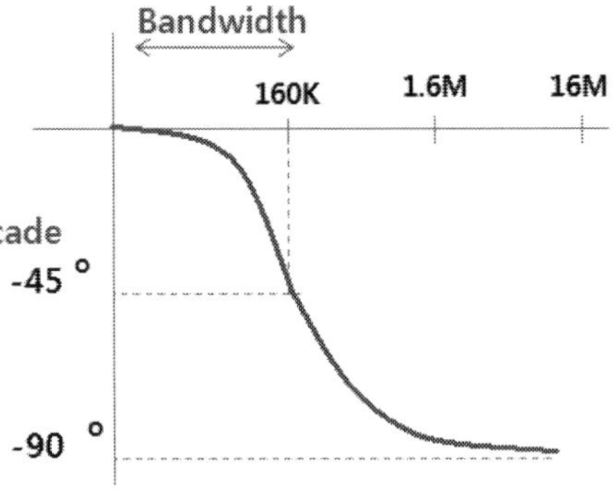

예제 3-1-2

High Pass Filter에 대해서 표시하시오.

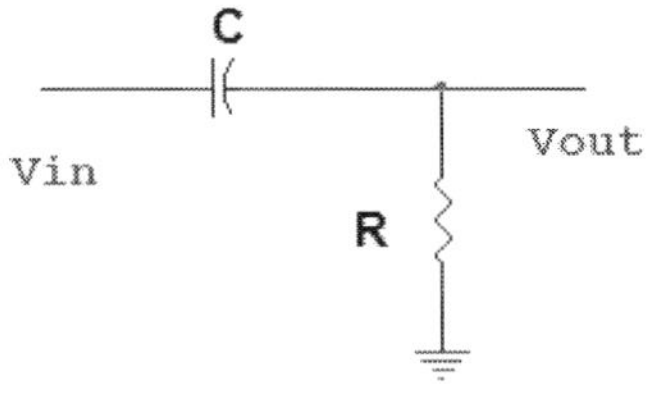

$$A_V = \frac{v_{out}}{v_{in}} = \frac{R}{R+\frac{1}{j\omega C}} = \frac{j\omega RC}{1+j\omega RC} = \frac{j\left(\frac{\omega}{\frac{1}{RC}}\right)}{1+j\left(\frac{\omega}{\frac{1}{RC}}\right)} = \frac{j\left(\frac{\omega}{\omega_o}\right)}{1+j\left(\frac{\omega}{\omega_o}\right)} \quad \left(\omega_o = \frac{1}{RC}\right)$$

$$\omega \ll \omega_o \rightarrow \frac{\omega}{\omega_o} \ll 1 \rightarrow A_V = \frac{j\left(\frac{\omega}{\omega_o}\right)}{1+j\left(\frac{\omega}{\omega_o}\right)} = j\left(\frac{\omega}{\omega_o}\right)$$

$$\rightarrow |A_V| = \frac{\omega}{\omega_o} \rightarrow 20\log_{10}\omega = 20\log_{10}\omega - 20\log_{10}\omega_o$$

20dB/decade, 위상 -90도

$$\omega = \omega_o \rightarrow \frac{\omega}{\omega_o} = 1 \rightarrow A_V = \frac{j(1)}{1+j(1)}$$

$$\rightarrow |A_V| = \frac{1^2}{\sqrt{1^2+1^2}} = \frac{1}{\sqrt{2}} = 0.7 \rightarrow 20\log_{10}\frac{1}{\sqrt{2}} = -3dB$$

-3dB Bandwidth, 위상 -45도

$$\omega \gg \omega_o \rightarrow \frac{\omega}{\omega_o} \gg 1 \rightarrow A_V = \frac{j\left(\frac{\omega}{\omega_o}\right)}{1+j\left(\frac{\omega}{\omega_o}\right)} = 1 \rightarrow 20\log_{10}1 = 0dB$$

0dB, 위상 0도

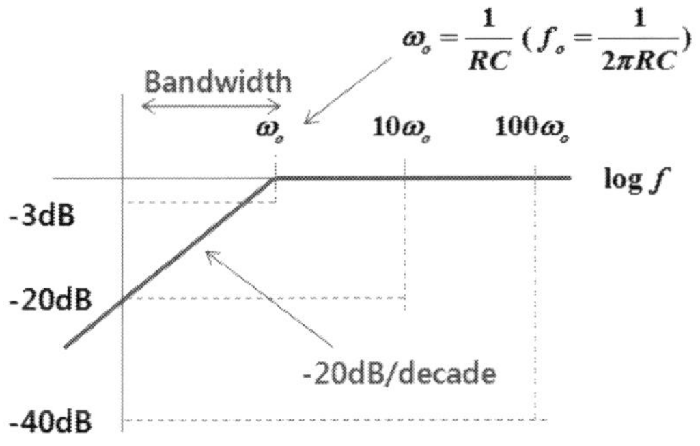

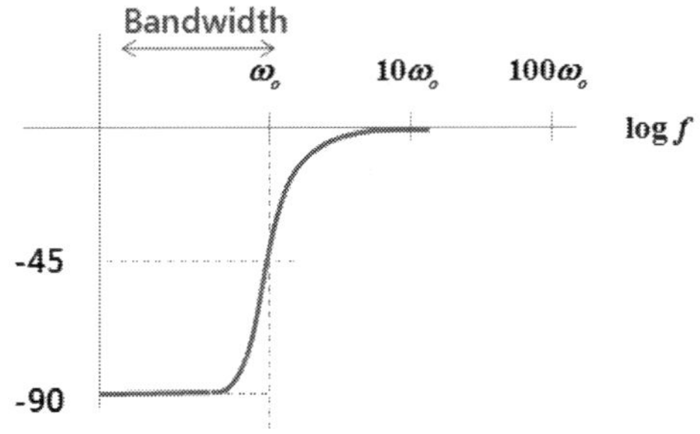

예제 3-3-1

OP Amp의 주파수 특성은 아래 그림과 같다.

a) 만약 Gain을 20으로 하는 negative feedback 회로를 구성하였다면 Bandwidth는?

b) Bandwidth을 200KHz 이상이 을 할 때 사용 가능한 최대 Gain은 ?

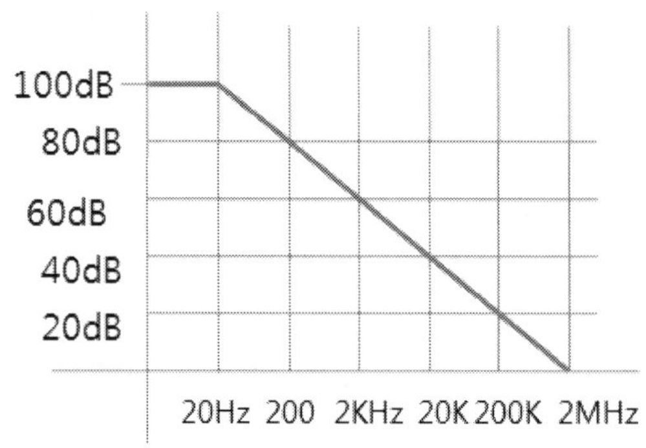

$$Gain = 100dB = 10^5\ Bandwidth = 20Hz \rightarrow Gain \times bandwidth = 2 \times 10^6$$

a) $$Feedback\ Gain = 20 \rightarrow Feedback\ Bandwidth = \frac{2 \times 10^6}{20} = 10^5 = 100kHz$$

b) $$Feed\ Bandwidth = 200kHz \rightarrow Feedback\ Gain = \frac{2 \times 10^6}{2 \times 10^5} = 10$$

Audio용으로 사용시, 사용주파수인 20kHz의 약 10배 정도인 200kHz을 Bandwidth로 사용하기 위해 증폭률은 10배(20dB)보다 작게 사용한다.

예제 3-3-2

Positive Feedback 경우는 빼주기 대신 더해 준다. 출력은?

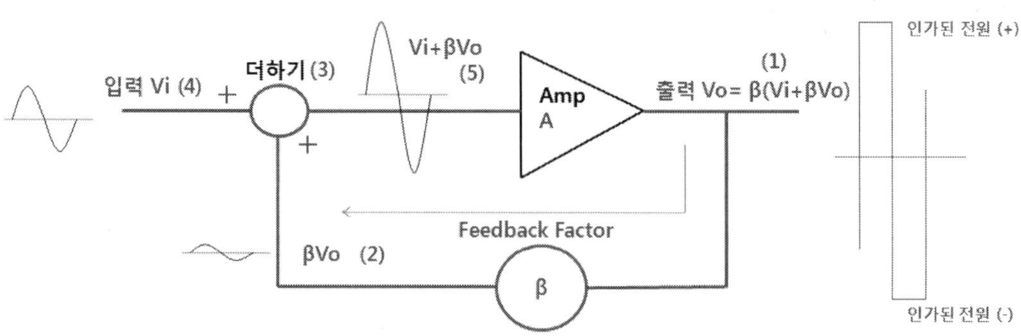

더해주어 Amp 입력 신호는 계속 커지고 출력은 매우 매우 커진다. 인가된 전원 (예 +12V, −12V)까지 커진다.

예제 3-5-3
아래 회로의 출력은?

$$A_V = \frac{V_o}{V_i} = -\frac{R_F}{R_1} = -\frac{3.3K}{1K} = -3.3\text{배}$$

출력 전압은 −3.3V가 된다. 크기는 3.3, 위상은 반대.

예제 3-5-4
입력이 1V일 때 출력이 6.8V가 되는 회로를 그리시오.

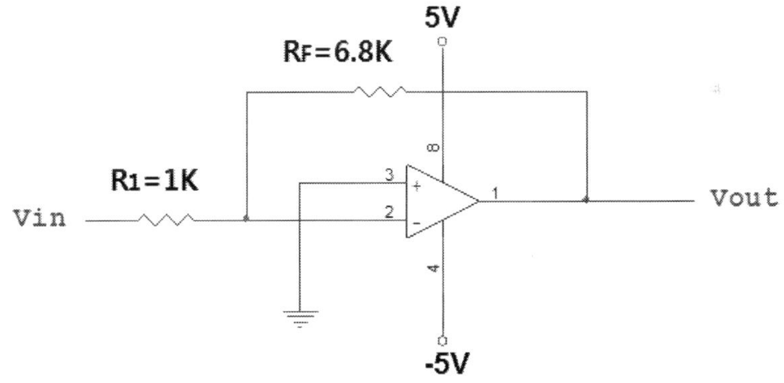

예제 3-5-5
출력 전압, Z_i, Z_o, 3dB Bandwidth는?

$$A_V = \frac{V_o}{V_i} = -\frac{R_F}{R_1} = -\frac{3.3K}{1K} = -3.3\text{배}$$

$$Z_i = R_1 = 1K, \quad Z_o = 0$$

$$Bandwidth = \frac{10^5 \times 20}{3.3} = 6 \times 10^5 = 600kHz$$

출력 전압은 -3.3V가 된다. 크기는 3.3V, 위상은 반대

예제 3-5-6

$A_V = 2$이고 $Z_i > 3K$인 회로 그리기

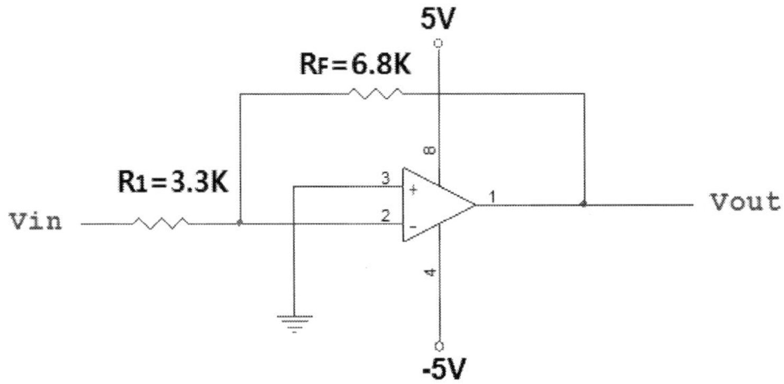

$R_1 > 3K \rightarrow R_1 = 3.3K$ (표준 저항)

$A_V = 2 \rightarrow R_F = 6.6K \rightarrow 6.8K$ (표준 저항)

A_V가 2보다 약간 크다.

실제 회로 설계 시에는 시중에서 구매가 가능한 표준 저항을 사용해야 한다. 위의 예에서 보듯이 3.3K, 6.8K의 표준 저항을 선택하였다. "A_V가 정확히 2가 되지 않는다." 통상의 회로 설계 시에는 "허용오차"가 어느 정도인지 확인 후 설계를 하여야 한다.

예제 3-5-7

$A_V = 10$ 되는 Audio용 회로를 그리시오.

$R_1 = 1K,\ R_F = 10K$로 정하면 $A_V = 10$배

DC 차단용 Capacitor는 $47\mu F$로, Feedback Capacitor는 $22pF$로 한다.

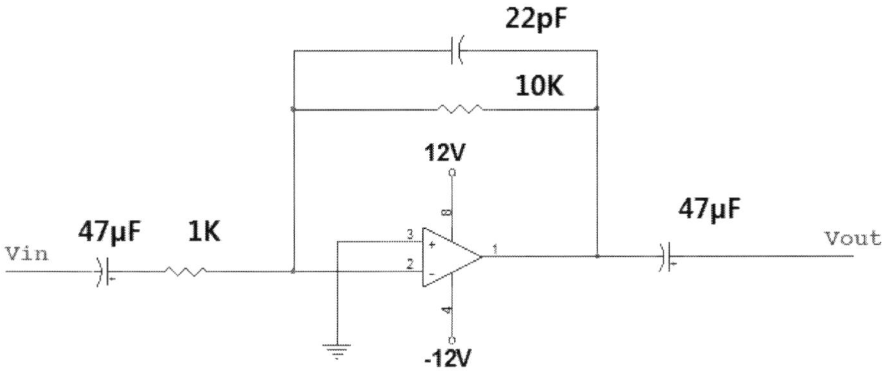

예제 3-5-8

아래 회로에 대한 주파수 특성을 그리시오.

RC low Pass Filter 하나에 대한 주파수 특성은 우측 그림과 같다.

같은 RC low Pass Filter가 4개 있으므로 4개를 더해주면 된다.

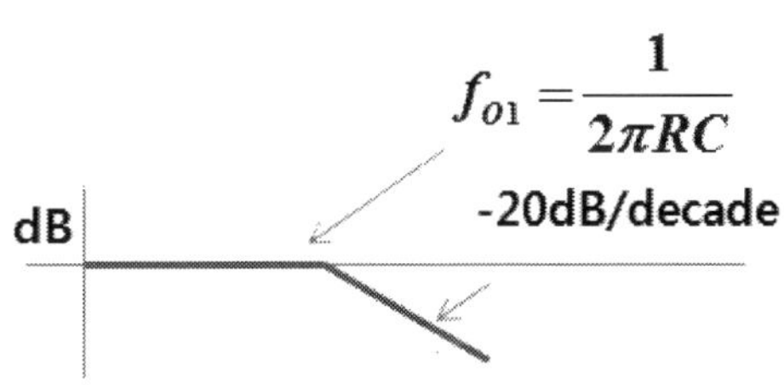

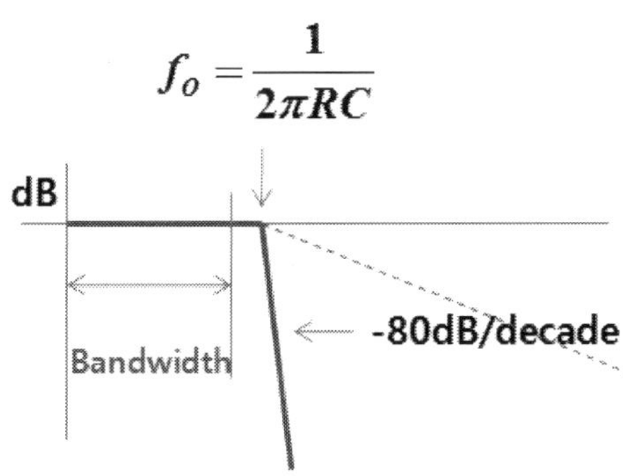

$f_o = \frac{1}{2\pi RC}$ 에서는 $-3dB \times 4 = -12dB$의 증폭률 감소가 발생한다. 따라서 -3dB Bandwidth는 줄어든다.

예제 3-5-9

아래 회로 주파수 특성 그리기

$$f_L = \frac{1}{2\pi R_F C_F} = \frac{1}{2\pi \times 10K \times 33 \times 10^{-12}} = 482kHz$$

$$f_{H1} = \frac{1}{2\pi R_1 C_1} = \frac{1}{2\pi \times 1K \times 10 \times 10^{-6}} = 16Hz$$

$$f_{H2} = \frac{1}{2\pi R_{LOAD} C_2} = \frac{1}{2\pi \times 1K \times 10 \times 10^{-6}} = 16Hz$$

$$A_V = -\frac{10K}{1K} = -10 \rightarrow 20dB$$

$$Gain \times Bandwidth = 10^5 \times 20Hz$$

$$= 10 \times (New\ \ Bandwidth)$$

$$New\ \ Bandwidth = 200kHz$$

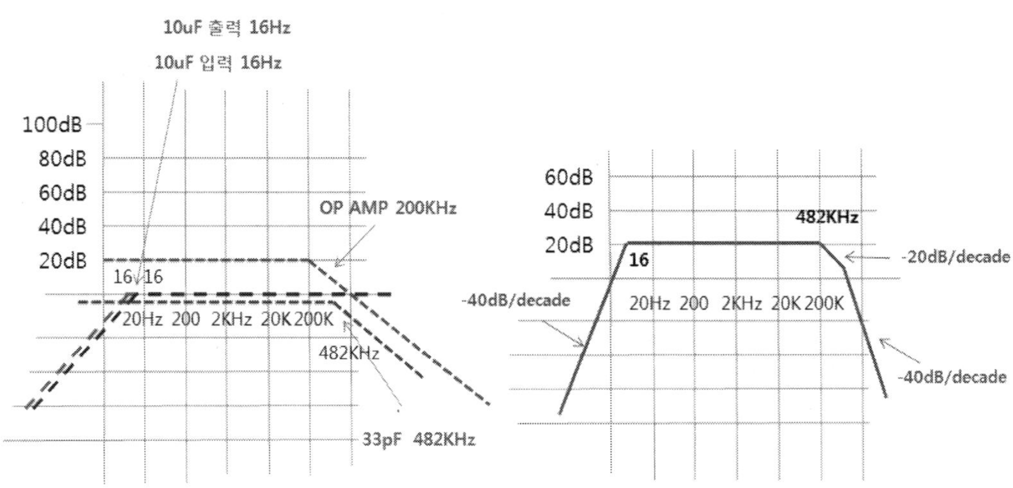

예제 3-5-10

아래 회로가 그림과 같은 주파수 특성을 가질 경우 RC값을 구하시오.

OP Amp 증폭률 → 20dB 증폭 = 10배 증폭 → Bandwidth → 200KHz LPH → $R_1 = 1K$ → $R_F = 10K$로 정함

2Hz HPF 2개 → C_1 R_1 & C_2 R_{LOAD}
2MHz LPF 1개로 구성 → C_F R_F

$$f_{H1} = 2Hz = \frac{1}{2\pi R_1 C_1} = \frac{1}{2\pi \times 1K \times C_1}$$

$$\rightarrow C_1 = \frac{1}{2\pi \times 1K \times 2} = 79.6\mu F \rightarrow 82\mu F$$

$$f_{H2} = 2Hz = \frac{1}{2\pi R_{LOAD} C_2} = \frac{1}{2\pi \times 1K \times C_2}$$

$$\rightarrow C_2 = \frac{1}{2\pi \times 1K \times 2} = 79.6\mu F \rightarrow 82\mu F$$

$$f_L = 2MHz = \frac{1}{2\pi R_F C_F} = \frac{1}{2\pi \times 10K \times C_F}$$

$$\rightarrow C_F = \frac{1}{2\pi \times 10K \times 2 \times 10^6} = 79.6pF \rightarrow 68pF$$

표준 Capacitor 값을 이용하였다. 요구하는 주파수 대역과는 차이가 있음을 알 수 있다.

HPF 경우 2Hz보다 작은 값, LPF 경우 2MHz보다 큰 값이다. Bandwidth를 넓게 하는 방향으로 조정하였다.

예제 3-5-10

양 전원 (+5V, −5V) Inverting Amp 설계

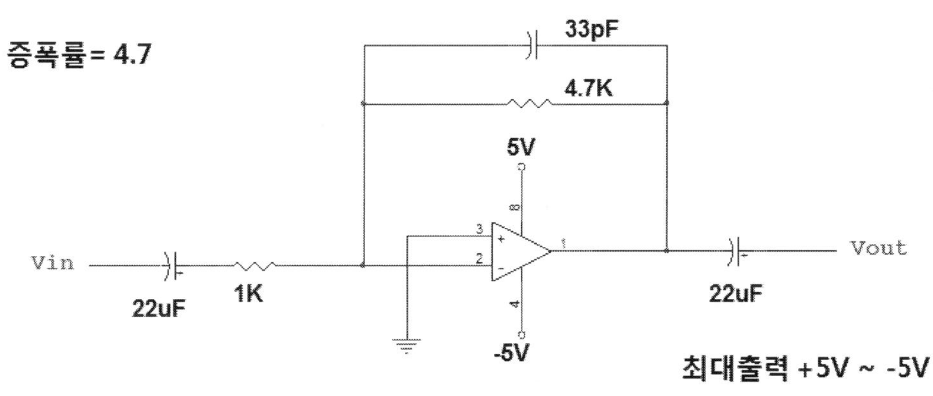

예제 3-5-11

3.3V 단일 전원 사용하는 Inverting Amp 설계

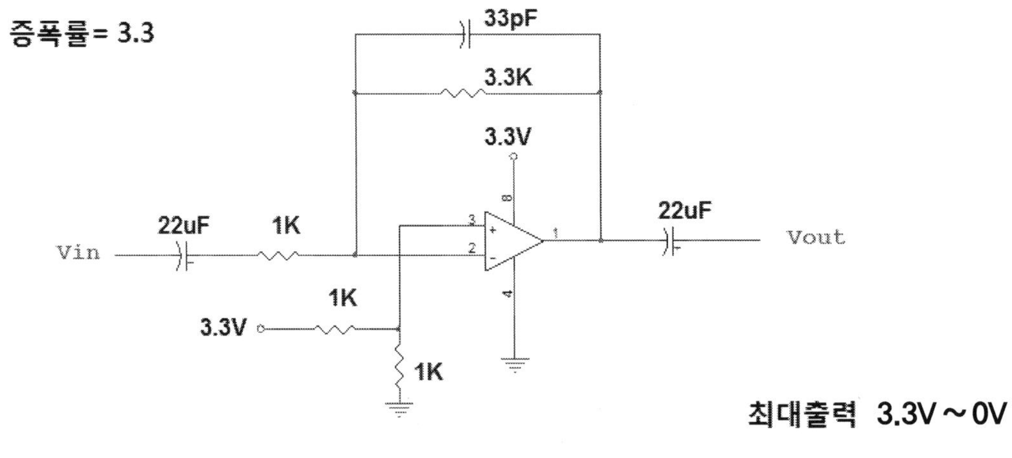

예제 3-5-12

Inverting Amp 설계하시오. 단 한 단의 증폭률이 10을 넘으면 안됨.

"증폭률 1000배의 회로"를 구성하면 된다. 한단 증폭기가 10을 넘지 않게 하려면 "10배 증폭기 3개"가 사용되어야 한다. Inverting 증폭기 3개를 사용하면 "입력과 출력의 위상이 반대"가 된다.

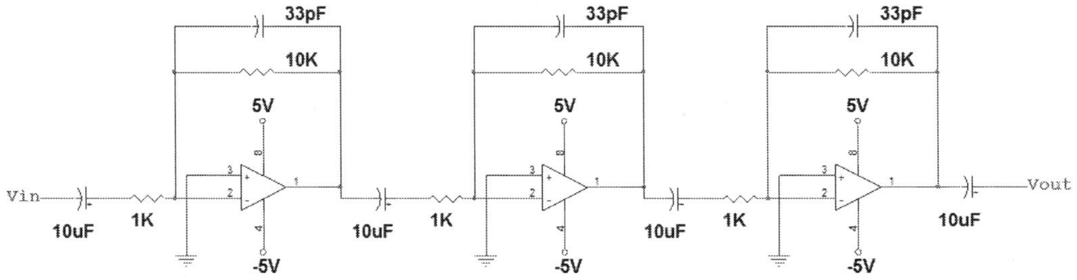

예제 3-6-4

아래 회로의 출력은? 그림에 표시하시오.

$$A_V = \frac{V_{out}}{V_{in}} = 1 + \frac{R_F}{R_1} = 1 + \frac{3.3K}{1K} = 4.3\text{배}$$

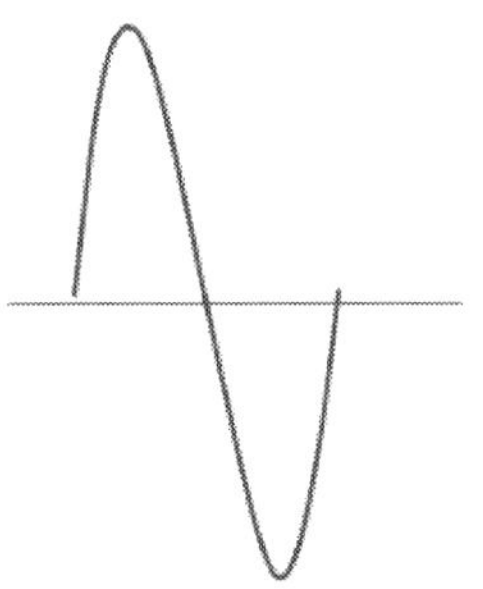

예제 3-6-5

입력이 1V일 때 출력이 7.8V가 되는 회로를 그리시오.

$$A_V = \frac{V_{out}}{V_{in}} = 7.8 = 1 + \frac{R_F}{R_1} \rightarrow \frac{R_F}{R_1} = 6.8\text{배} \rightarrow R_1 = 1K,\ R_F = 6.8K$$

Capacitor 값은 주파수 특성에만 연관이 있다. 여기서는 임의로 쓴다.

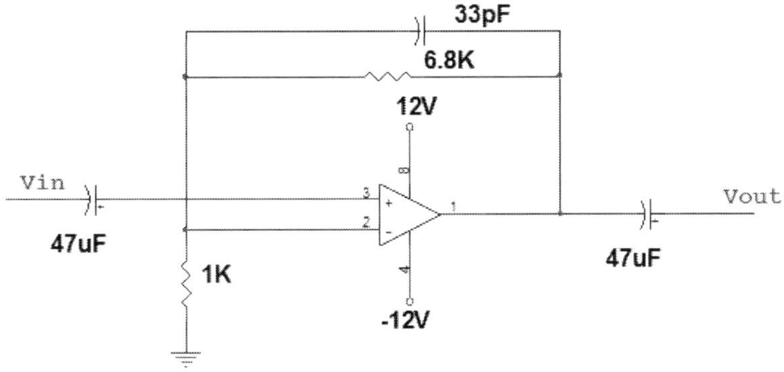

예제 3-6-6

출력 전압, Z_i, Z_o, 3dB Bandwidth는?

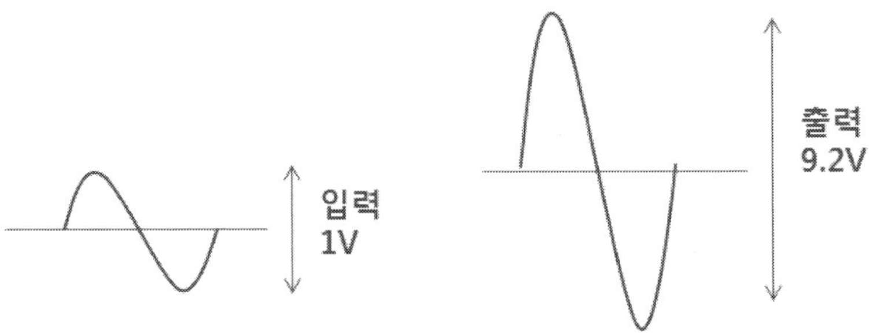

$$A_V = \frac{V_{out}}{V_{in}} = 1 + \frac{R_F}{R_1} = 1 + \frac{8.2K}{1K} = 9.2\text{배}$$

$$Z_i \approx 1M\Omega$$

$$Z_o \approx 0$$

$$Bandwidth = \frac{10^5 \times 20}{9.2} = 1.2 \times 10^5 = 120kHz$$

예제 3-6-7

아래 회로 주파수 특성 그리기

$$f_L = \frac{1}{2\pi R_F C_F} = \frac{1}{2\pi \times 4.7K \times 33 \times 10^{-12}} = 1MHz$$

$$f_{H1} = \frac{1}{2\pi R_i C_1} = \frac{1}{2\pi \times 1M \times 47 \times 10^{-6}} = 0.003Hz$$

$$f_{H2} = \frac{1}{2\pi R_{LOAD} C_2} = \frac{1}{2\pi \times 1K \times 47 \times 10^{-6}} = 3Hz$$

$$A_V = 1 + \frac{4.7K}{1K} = 5.7 \rightarrow 20\log_{10}5.7 = 15dB$$

$$Gain \times Bandwidth = 10^5 \times 20Hz = 5.7 \times (New\ \ Bandwidth)$$

$$New\ \ Bandwidth = 350kHz$$

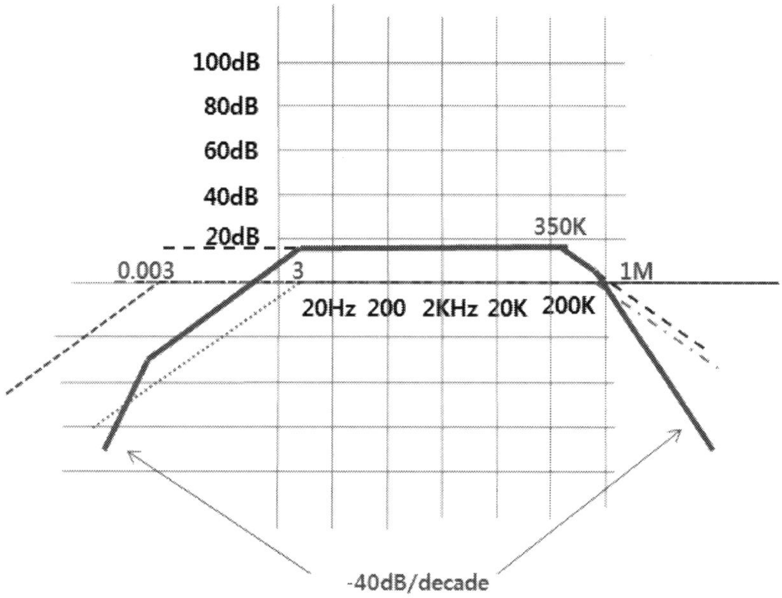

예제 3-6-8

아래 회로가 그림과 같은 주파수 특성을 가질 경우 RC 값을 구하시오

$$A_V = 20dB \rightarrow 10 = 1 + \frac{R_F}{R_1} \rightarrow R_1 = 1K,\ R_F = 9.1K$$

$$\rightarrow Bandwidth = 200kHz$$

$$f_L = 200kHz = \frac{1}{2\pi R_F C_F} = \frac{1}{2\pi \times 9.1K \times C_F} \rightarrow C_F = 87pF \rightarrow 82pF$$

$$f_{H1} = 1 = \frac{1}{2\pi R_i C_1} = \frac{1}{2\pi \times 1M \times C_1} \rightarrow C_1 = 0.15\mu F \rightarrow 0.1\mu F$$

$$f_{H2} = 1 = \frac{1}{2\pi R_{LOAD} C_2} = \frac{1}{2\pi \times 1K \times C_2} \rightarrow C_2 = 16\mu F \rightarrow 22\mu F$$

표준 저항 Capacitor를 사용하면 “오차”가 발생한다. 오차를 감안한 설계를 해야 한다.

예제 3-6-9
아래 회로 설계

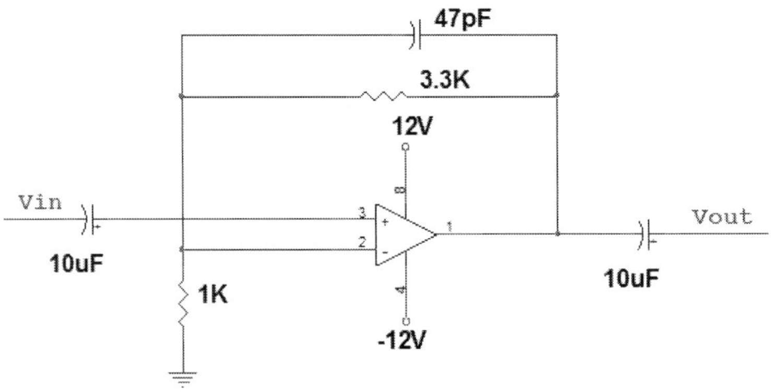

$$A_V = 4.3 = 1 + \frac{R_F}{R_1} \rightarrow R_1 = 1K, \quad R_F = 3.3K$$

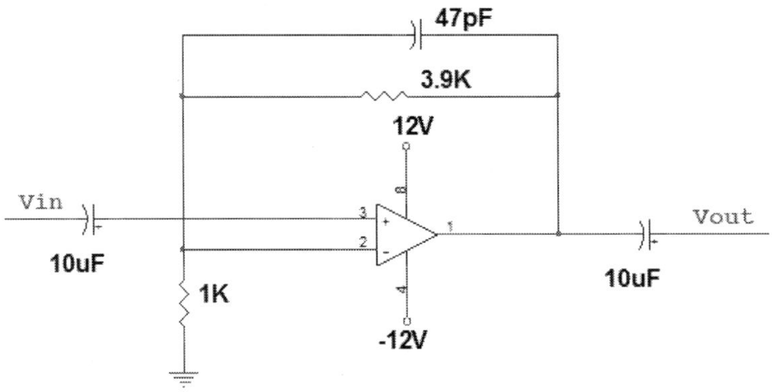

$$A_V = 5 = 1 + \frac{R_F}{R_1} \rightarrow R_1 = 1K, \quad R_F = 3.9K$$

예제 3-6-10

NonInverting Amp을 기본으로 사용하여 아래 회로를 설계하시오. 단, 한 단의 증폭률이 10을 넘으면 안됨.

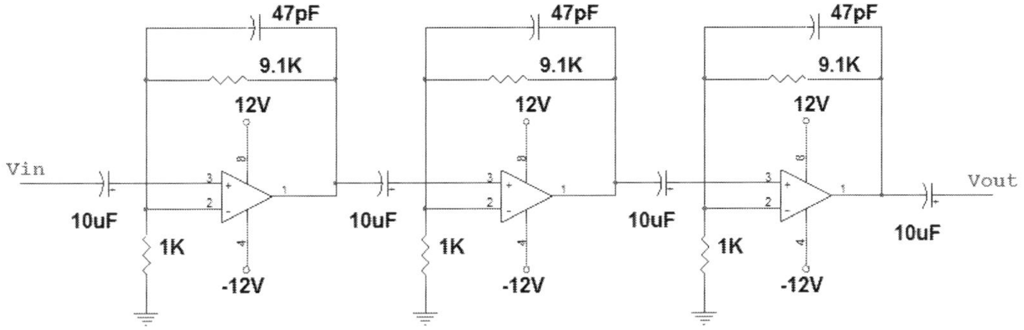

예제 3-6-11

5V 단일 전원을 사용하여 아래 회로 설계하시오.

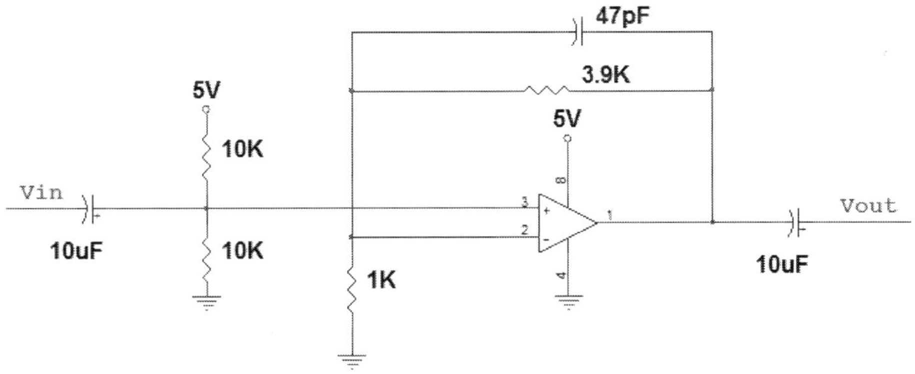

입력 저항 Z_i가 바뀐다. $Z_i = 10K//10K//R_i(10M)$

주파수 특성도 바뀐다.

예제 3-7-3

입력 파형이 "2V DC+ 2V AC"일 때 출력 전압, Z_i, Z_o, 3dB Bandwidth 및 Bode plot?

(a)

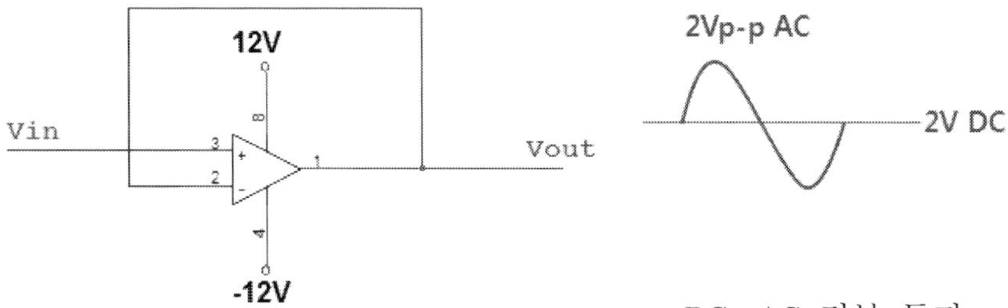

DC, AC 전부 통과

$$Z_i = 1M\Omega, \quad Z_o \approx 0, \quad Bandwidth = \frac{10^5 \times 20}{1} = 2MHz$$

OP Amp 자체의 Low Pass Filter만 존재

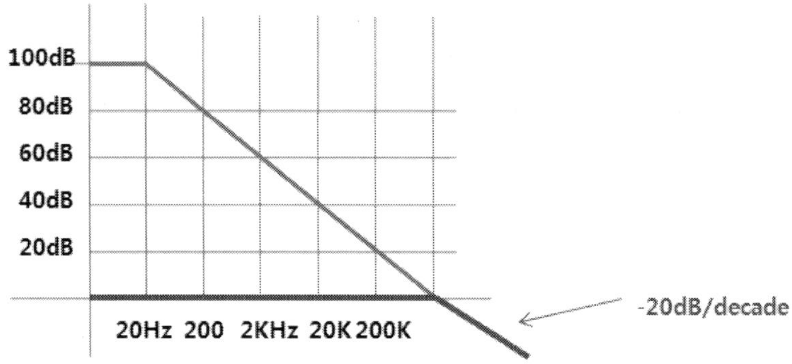

(b)

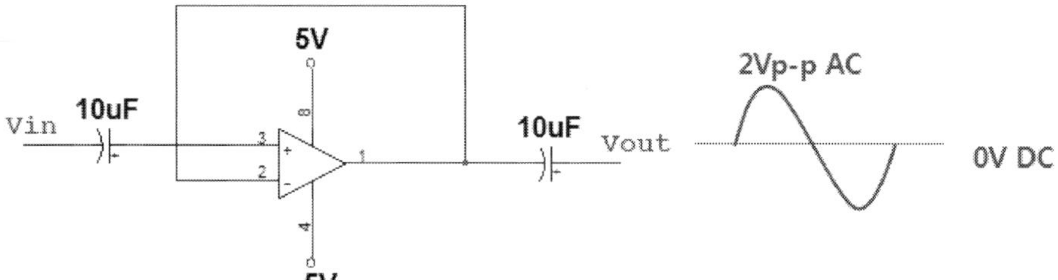

AC만 전부 통과

$$Z_i \approx 1M\Omega, \quad Z_o \approx 0, \quad Bandwidth = \frac{10^5 \times 20}{1} = 2MHz$$

$$f_{H1} = \frac{1}{2\pi R_i C_1} = \frac{1}{2\pi \times 1M \times 10 \times 10^{-6}} = 0.015Hz$$

$$f_{H2} = \frac{1}{2\pi R_2 C_2} = \frac{1}{2\pi \times 1K \times 10 \times 10^{-6}} = 15Hz(R_{Load} = 1K\text{가정})$$

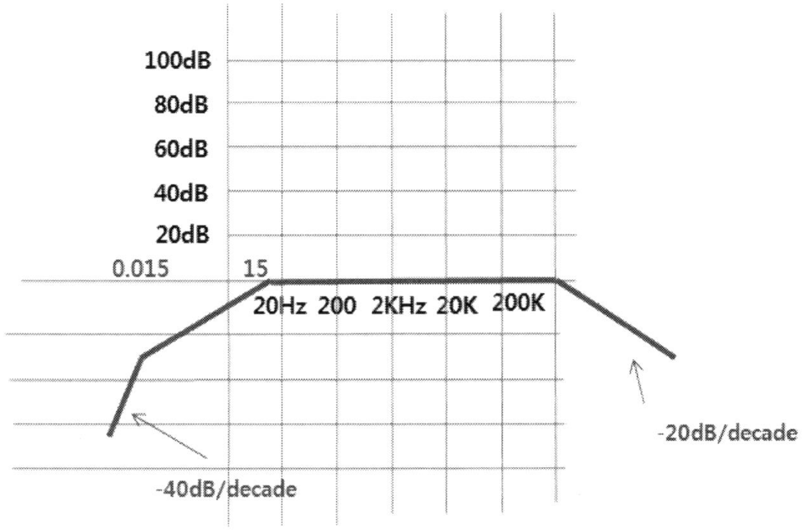

예제 3-7-4

+12V, −12V를 사용하여 입력 출력 조건에 맞는 OP AMP 증폭기 설계

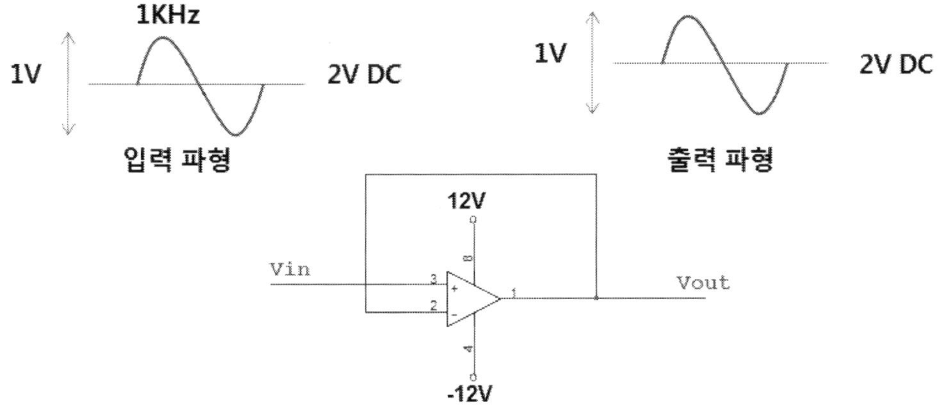

DC, AC 전압 전부 통과

Follower의 응용중에는 DC 전압 Buffering을 위해 사용하는 경우가 있다.

예제 3-7-5

+12V, −12V를 사용하여 입력 출력 조건에 맞는 OP AMP 증폭기 설계

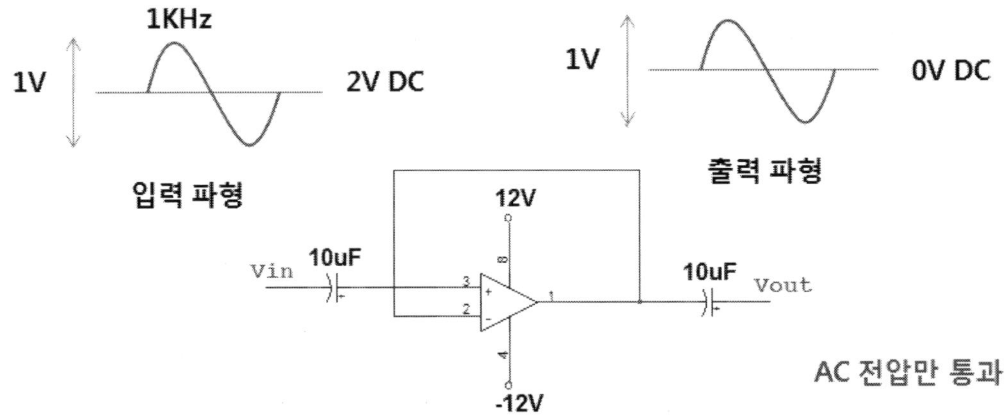

예제 3-7-6

아래 회로의 증폭률 A_V, Z_i, Z_o, high frequency의 3dB Bandwidth는?

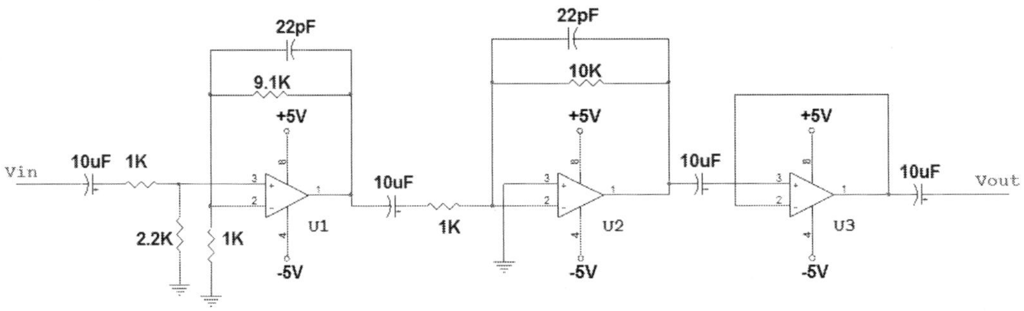

비반전 증폭기의 입력 등가회로

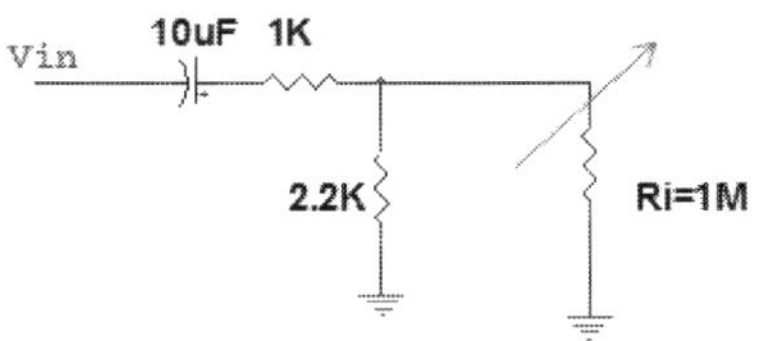

$$A_V = \frac{2.2K}{1K+2.2K} \times \left(1+\frac{9.1K}{1K}\right) \times \left(\frac{10K}{1K}\right) \times 1$$

$$Z_i = 1K + (2.2K // 1M) = 3.2K$$

$$Z_o \approx 0$$

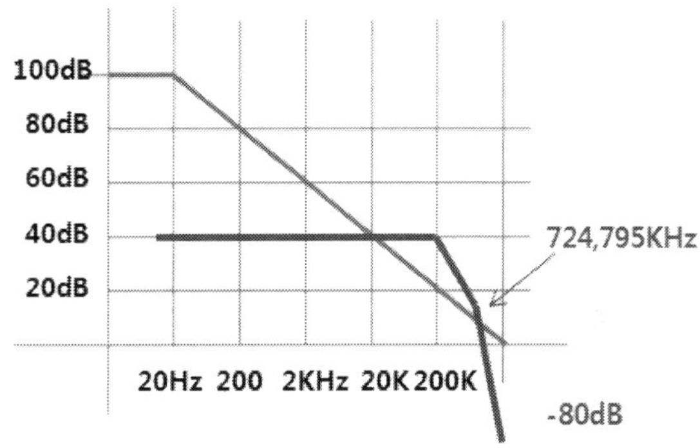

$U1\ A_V = 10\ \ Bandwidth = 200kHz$

$U2\ A_V = 10\ \ Bandwidth = 200kHz$

$U3\ A_V = 1\ \ Bandwidth = 2MHz$

$$U1\ LPF\ \ f_L = \frac{1}{2\pi \times 9.1 \times 10^3 \times 22 \times 10^{-12}} = 795kHz$$

$$U2\ LPF\ \ f_L = \frac{1}{2\pi \times 10 \times 10^3 \times 22 \times 10^{-12}} = 724kHz$$

예제 3-7-7

위 경우 입력이 아래 파형과 같을 때 출력 파형을 그려라.

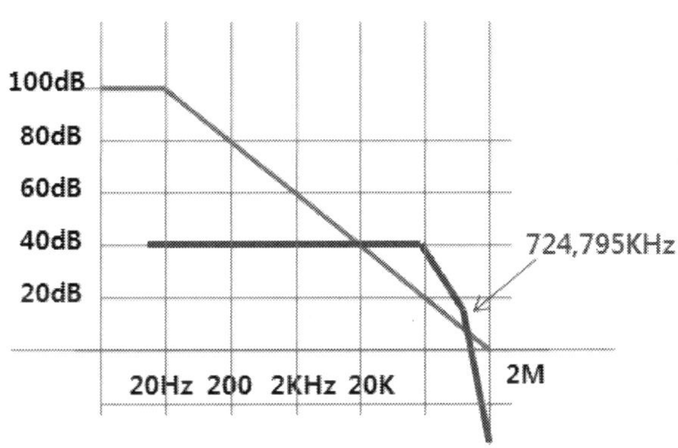

위의 그림을 보면 1kHz에서는 증폭률 40dB=100이다. 위상은 반전된다.

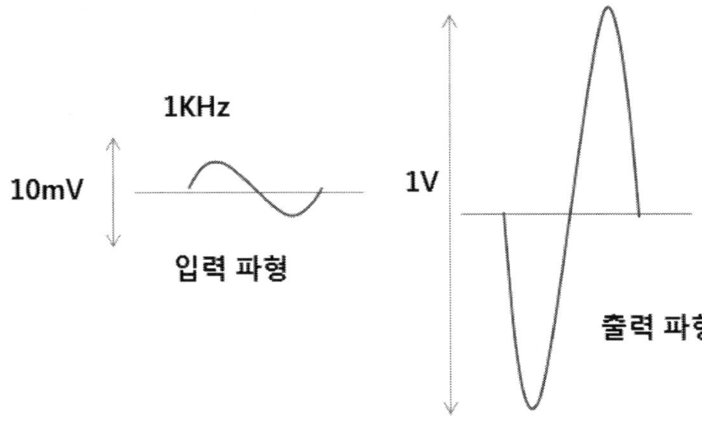

200kHz에서는 -40dB/decade 795kHz 부근에서는 -80dB/decade씩 감소한다. 정확히 계산하기보다는 그림에서 대략 읽으면 약 -60dB 정도가 감소됨을 알 수 있다.

2MHz에서의 증폭률은 40dB－60dB = －20dB = 0.1배가 된다.

예제 3-8-2

아래 가산기 회로의 출력 전압은 ?

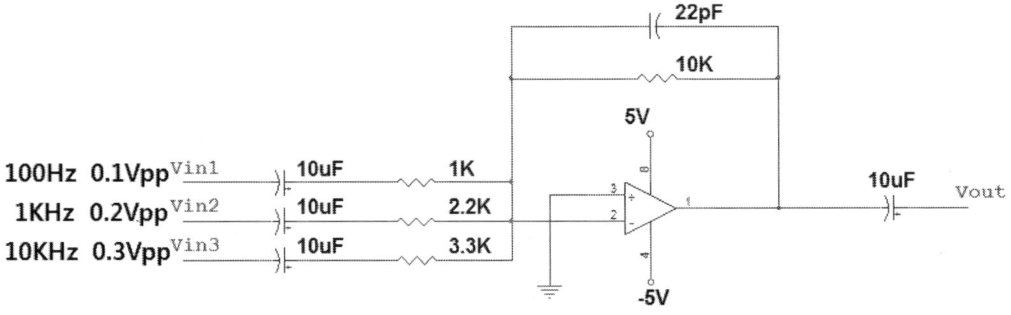

$$V_{out} = \left(-\frac{10}{1}\times 0.1\,V_{100Hz} - \frac{10}{2.2}\times 0.2\,V_{1KHz} - \frac{10}{3.3}\times 0.3\,V_{10KHz}\right)$$
$$= -\left(1\,V_{100Hz} + 1\,V_{1KHz} + 1\,V_{10KHz}\right)$$

예제 3-8-3

입력전압이 아래와 같이 3가지일 때 출력 전압의 각 주파수 성분이 모두 1V가 되는 회로를 설계하라.

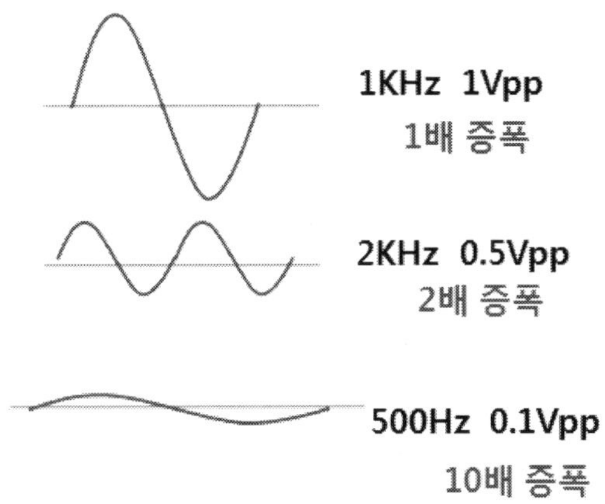

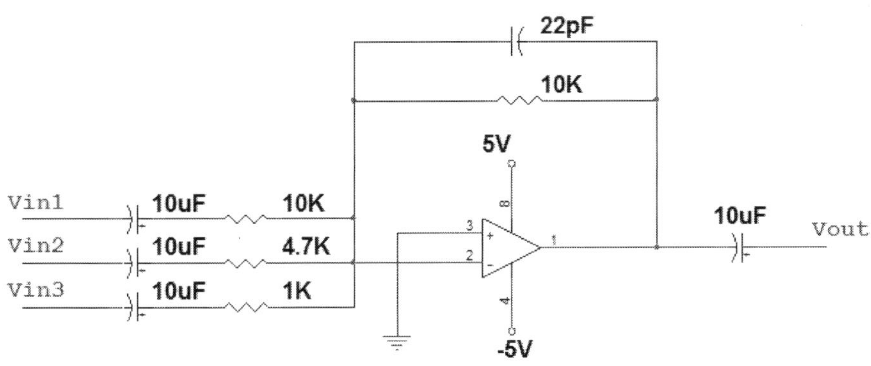

예제 3-9-1
아래 회로에서 입력 전압이 (a), (b)와 같을 때 출력 전압은?

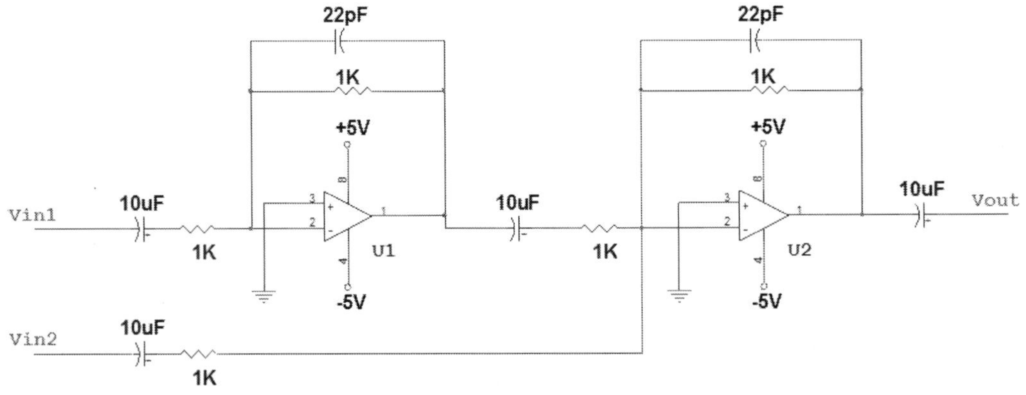

Vin1 증폭률 = 1, Vin2 증폭률 = -1, 결국은 빼기가 된다.

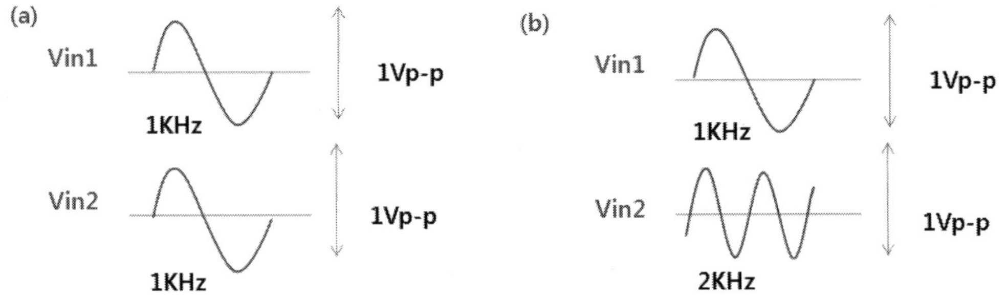

입력이 크기 주파수가 같기 때문에 출력은 "0V"가 된다.

입력이 크기는 같으나 주파수가 다르다. 출력은 "0V"이 안된다.

예제 3-9-2
입력이 아래와 같을 때 Vout=0이 되는 회로를 설계하시오.

입력의 주파수와 크기가 같다. 빼주기 회로를 구성하면 된다. 다음의 두 회로 다 가능하다.

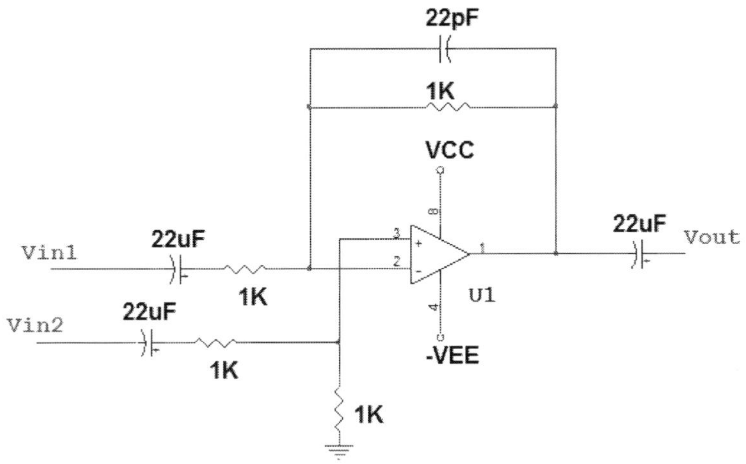

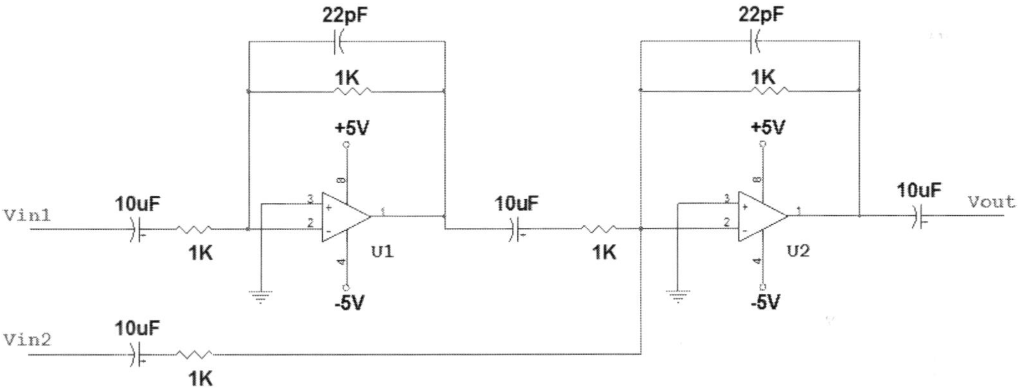

예제 3-10-1

Amp의 회로의 증폭률은?

$R_3 = R_4$이면,

R_1, R_2의 비에 의해 증폭률 조정가능

$$V_{OUT} = \left(1 + \frac{2R_1}{R_2}\right)(V_{in1} - V_{in2})$$

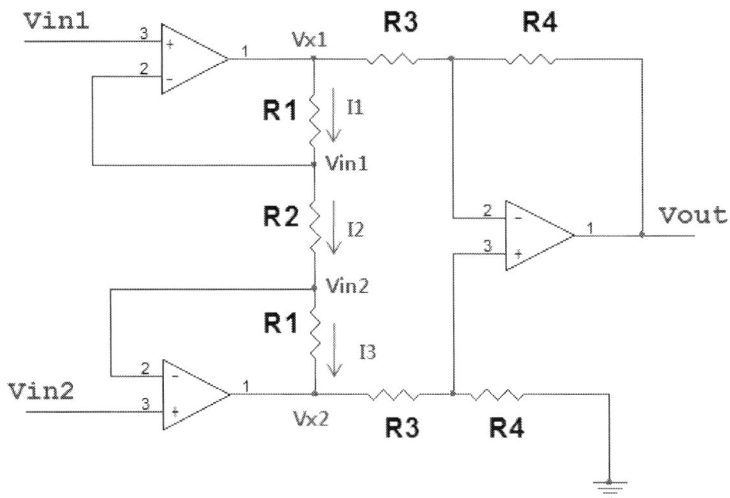

$$I_1 = I_2 = I_3$$

$$\frac{V_{x1} - V_{in1}}{R_1} = \frac{V_{in1} - V_{in2}}{R_2} = \frac{V_{in2} - V_{x2}}{R_1}$$

$$V_{x1} = R_1\left(\frac{V_{in1} - V_{in2}}{R_2} + \frac{V_{in1}}{R_1}\right)$$

$$= R_1\left(\frac{R_1 V_{in1} - R_1 V_{in2} + R_2 V_{in1}}{R_2 R_1}\right)$$

$$= \frac{R_1 + R_2}{R_2} V_{in1} - \frac{R_1}{R_2} V_{in2}$$

$$V_{x2} = \frac{R_1 + R_2}{R_2} V_{in2} - \frac{R_1}{R_2} V_{in1}$$

$$V_{out} = -\frac{R_4}{R_3} V_{x1} + \left\{\frac{R_4}{R_3 + R_4} \times \left(1 + \frac{R_4}{R_3}\right)\right\} V_{x2}$$

$$= -\frac{R_4}{R_3} V_{x1} + \left\{\frac{R_4}{R_3 + R_4} \times \left(\frac{R_3 + R_4}{R_3}\right)\right\} V_{x2} = -\frac{R_4}{R_3} V_{x1} + \frac{R_4}{R_3} V_{x2}$$

$$= -\frac{R_4}{R_3}\left(\frac{R_1 + R_2}{R_2} V_{in1} - \frac{R_1}{R_2} V_{in2}\right) + \frac{R_4}{R_3}\left(\frac{R_1 + R_2}{R_2} V_{in2} - \frac{R_1}{R_2} V_{in1}\right)$$

$$= -\frac{R_4}{R_3}\left(\frac{R_1 + R_2}{R_2} V_{in1} - \frac{R_1}{R_2} V_{in2} - \frac{R_1 + R_2}{R_2} V_{in2} + \frac{R_1}{R_2} V_{in1}\right)$$

$$= -\frac{R_4}{R_3}\left(\frac{2R_1 + R_2}{R_2} V_{in1} - \frac{2R_1 + R_2}{R_2} V_{in2}\right)$$

$$= -\frac{R_4}{R_3}\left(\frac{2R_1+R_2}{R_2}\right)(V_{in1}-V_{in2})$$

예제 3-11-1

입력이 아래 그림과 같을 때 출력을 그리시오

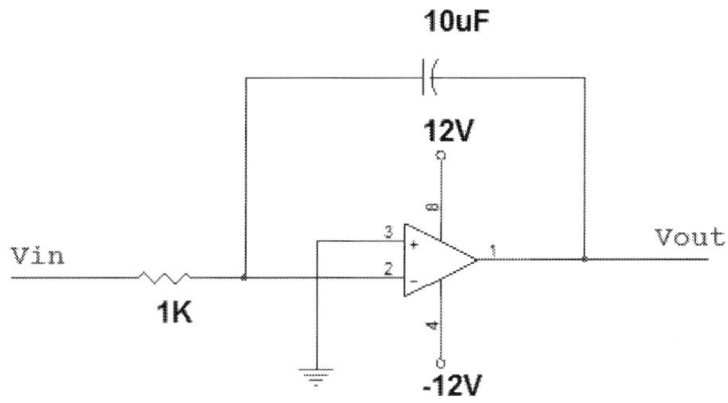

$$V_{OUT} = -\frac{1}{RC}\int_0^t V_{in}dt$$

$\rightarrow (+)1V$

$$-\frac{1}{10^3\times 10\times 10^{-6}}\int_0^{10ms} 1dt = -100t\Big|_0^{10ms} = -100\times 10ms = -1$$

$\rightarrow (-)1V$

$$-\frac{1}{10^3\times 10\times 10^{-6}}\int_0^{10ms} -1dt = -100(-t)\Big|_0^{10ms} = -100\times(-10ms) = 1$$

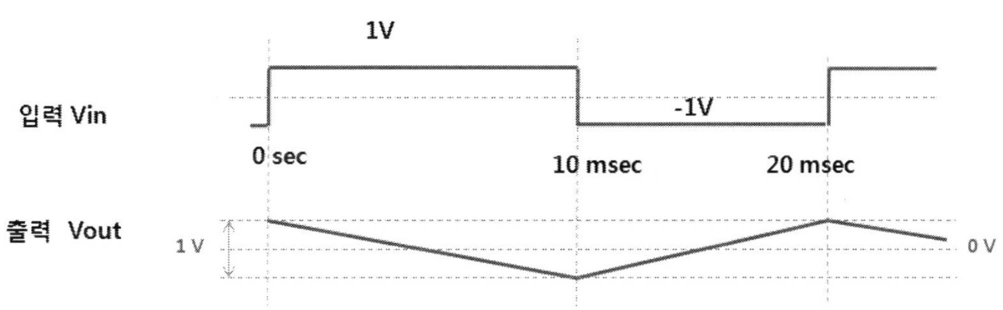

구형파(Square wave)를 적분하면 1차 함수인 삼각파(Sawtooth Wave)가 된다.

예제 3-12-1

입력이 아래 그림과 같을 때 출력을 그리시오

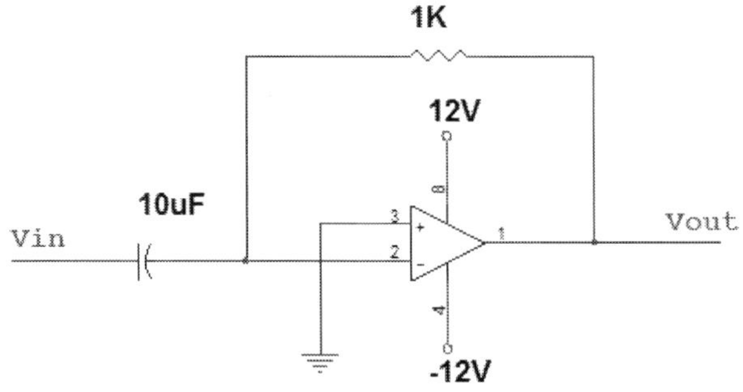

$$V_{OUT} = -RC\frac{dV_{in}}{dt} \text{ (미분은 기울기)}$$

$$\rightarrow (-)\ to\ (+) \quad -RC\frac{dV_{in}}{dt} = -10^3 \times 10 \times 10^{-6}\frac{1-(-1)}{10mS} = -2V$$

$$\rightarrow (+)\ to\ (-) \quad -RC\frac{dV_{in}}{dt} = -10^3 \times 10 \times 10^{-6}\frac{-1-1}{10mS} = 2V$$

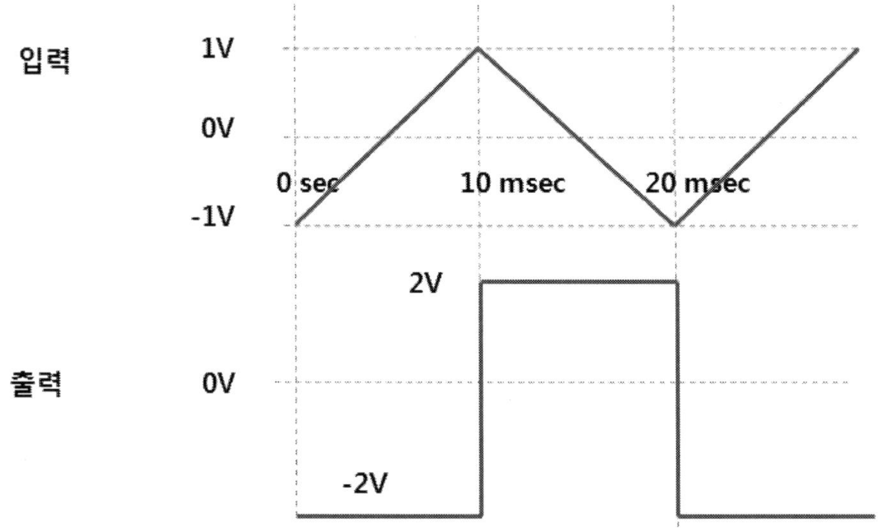

삼각파(Sawtooth Wave)를 미분하면 상수인 구형파(Square wave)가 된다.

예제 3-16-1

OP Amp의 증폭률은?

$$A_V = -\frac{10K}{5.1K} = 1.8$$

예제 3-16-2

입력 1 = 1mV, 100Hz

입력 2 = 20mV, 1KHz

입력 3 = 1V, 10KHz인 경우 각각의 출력이 8V가 되는 가산기 회로를 설계하시오

단, 입력 위상과 출력위상은 같아야 한다. 1단의 증폭이 10을 넘지 말아야 한다.

가산기 회로 자체는 Inverting Amp로 위상이 변한다. 위상이 동일 하려면 짝수개의 반전 증폭기 사용해야 한다.

입력 1은 8/0.001 = 8000배 증폭 = 8×10×10×10 증폭 OP Amp 4개 필요

입력 2는 8/0.02 = 400배 증폭 = 4×10×10 증폭 OP Amp 3개 필요

= 1×10×5×8로 변경하여 OP Amp 4개 사용

입력 1은 8/1 = 8배 증폭 = 8 증폭 OP Amp 1개 필요

= 1×8로 변경하여 OP Amp 2개 사용

표준 저항을 사용하면 정확히 5배, 8배 등을 맞출 수 없다.

10uF Capacitor는 DC Offset을 방지하기 위한 목적으로 사용된다. 전부 사용하면 좋으나 회로도 복잡하고 원가도 많이 든다. OP Amp의 특성이 좋아진 관계로 일부 제거해도 큰 문제는 없다.

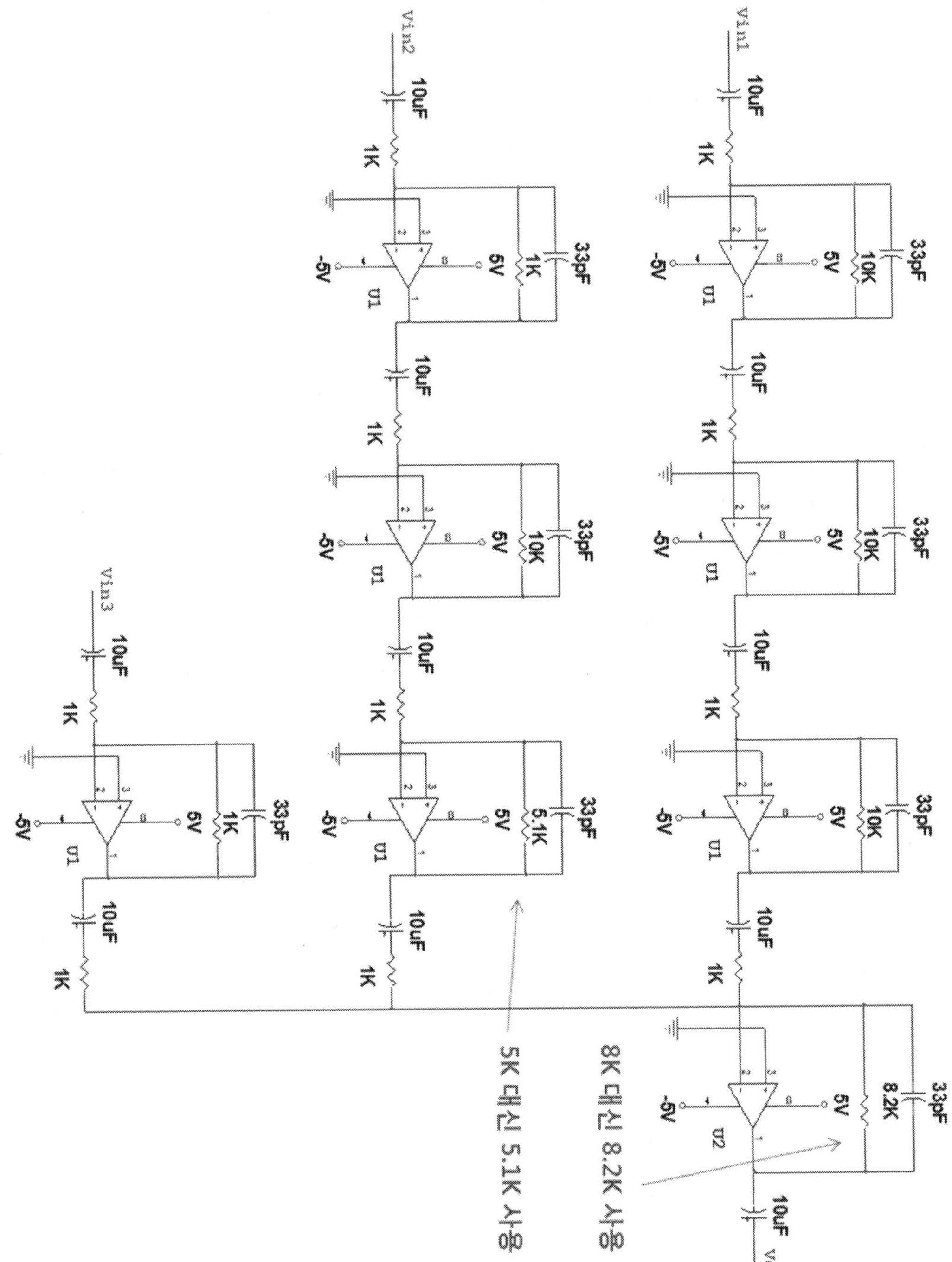
Vin1
Vin2
Vin3
Vout
10uF
1K
10K
5.1K
8.2K
33pF
5V
-5V
U1
U2
5K 대신 5.1K 사용
8K 대신 8.2K 사용

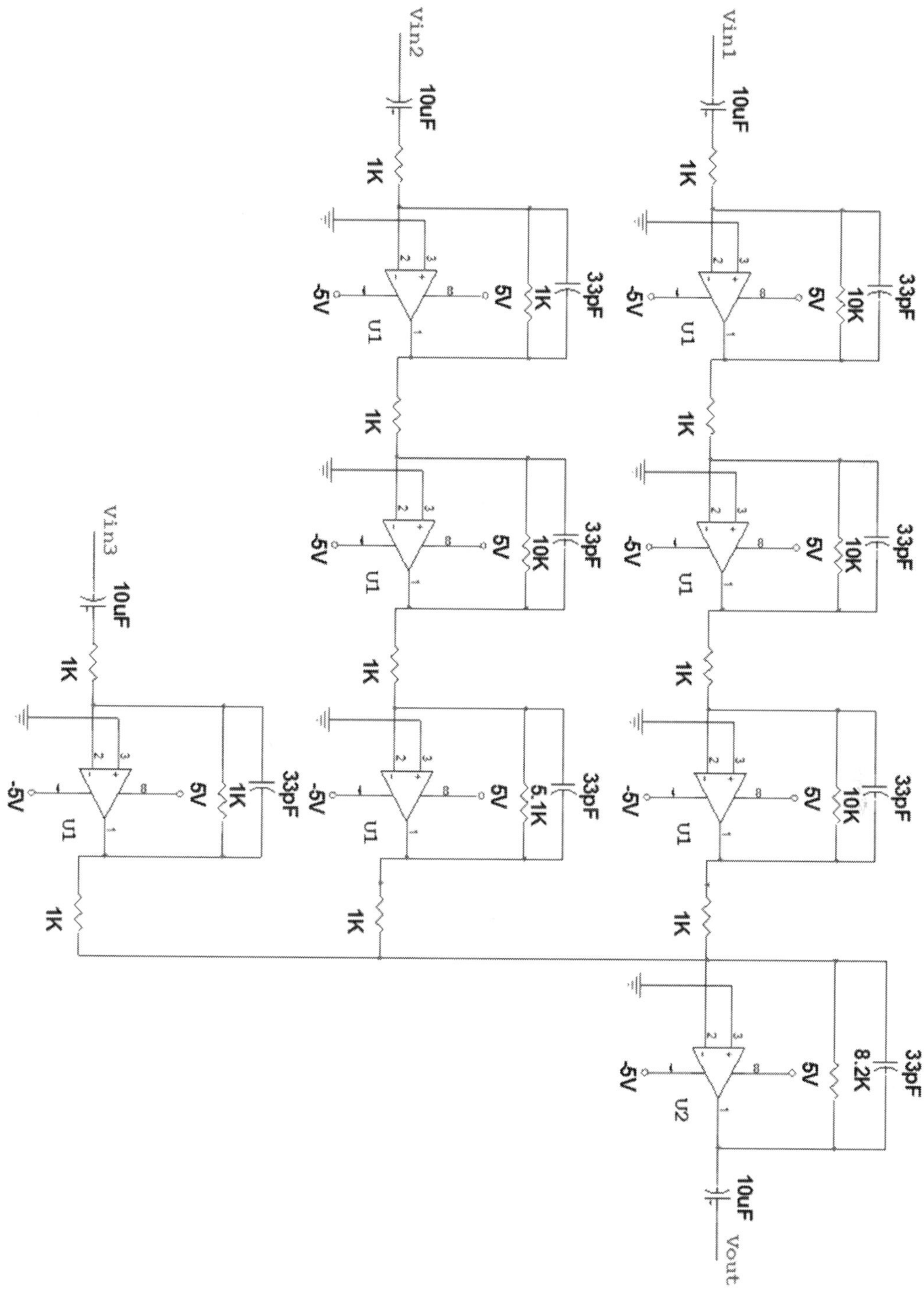

DC 차단 Capacitor 일부 제거 후 회로

CHAPTER 4 Active Filter

Capacitor와 Inductor는 주파수에 따라 저항이 변한다. 이 소자를 이용하면 원하는 주파수 대역만 사용할 수 있는 회로를 구성할 수 있다. 이것을 Filter라고 한다.

Filter는 회로 구성에 따라 Low Pass Filter(LPF), High Pass Filter(HPF), Band pass Filter(BPF) 등의 종류가 있다.

위와 같은 R, L, C로 만들어진 Filter을 Passive Filter(수동 Filter)라고 한다. Passive Filter(수동 Filter)와 증폭기능을 갖는 Amp(주로 OP Amp)를 결합한 것을 Active Filter라 한다.

이 장에서는 Filter + OP Amp로 구성된 회로의 해석 및 설계를 한다. 계산의 간단화를 위해 약간의 오차를 감수하고 3.5.2절의 간단히 계산하는 방법을 따른다.

4.1 LPF, HPF 요약

아래 그림은 LPF, HPF의 회로및 증폭률(Gain)을 표시한다. BPF는 2개의 조합으로 만들 수 있다.

간단한 Filter의 경우 대부분 R, C로만 구성된다. L은 부피가 상대적으로 크고 가격이 비싸다.

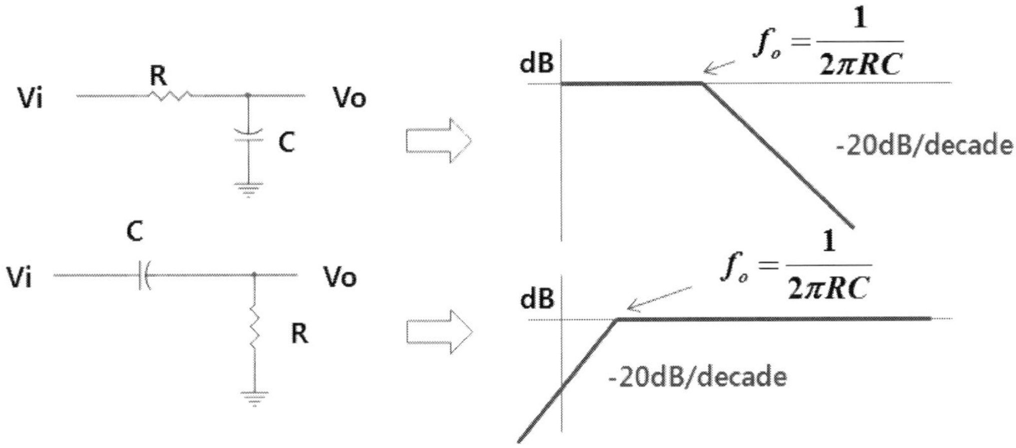

Filter의 경우 위상 변화가 있다. 증폭률의 변화가 거의 없으면(거의 0dB) 위상 변화도 거의 없기 때문에 이 장에서는 위상 변화에 대해 따로 설명하지 않는다.

아래와 같은 다단 Filter도

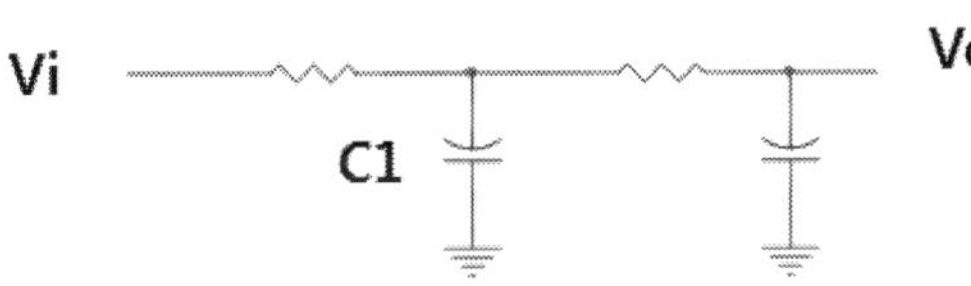

$$\frac{V_O}{V_i} = \frac{\left(\frac{1}{j\omega C_1}\right) // \left(R_2 + \frac{1}{j\omega C_2}\right)}{R_1 + \left[\left(\frac{1}{j\omega C_1}\right) // \left(R_2 + \frac{1}{j\omega C_2}\right)\right]} * \frac{\frac{1}{j\omega C_2}}{R_2 + \frac{1}{j\omega C_2}}$$

오차를 감수하고 2개의 별도의 Filter로 계산한다.

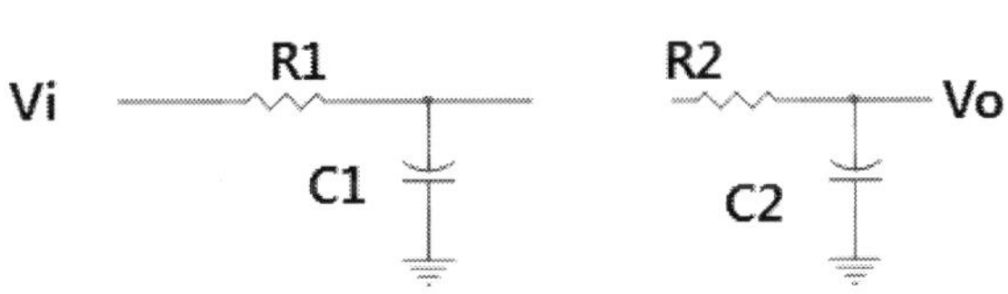

$$\frac{V_O}{V_i} = \frac{\frac{1}{j\omega C_1}}{R_1 + \frac{1}{j\omega C_1}} * \frac{\frac{1}{j\omega C_2}}{R_2 + \frac{1}{j\omega C_2}}$$

증폭률(Gain)은 Bode Plot을 이용해서 간단히 본다.

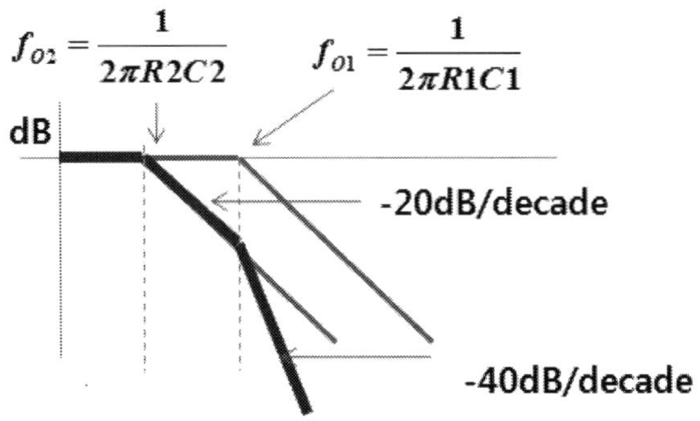

예제 4-1-1

회로의 주파수에 따른 주파수 특성 그리기

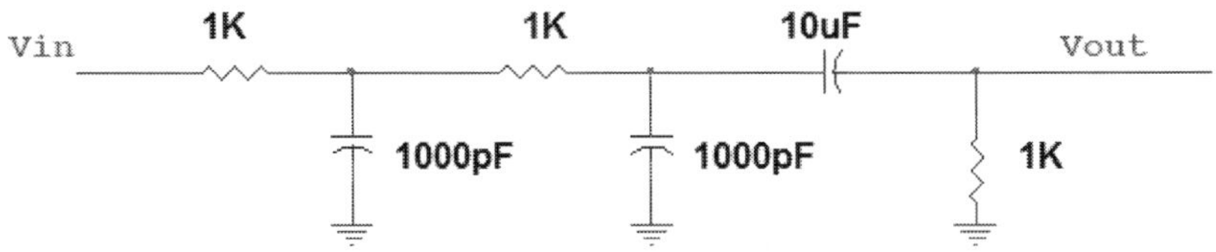

연습 4-1-1

회로의 주파수에 따른 주파수 특성 그리기

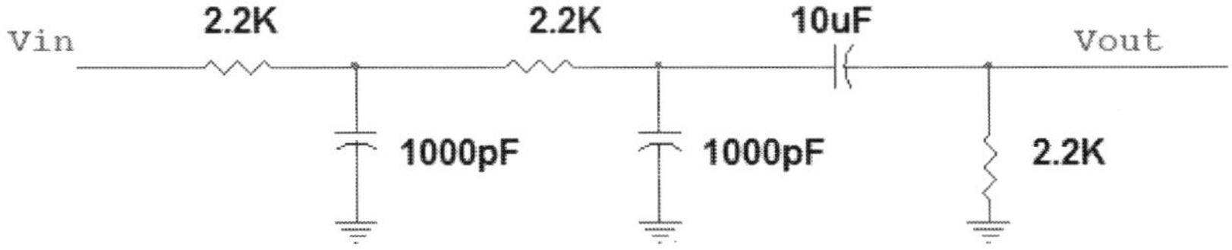

예제 4-1-2
아래 주파수에 따른 주파수 특성 회로 그리기

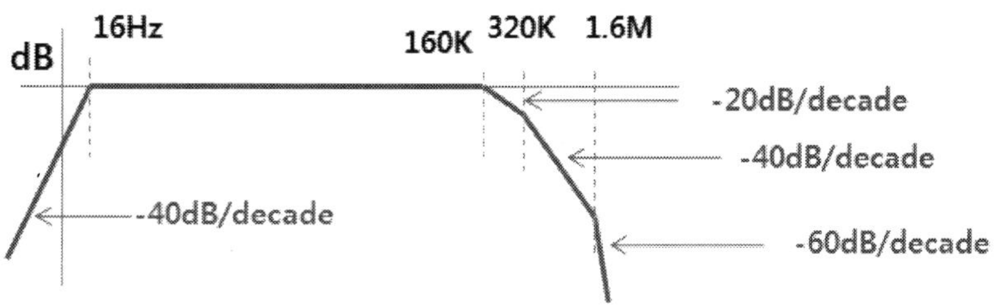

연습 4-1-2
아래 주파수에 따른 주파수 특성 회로 그리기

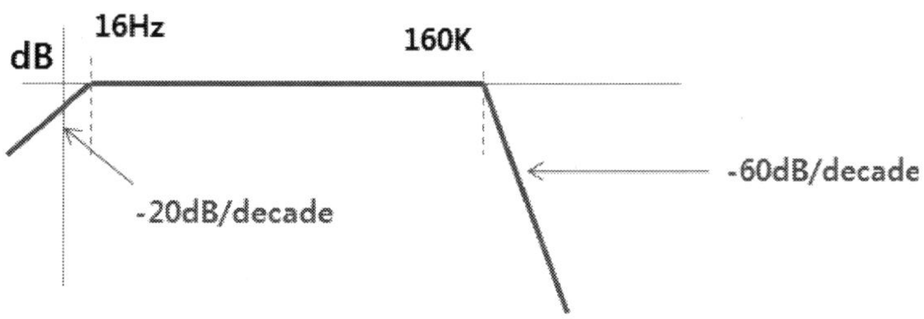

4.2 Active filter 구성

Active filter의 구성은 설계자의 따라 Amp 전단 혹은 후단에 Passive filter 회로를 추가하여 구성한다.

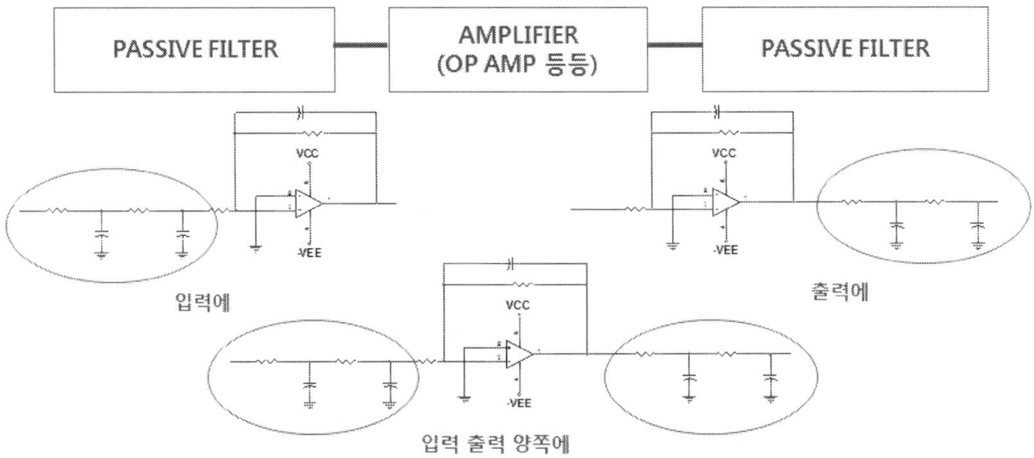

가장 중요한 사항은 System에서 요구하는 사항을 만족하면 된다. 예를 들어 Audio 경우를 보면 우리 귀가 듣는 가청 주파수는 대략 20Hz ~ 20kHz이다. 이 구간 안에서는 증폭률(Gain)과 위상(Phase)이 일정하면 된다.

LPF의 경우 Band width을 나타내는 $f = 1/2\pi RC$에서는 이미 −3dB(0.7배) 정도로 작아져 있다. 따라서 RC를 이용한 Filter 설계 시 **−3dB Point의 주파수를 필요한 주파수의 약 10배 정도 큰 값으로** 한다. 즉 Audio 경우 Filter의 **Band width를 2Hz ~ 200kHz로 하면 20Hz ~ 20kHz 사이의 신호는 증폭률 감쇄 없이 안전하**다.

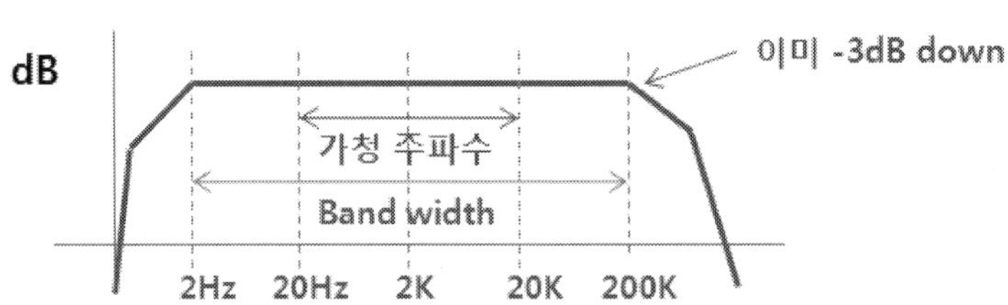

4.3 Active filter 계산

4.3.1 Inverting Amp 경우

아래 회로는 반전 증폭기 앞에 2개의 LPF가 적용된 경우이다. 이 절에서는 실제 계산하는 방법을 보여 준다.

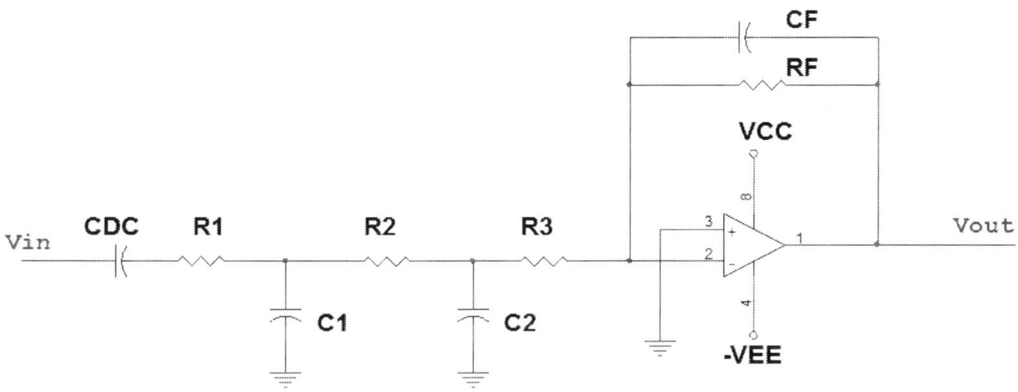

OP Amp는 증폭을, (R1, C1), (R2, C2)는 Low Pass Filter이다.

OP Amp 자체도 LPF이고 Feedback Capacitor CF도 LPF이다.

Filter는 우리가 필요없는 주파수 부분을 제거하려는 목적으로 추가한다. 따라서 실제로 사용하는 주파수대에서는 LPF(Capacitor)가 아무 역할을 하지 않는다.

회로 해석은 일단 Bandwidth 내, 사용 주파수대역의 증폭률을 구하고, 각 LPF(또는 HPF)의 −3dB Point을 계산하고 Bode Plot을 통해 주파수에 따른 증폭률을 그린다.

STEP 1 : Bandwidth 내의 증폭률 계산한다. - 주파수에만 상관있는 Capacitor는 제거 후 계산한다.

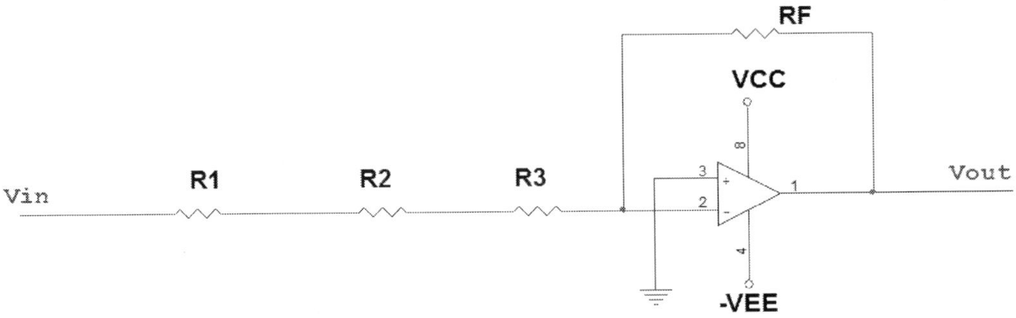

$$A_V = \frac{V_{OUT}}{V_{IN}} - \frac{R_F}{R_1 + R_2 + R_3}$$

$$OP\ Amp\ 3dB\ Bandwidth = \frac{Gain * Bandwidth}{A_V}$$

STEP 2 : Capacitor에 의한 −3dB Point 계산 − 실제의 값과 약간의 차이가 있지만 약산을 한다. (3.5.2 절 참조)

C1에 대한 계산 – C1 이외의 Capacitor는 없는 것으로 가정 후 계산한다.

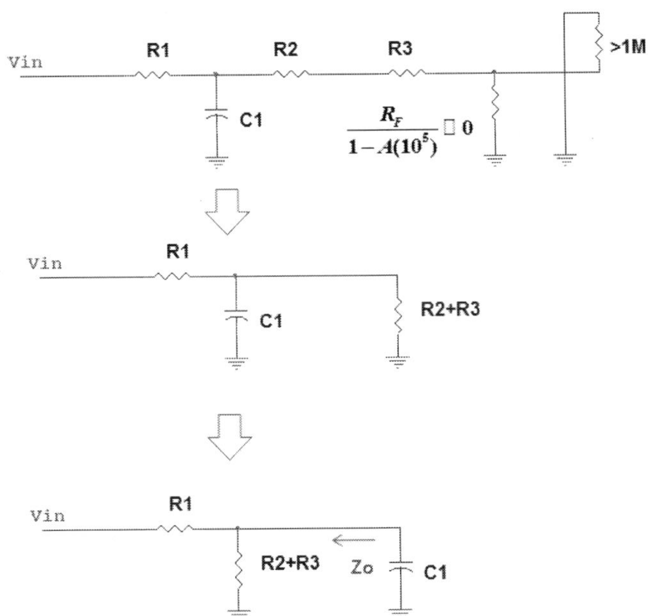

출력저항 Zo
LPF 모양

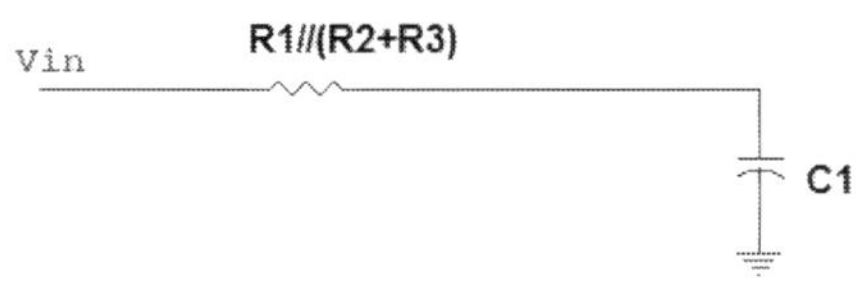

3dB point는 $f_{o1} = \dfrac{1}{2\pi(R_1 // (R_2 + R_3))\, C_1}$ 이다.

계산이 복잡하다. 어차피 오차가 존재한다.

$f_{o1} = \dfrac{1}{2\pi R_1 C_1}$ 로 표시하면 빠른 계산이 가능하다.

오차는 감수해야 한다.

CDC(DC 차단용 Cap – HPF)에 대한 계산–CDC 이외의 Capacitor는 없는 것으로 가정 후 계산한다.

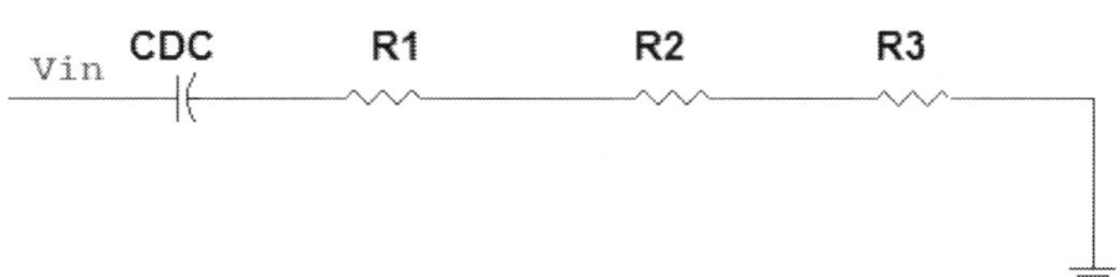

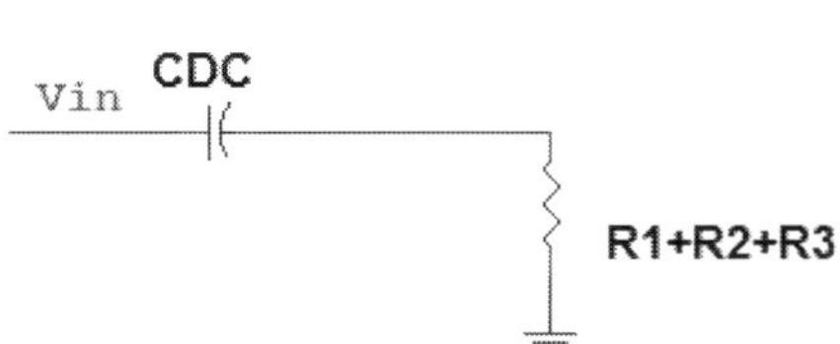

3dB point는

$$f_{DC1} = \frac{1}{2\pi(R_1 + R_2 + R_3)C_{DC}}$$ 이다.

$f_{DC1} = \frac{1}{2\pi R_1 C_{DC}}$로 표시하면 빠른 계산이 가능하다. 오차는 감수해야 한다.

오차를 감안한 약산의 결과는 아래와 같다.

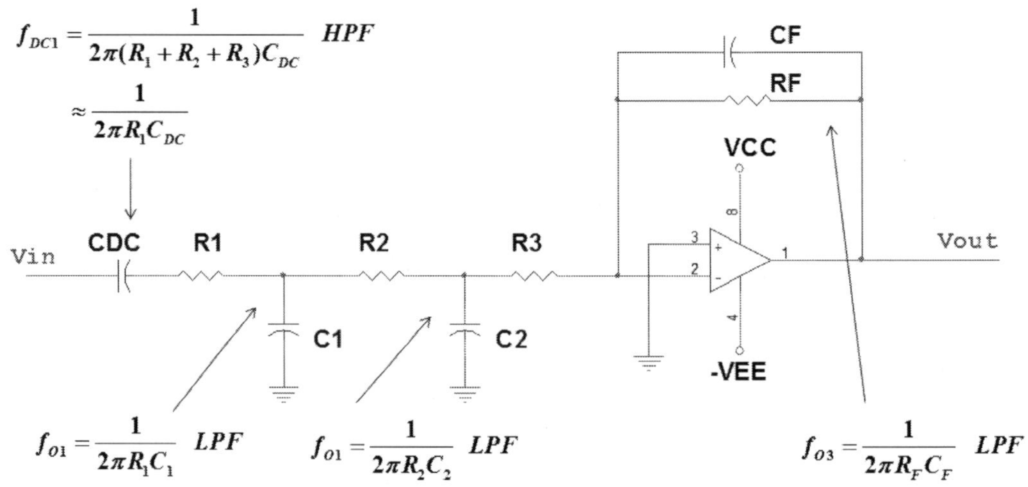

STEP 3 : 각 FILTER 더하기 - Bode Plot을 이용해 주파수 특성을 그린다.

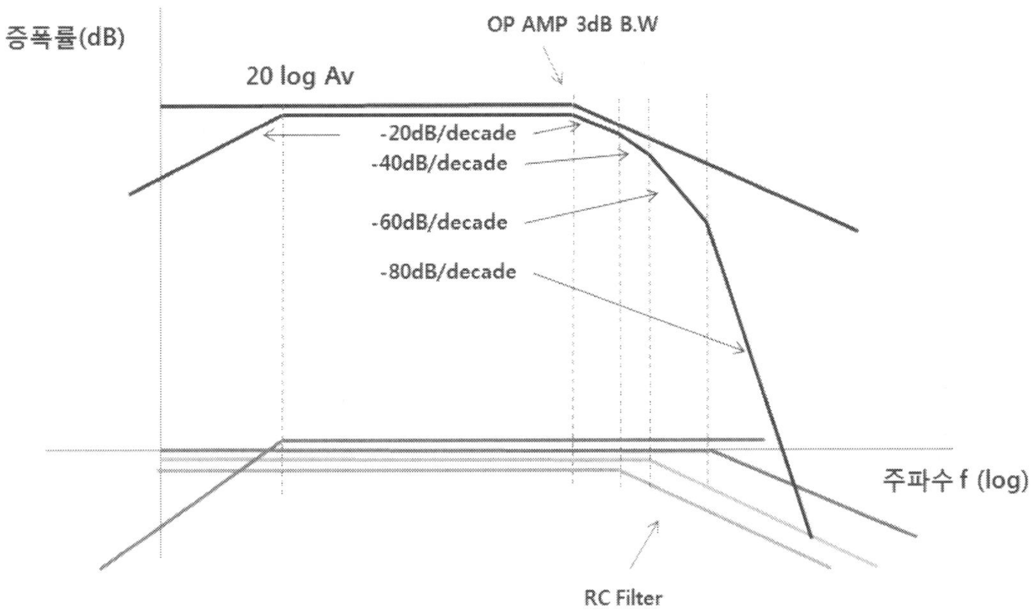

위의 결과는 약산의 결과이다. 실제의 경우와 차이가 난다. 실제 특성은 제작 후 측정을 통해 확인하는 것이 좋다.

예제 4-3-1

아래 회로의 주파수에 따른 증폭률을 그리시오.

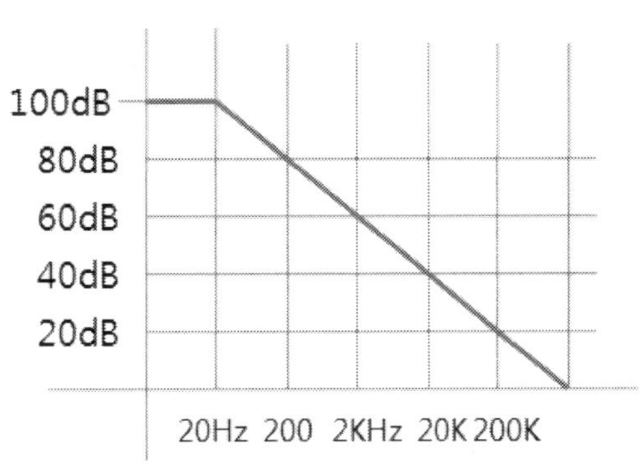

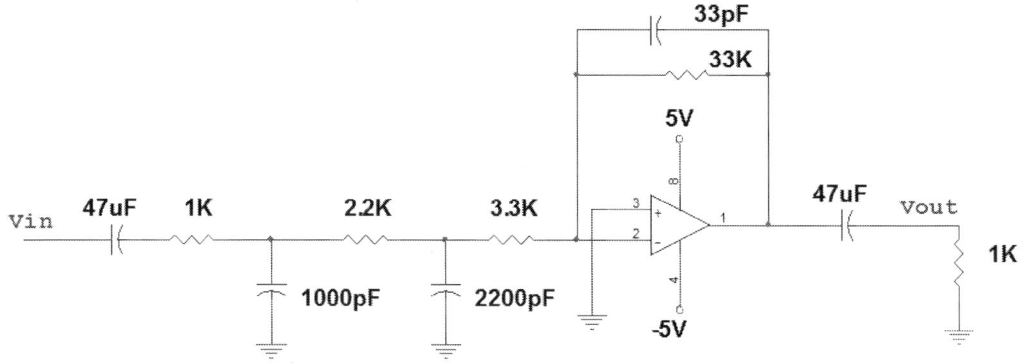

연습 4-3-1

아래 회로의 주파수에 따른 증폭률을 그리시오.

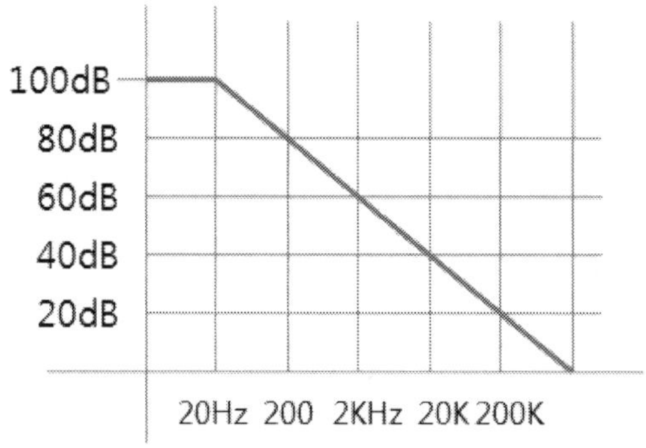

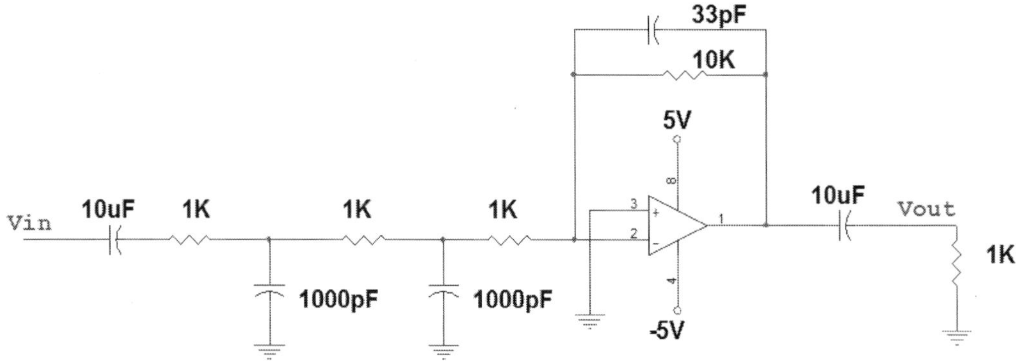

4.3.2 Non Inverting Amp 경우

Inverting Amp와 거의 같이 계산하면 된다. 단 Non Inverting 경우 등가 회로 상에 OP Amp의 입력 저항이 나타난다. CDC 경우만 차이가 난다.

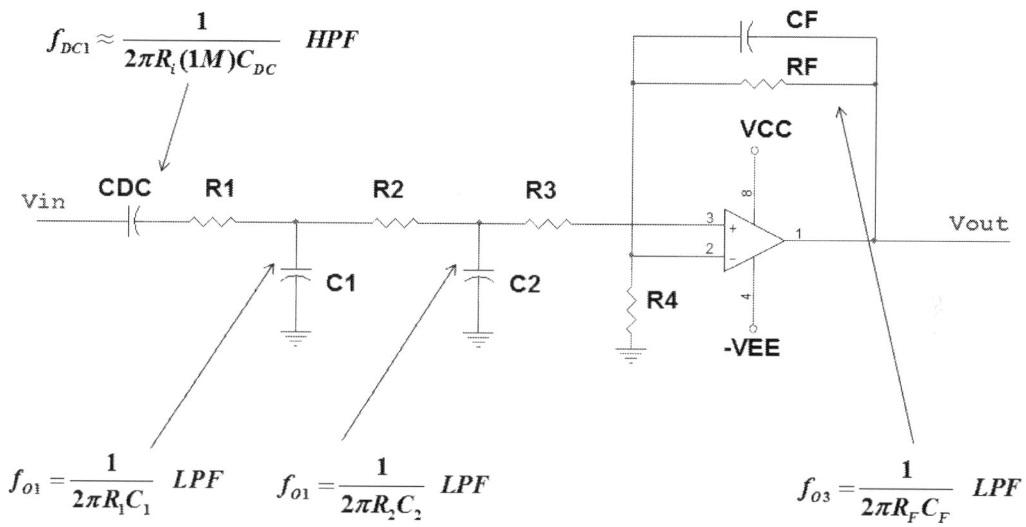

CDC (DC 차단용 Cap -PF) 에 대한 계산

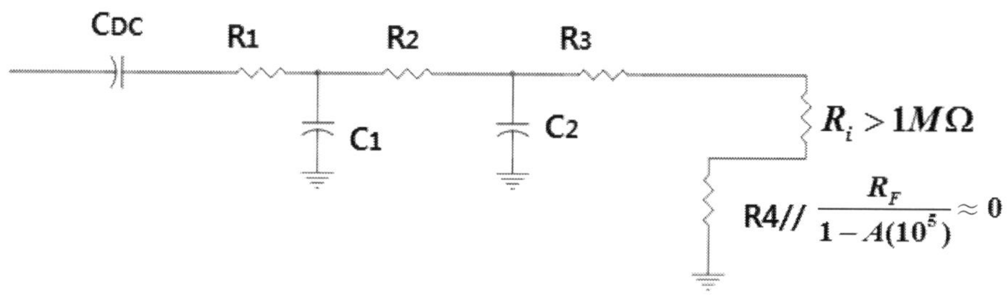

C_1, C_2의 경우는 Inverting Amp와 같이 계산하면 된다.

CDC의 경우는 OP Amp의 입력 저항 R_i를 추가해서 계산해야 한다.

3dB point는

$$f_{DC1} = \frac{1}{2\pi\left(R_1 + R_2 + R_3 + R_i(1M) + R_4 // \dfrac{R_F}{1 - A(10^5)}\right)C_{DC}}$$

$$\approx \frac{1}{2\pi R_i(1M)\, C_{DC}}$$

(OP Amp의 입력 저항값이 매우 크다)

예제 4-3-2

아래 회로의 주파수에 따른 증폭률을 그리시오.

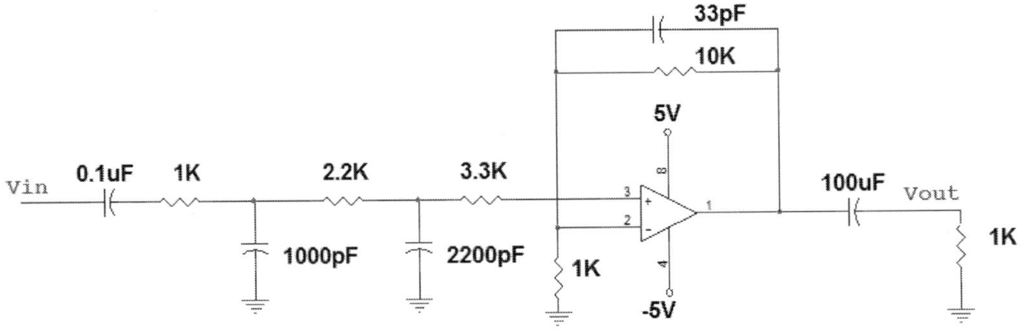

연습 4-3-2

아래 회로의 주파수에 따른 증폭률을 그리시오.

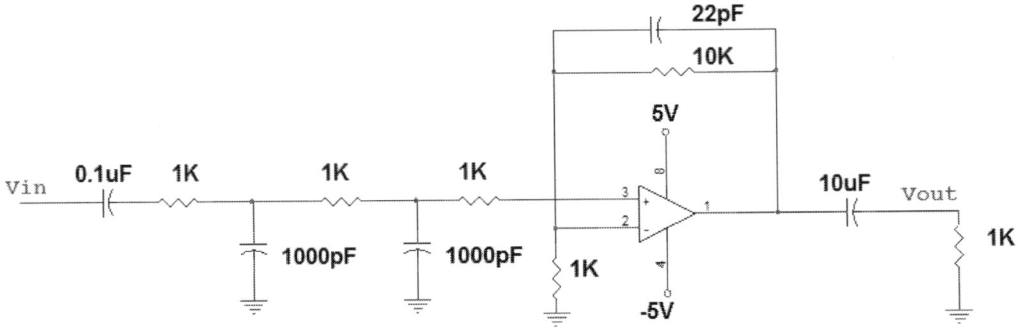

예제 4-3-3
주파수에 따른 증폭률에 만족하는 회로를 설계하시오.

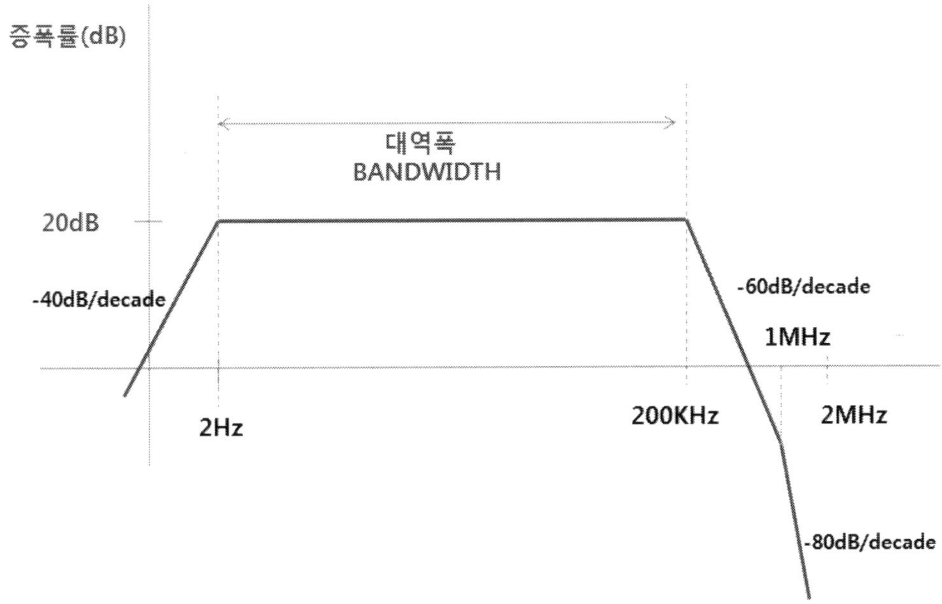

연습 4-3-3
주파수에 따른 증폭률에 만족하는 회로를 설계하시오.

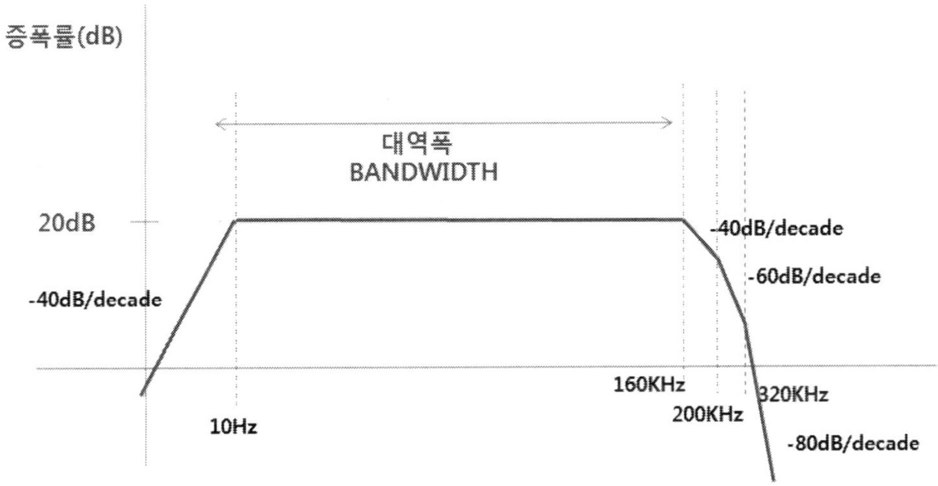

4.4 Multiple Feedback 구조의 Active Filter

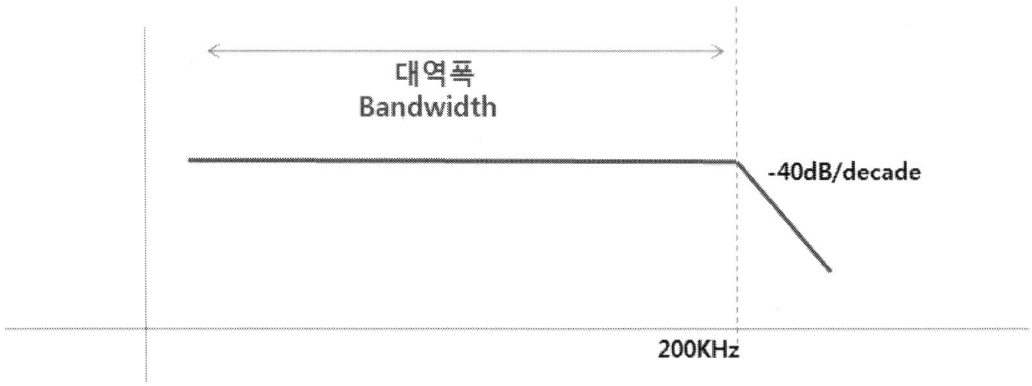

실제 Active Filter 설계 시는 앞의 회로와 같이 복잡하게 하지 않는다. 고주파의 경우 예를 들어 200kHz 이상에서 단순히 2개 LPF 정도 적용하여 -40dB/Decade 정도를 만들고, 그 이상, 대역폭에서 벗어난 주파수에서는 -60dB, -80dB가 되던지 상관을 하지 않는다.

저주파 부분은 DC 차단용 Capacitor의 값을 적당히 사용하여 해결한다. 앞의 예제들을 보면 사용하는 Capacitor 값을 알 수 있다.

2개의 LPF을 적용한 Active Filter 회로 중 Inverting Amp을 기본으로 한 구조를 Multiple Feedback LPF 구조, Non Inverting Amp을 기본 구조로 만들어진 회로를 Sallen-Key LPF 구조라고 한다.

4.4.1 Multiple Feedback 구조의 Active Filter

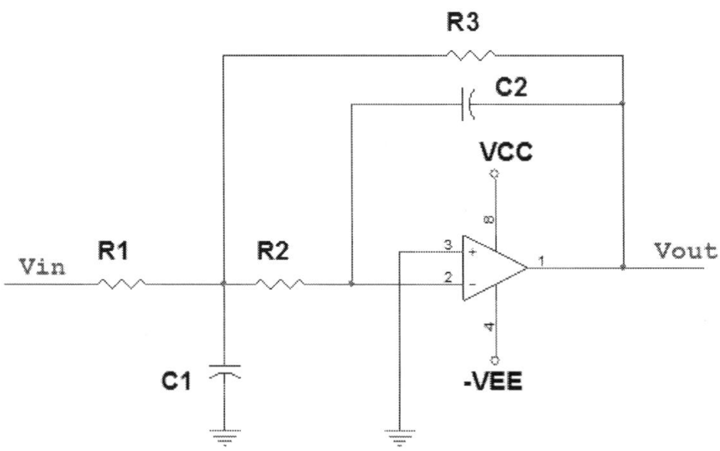

Multiple Feedback 구조의 Active Filter는 Inverting Amp 구조를 기본으로 C1, C2의 2개의 Capacitor를 사용한다. Capacitor 1개당 LPF 1개가 된다. 2개의 LPF, −40dB/decade을 만든다.

대역폭 내의 증폭률은 Capacitor 없다고 보면, R2도 없는 것과 같다(입력 전류 = "0").

$$A_V = \frac{V_{OUT}}{V_{IN}} = \frac{R_3}{R_1}$$

저항, Capacitor 값을 조정해 2개의 −3dB Bandwidth가 동일하도록 조정하여 사용하는 경우가 많다.

$$f_o = \frac{1}{2\pi\sqrt{R_2 R_3 C_1 C_2}} LPF$$

주파수 Bode Plot

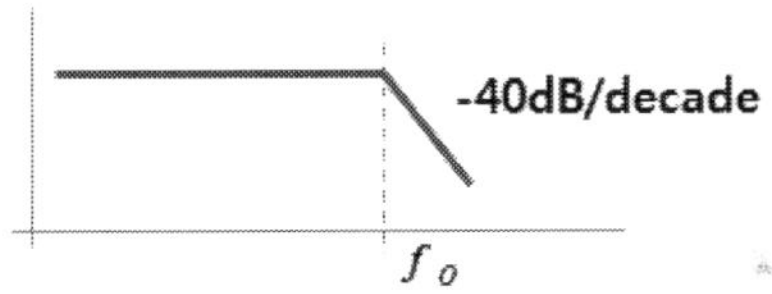

참고로 Multiple Feedback 구조의 주파수특성을 구하기 위해 입력 출력의 식을 구해본다. OP Amp의 기본인 입력에 전압 전류 = "0" 라는 사실과 키르호프의 법칙을 이용해 구한다. R1과 R2 사이 전압을 "Vx" 라 가정한다.

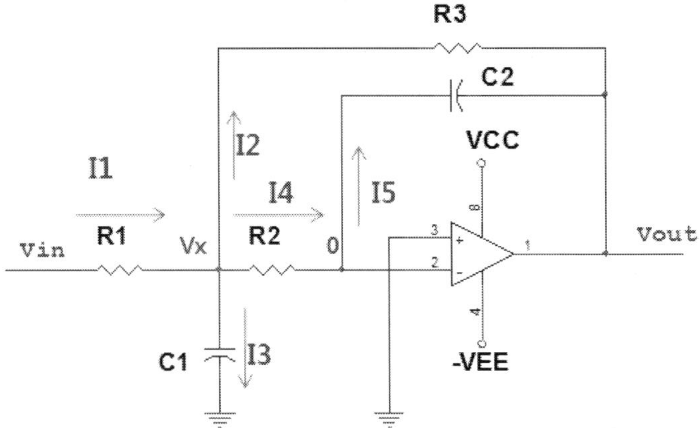

키르호프의 전류 식

I1=I2+I3+I4
I4=I5

전류식 $\dfrac{V_{in}-V_x}{Z_1} = \dfrac{V_x - V_{out}}{Z_3} + \dfrac{V_x}{ZC_1} + \dfrac{V_x}{Z_2}$

$$\left(Z_1 = R_1,\ \ Z_2 = R_2,\ \ Z_3 = R_3,\ ZC_1 = \frac{1}{j\omega C_1} = \frac{1}{sC_1},\ \ ZC_2 = \frac{1}{j\omega C_2} = \frac{1}{sC_2}\right)$$

$$\frac{V_x}{Z_2} = \frac{-V_{out}}{ZC_2} \Rightarrow V_x = -\frac{Z_2}{ZC_2}V_{out}$$

위 식에 대입하면

$$\frac{V_{in} + \frac{Z_2}{ZC_2}V_{out}}{Z_1} = \frac{-\frac{Z_2}{ZC_2}V_{out} - V_{out}}{Z_3} + \frac{-\frac{Z_2}{ZC_2}V_{out}}{ZC_1} + \frac{-\frac{Z_2}{ZC_2}V_{out}}{Z_2}$$

$$\Rightarrow \frac{V_{in}}{Z_1} = -\left(\frac{Z_2}{Z_1ZC_2} + \frac{Z_2}{Z_3ZC_2} + \frac{Z_2}{ZC_1ZC_2} + \frac{Z_2}{Z_2ZC_2} + \frac{1}{Z_3}\right)V_{out}$$

$$AV = \frac{V_{out}}{V_{in}} = \frac{1}{Z_1\left(\frac{Z_2}{Z_1ZC_2} + \frac{Z_2}{Z_3ZC_2} + \frac{Z_2}{ZC_1ZC_2} + \frac{Z_2}{Z_2ZC_2} + \frac{1}{Z_3}\right)}$$

$$= \frac{Z_3ZC_1ZC_2}{Z_2Z_3ZC_1 + Z_1Z_2ZC_1 + Z_1Z_2Z_3 + Z_1Z_3ZC_1 + Z_1ZC_1ZC_2}$$

$$= \frac{R_3\left(\frac{1}{sC_1}\frac{1}{sC_{21}}\right)}{R_2R_3\frac{1}{sC_1} + R_1R_2\frac{1}{sC_1} + R_1R_2R_3 + R_1R_3\frac{1}{sC_1} + R_1\frac{1}{sC_1}\frac{1}{sC_{21}}}$$

$$= \frac{R_3}{s^2R_1R_2R_3C_1C_2 + s(R_2R_3C_2 + R_1R_2C_2 + R_1R_3C_2) + R_1}$$

$$= \frac{\frac{1}{R_1R_2C_1C_2}}{s^2 + s\left(\frac{1}{R_1C_1} + \frac{1}{R_3C_1} + \frac{1}{R_2C_1}\right) + \frac{1}{R_2R_3C_1C_2}}$$

2개의 LPF의 Bandwidth을 같게 하면

$$= \frac{K}{s^2 + 2\omega_0 s + \omega_0{}^2} = \frac{K}{(s+\omega_0)}\frac{K}{(s+\omega_0)}$$

$$= \frac{K}{j\omega + \omega_0} * \frac{K}{j\omega + \omega_0} = \frac{K}{j\frac{\omega}{\omega_0} + 1} * \frac{K}{j\frac{\omega}{\omega_0} + 1}$$

$$\omega_0 = \frac{1}{\sqrt{R_2R_3C_1C_2}} \Rightarrow f_0 = \frac{1}{2\pi\sqrt{R_2R_3C_1C_2}}$$

로 표시된다.

예제 4-4-1

아래 OP Amp의 증폭률은?

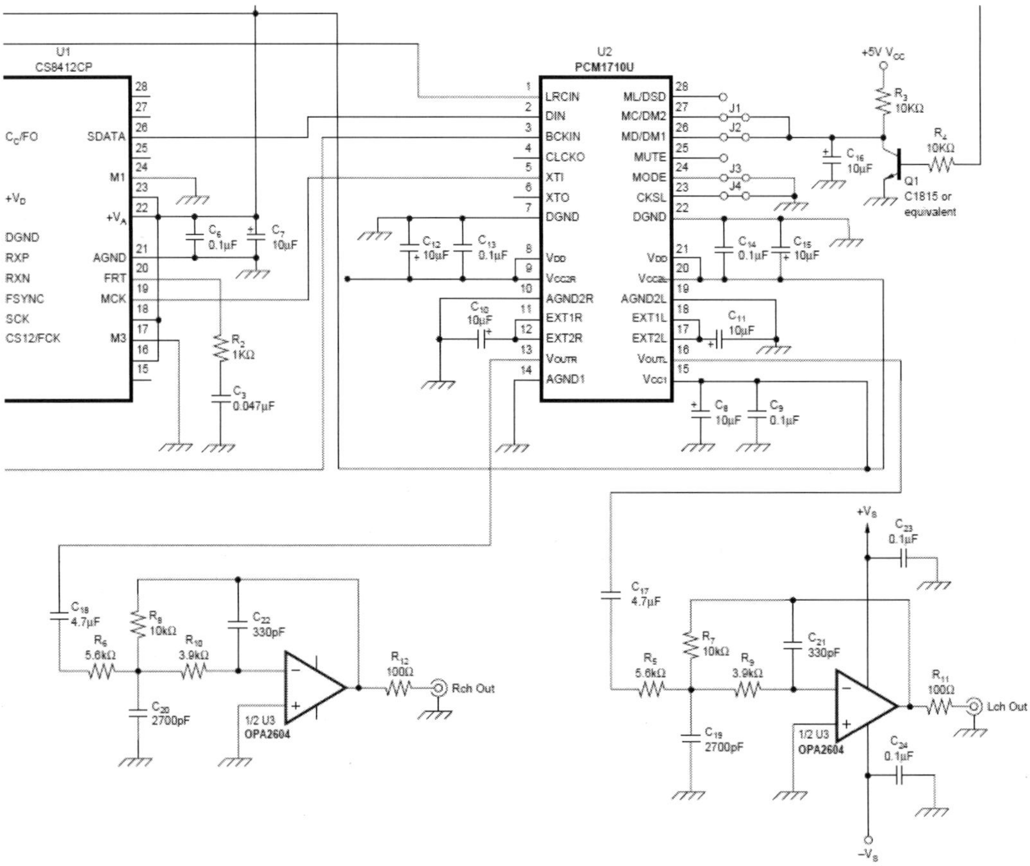

4.4.2 Sallen-Key 구조의 Active Filter

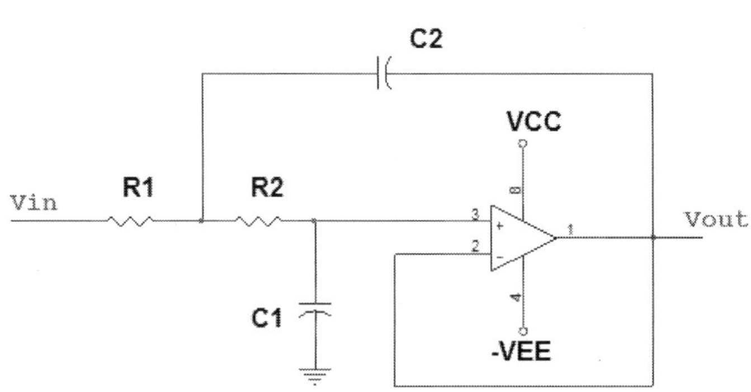

Sallen-Key 구조의 Active Filter는 Non Inverting Amp 구조를 기본으로 C_1, C_2의 2개의 Capacitor를 사용한다. Capacitor 1개당 LPF 1개가 된다. 2개의 LPF, -40dB/decade을 만든다.

대역폭 내의 증폭률은 Capacitor 없다고 보면, R_1, R_2도 없는 것과 같다(입력 전류 = "0").

$$A_V = 1 \quad \text{Follower}$$

저항, Capacitor 값을 조정해 2개의 -3dB Bandwidth가 동일하도록 조정하여 사용하는 경우가 많다.

$$f_o = \frac{1}{2\pi\sqrt{R_1 R_2 C_1 C_2}} LPF$$

주파수 Bode Plot

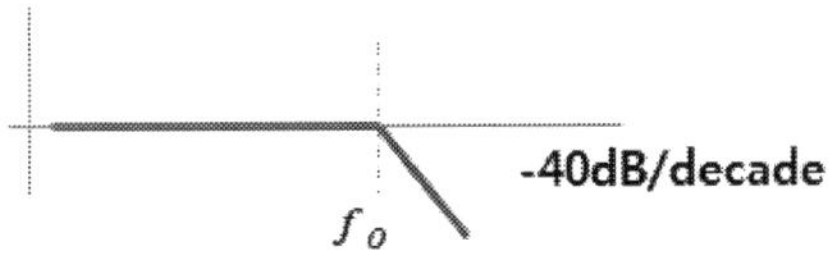

4.4.3 Active Filter 설계 Program

Active Filter 계산이 쉽지 않다. Program을 사용하면 매우 쉽게 구할 수 있다. 이 절에서는 TI(Texas Instrument)에서 제공한 Active Filter 설계 Program인 "Filter Pro" 을 이용하여 Multiple Feedback 구조의 Active Filter를 설계한다.

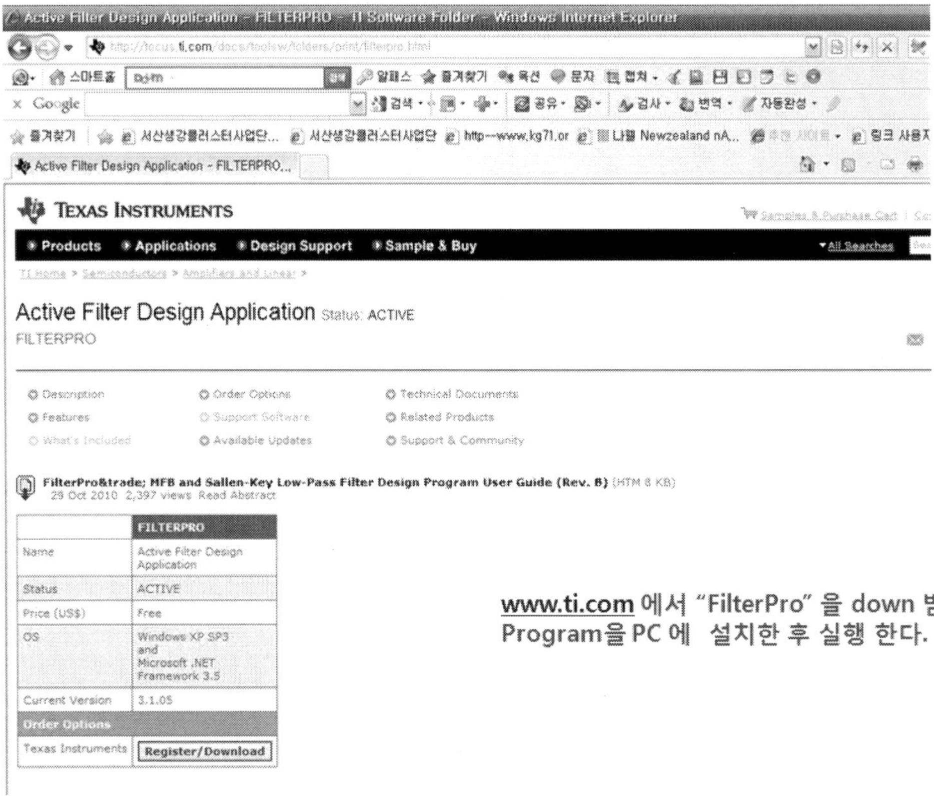

www.ti.com 에서 "FilterPro" 을 down 받는다.
Program을 PC 에 설치한 후 실행 한다.

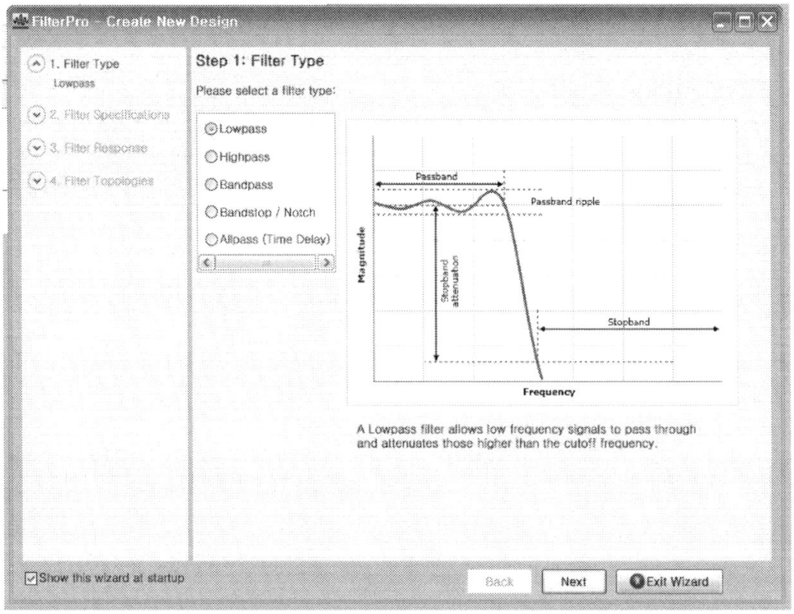

Low Pass Filter을 선택후 "Next"

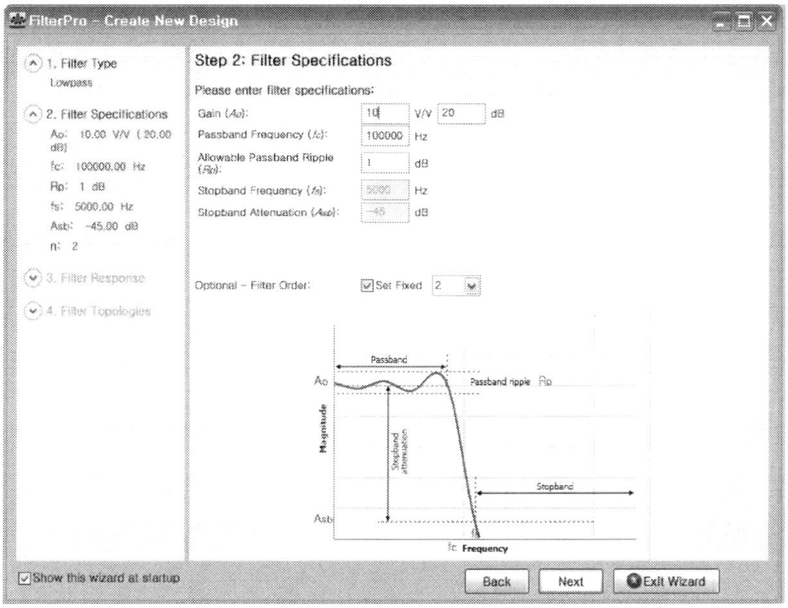

Gain =10
PassBand Frequecy =100000 =100KHz
Option Filter Order Check 후 2로 한 후 “Next”

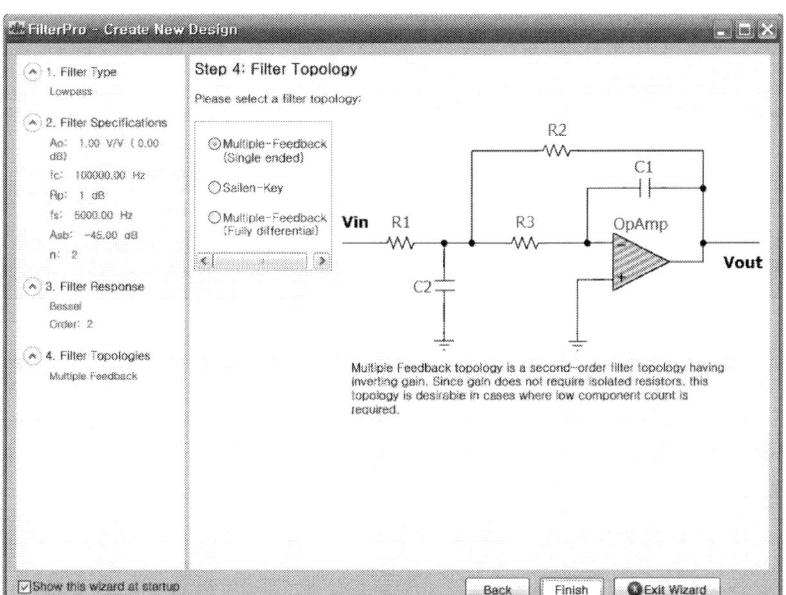

Multiple Feedback Check 후 “Finish”

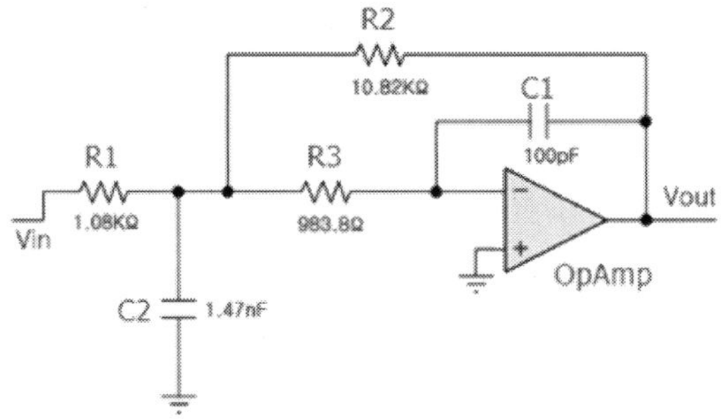

Filter Stage: 1

Passband Gain(Ao) : 10

Cutoff Frequency(fn): 127.4 kHz

QualityFactor (Q): 0.58

Filter Response: Bessel

Circuit Topology: MultipleFeedback

Min GBW reqd.: 73.892 MHz

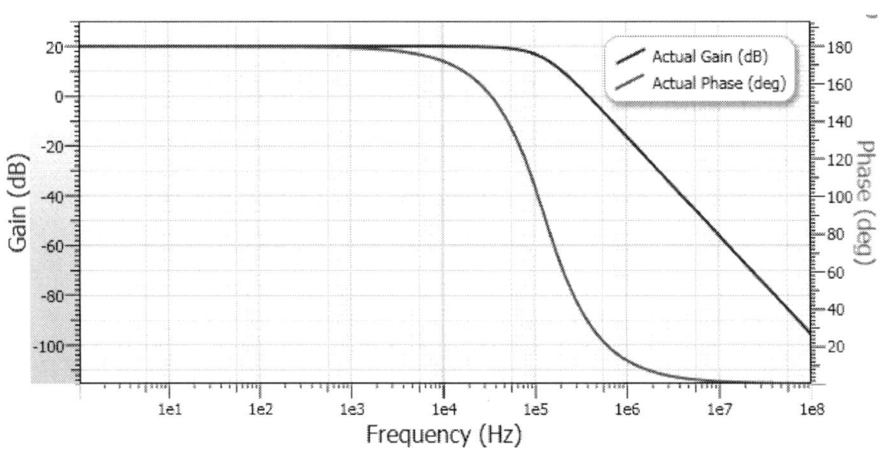

회로도와 주파수 특성이 출력이 된다. 주파수 특성에는 증폭률 변화 뿐 아니라 위상 변화도 같이 볼 수 있다. Cursor을 Graph에 올려놓으면 증폭률과 위상 변화를 알 수 있다.

100kHz을 Bandwidth로 하여 설계하였다. 증폭률은 100kHz까지 변화가 없으나 위상은 이미 10kHz에서 이미 변하기 시작한다.

예제 4-4-2

20kHz에서 증폭률 20dB, 위상차이가 −10도 이내인 회로를 설계하시오.

문제풀이 | ANSWER

Linear IC

예제 4-1-1

회로의 주파수에 따른 주파수 특성 그리기

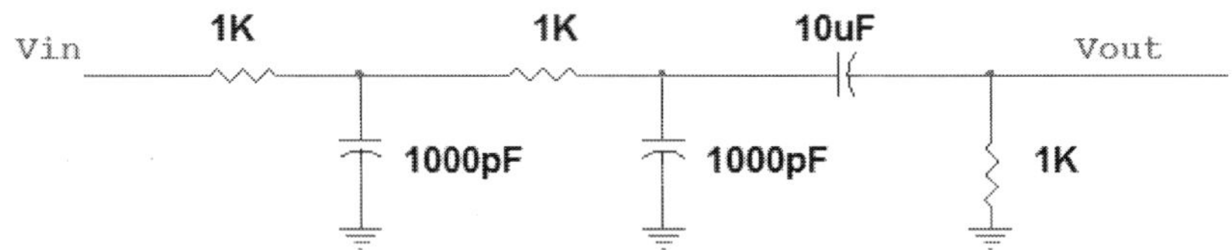

$$f_{H1} = \frac{1}{2\pi \times 10^3 \times 1000 \times 10^{-12}} = 0.16 \times 10^6 = 160kHz$$

$$f_{L1} = \frac{1}{2\pi \times 10^3 \times 10 \times 10^{-6}} = 0.16 \times 10^2 = 16Hz$$

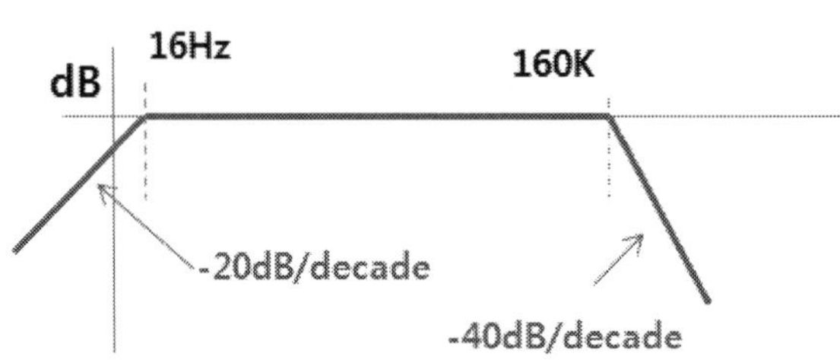

예제 4-1-2

아래 주파수에 따른 주파수 특성 회로 그리기

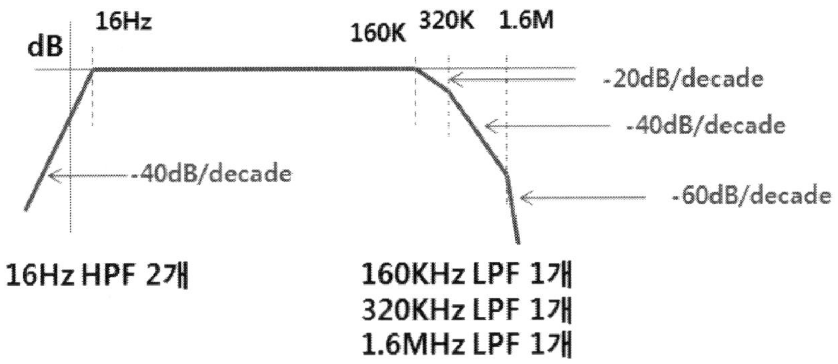

$$f_{L1} = \frac{1}{2\pi RC} = 10 \rightarrow R = 1K\text{라 하면}$$

$$\rightarrow C = \frac{1}{2\pi R \times 16} = \frac{1}{2\pi \times 10^3 \times 16} = 10^{-5} = 10\mu F$$

$$f_{H1} = \frac{1}{2\pi RC} = 160 \times 10^3 \rightarrow R = 1K\text{라 하면}$$

$$\rightarrow C = \frac{1}{2\pi \times 10^3 \times 160 \times 10^3} = 10^{-9} = 1000pF$$

$$f_{H2} = \frac{1}{2\pi RC} = 320 \times 10^3 \rightarrow R = 1K\text{라 하면}$$

$$\rightarrow C = \frac{1}{2\pi \times 10^3 \times 320 \times 10^3} = 10^{-9} = 500pF \rightarrow 470pF$$

$$f_{H1} = \frac{1}{2\pi RC} = 1.6 \times 10^6 \rightarrow R = 1K\text{라 하면}$$

$$\rightarrow C = \frac{1}{2\pi \times 10^3 \times 1.6 \times 10^6} = 10^{-10} = 100pF$$

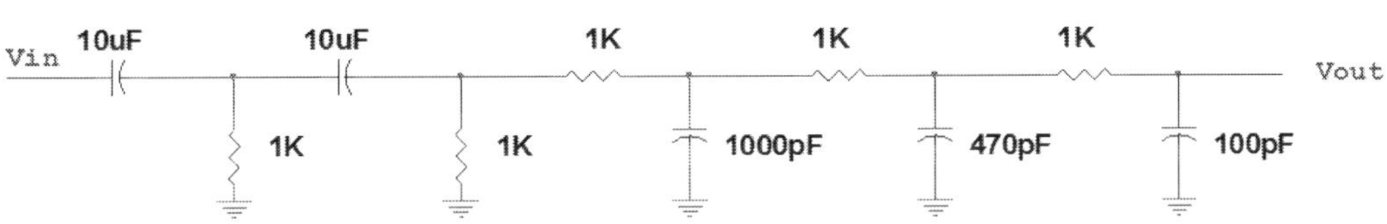

1K 이외의 다른 저항 값을 선택해도 된다.

예제 4-3-1

아래 회로의 주파수에 따른 증폭률을 그리시오.

$$A_V = \frac{33}{1+2.2+3.3} \approx 5$$

$$OP\ Amp\ BW = \frac{2\times 10^6}{5} = 400kHz$$

$$20\log 5 = 14dB$$

입력 $f_{H47\mu F} = \frac{1}{2\pi(1K+2.2K+3.3K)\times 47\times 10^{-6}} = 0.5Hz$

$$\approx \frac{1}{2\pi(1K)\times 47\times 10^{-6}} = 3Hz$$

$$f_{L1000pF} \approx \frac{1}{2\pi(1K)\times 1000\times 10^{-12}} = 160kHz$$

$$f_{L2200pF} \approx \frac{1}{2\pi(2.2K)\times 2200\times 10^{-12}} = 34kHz$$

$$f_{L2200pF} \approx \frac{1}{2\pi(33K)\times 33\times 10^{-12}} = 150kHz$$

출력 $f_{H47\mu F} = \frac{1}{2\pi(1K)\times 47\times 10^{-6}} = 3kHz$

증폭률(dB)

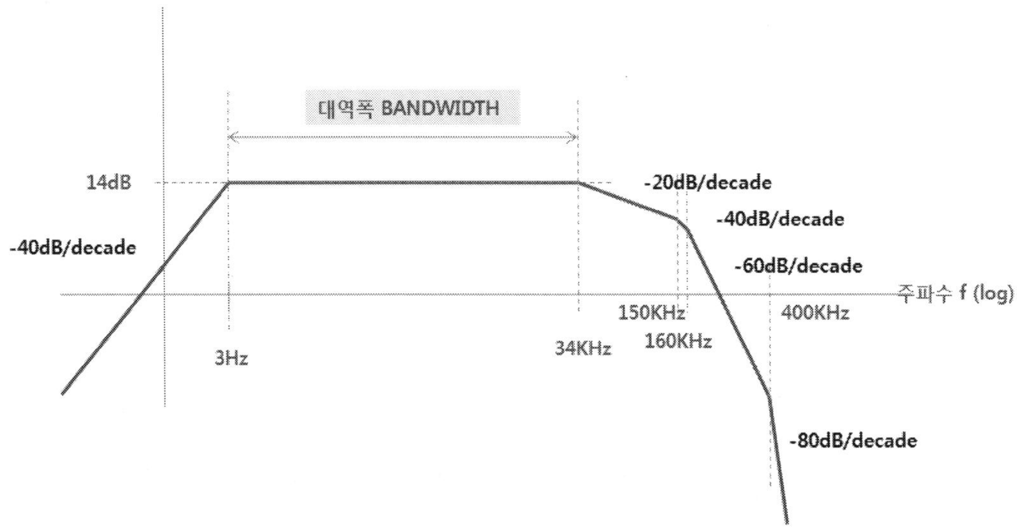

예제 4-3-2

아래 회로의 주파수에 따른 증폭률을 그리시오.

$$A_V = 1 + \frac{10}{1} \approx 11$$

$$OP\ Amp\ BW = \frac{2 \times 10^6}{11} = 180kHz$$

$$20 \log 5 = 21dB$$

$$f_{H0.1uF} \approx \frac{1}{2\pi(1M) \times 0.1 \times 10^{-6}} = 1.6Hz$$

$$f_{L1000pF} \approx \frac{1}{2\pi(1K) \times 1000 \times 10^{-12}} = 160kHz$$

$$f_{L2200pF} \approx \frac{1}{2\pi(2.2K) \times 2200 \times 10^{-12}} = 34kHz$$

$$f_{L2200pF} \approx \frac{1}{2\pi(10K) \times 33 \times 10^{-12}} = 480kHz$$

$$f_{H100uF} = \frac{1}{2\pi(1K) \times 100 \times 10^{-6}} = 1.6Hz$$

증폭률(dB)

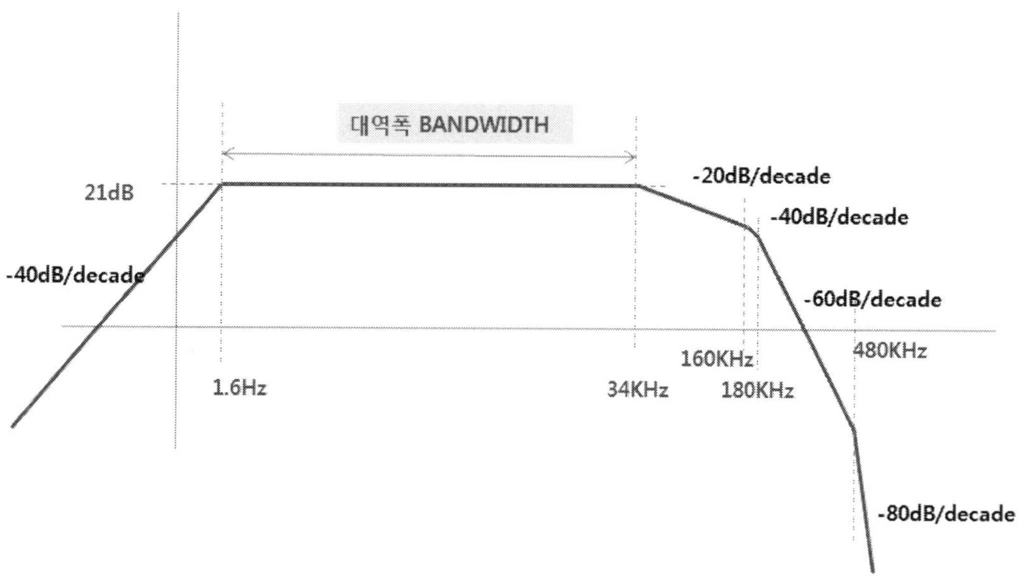

예제 4-3-3

주파수에 따른 증폭률에 만족하는 회로를 설계하시오.

OP Amp 증폭률 = 20dB ➔ 10배 Inverting Amp 선택하면 저항 1K와 10K로 결정한다.

Op Amp의 3dB BW = 200KHz로 정해진다. ➔ LPF 1개에 해당

200KHz에서 -60dB ➔ LPF가 3개 필요하나 OP Amp의 LPF가 한 개 있으므로 추가로 2개의 LPF 필요

1MHz에서 -80dB ➔ LPF 1개 추가로 필요하면 Feedback Capacitor에 의한 LPF이다.

2Hz에서 -40dB ➔ HPF 2개 필요하며 주로 DC 차단용 Capacitor에 의해 만들어진다.

LPF의 저항 $R = 1K$로 정하고 구한다.

$$f \approx 200kHz = \frac{1}{2\pi(1K) \times C} \rightarrow C = \frac{1}{2\pi(1K) \times 200 \times 10^3} = 796pF \rightarrow 820pF$$

$$f \approx 1MHz = \frac{1}{2\pi(30K) \times C_F} \rightarrow C_F = \frac{1}{2\pi(30K) \times 1 \times 10^6} = 5.2pF \rightarrow 6pF$$

$$f \approx 2Hz = \frac{1}{2\pi(1K) \times C} \rightarrow C = \frac{1}{2\pi(1K) \times 2} = 79uF \rightarrow 82uF$$

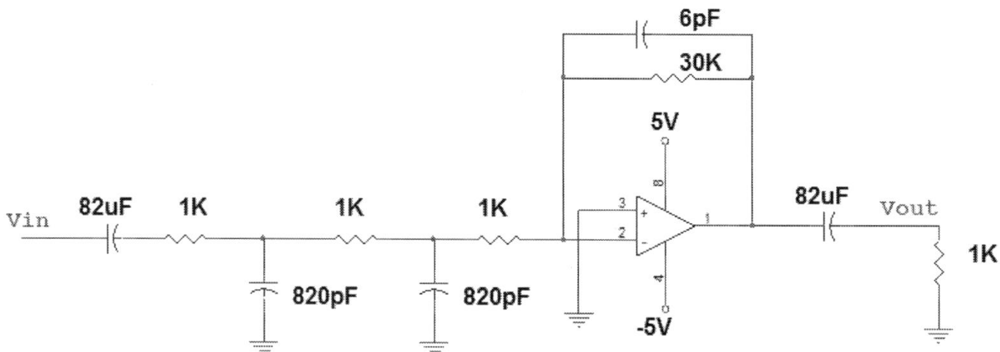

예제 4-4-1

아래 OP Amp의 증폭률은 3dB Point?

$$A_V = -\frac{10K}{5.1K} = 1.8$$

$$f_o = \frac{1}{2\pi\sqrt{10K \times 3.9K \times 330p \times 2700p}} = 27kHz$$

예제 4-4-2

20KHz에서 증폭률 20dB, 위상차이가 −10도 이내인 회로를 설계하시오.

Bandwidth을 크게 해서 Program 실행하시기 바란다.

CHAPTER 5 Noise

OP Amp 등을 이용해서 만들어진 Analog 회로는 외부 Noise가 발생할 경우 쉽게 출력에 나타나는 특징이 있다. 이 장에서는 Noise가 발생하는 원인에 대해 간단히 알아보고 Analog 부분에 대한 방지책을 알아본다.

전자회로 내에서 발생하는 Noise는 Conduction Noise(전도성 잡음)와 Radiation Noise(방사성 잡음) 로 나눌 수 있다.

5.1 Conduction Noise – 전도성 잡음

아래 그림은 Digital Logic의 가장 기본 단위인 CMOS Inverter(NOT gate)을 표시한다.

CMOS는 전류소모를 최소화할 수 있어 현재 대부분의 CPU DRAM 등의 Digital logic IC에 채용되고 있다.

V_{DD} Ground에 흐르는 전류는 Logic이 1 → 0 또는 0 → 1로 변할 경우에만 흐른다.

한 개의 Inverter에 흐르는 전류는 매우 작다. CPU DRAM 등과 같이 수십억 개의 Gate을 사용할 경우 전류의 크기는 매우 커진다. 이것이 Power supply에 연결될 경우, 연결선의 저항이 "0" 일 경우는 연결선의 전압이 "0" 이라 아무 문제가 안 된다.

실제의 경우 연결선의 저항을 줄일 수는 있으나 완전히 없앨 수는 없다. 현재 사용하는 CPU 등의 속도가 거의 3GHz 정도의 높은 주파수인 관계로 고주파에서 연결선의 저항은 점점 증가할 수밖에 없다. 이와 같이 V_{DD} Ground에서 발생한 전류 Noise가 Power 연결선의 저항을 통해 발생하는 원치 않는 전압을 Conduction Noise라 한다. 이 Noise 전압이 다른 회로에 영향을 준다.

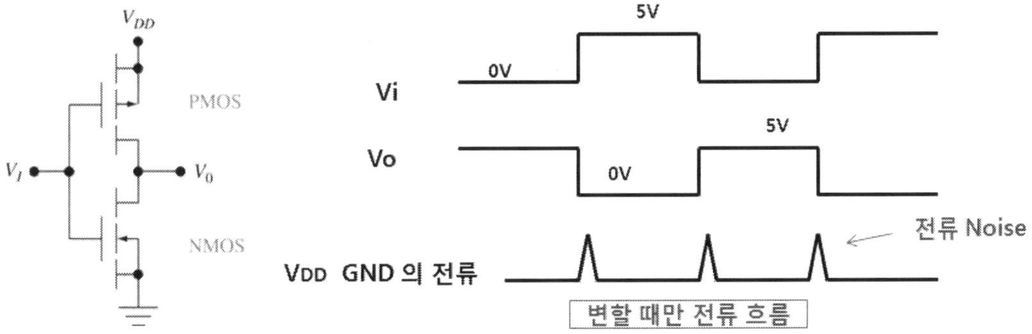

아래 그림은 일반적인 전자 제품의 Block Diagram을 표시한다.

Power Supply에서 5V Ground 등의 전압을 공급한다. CPU ROM RAM 등의 Digital 부분뿐이 아니라 Video Audio 등의 Analog 부분을 포함하고 있다.

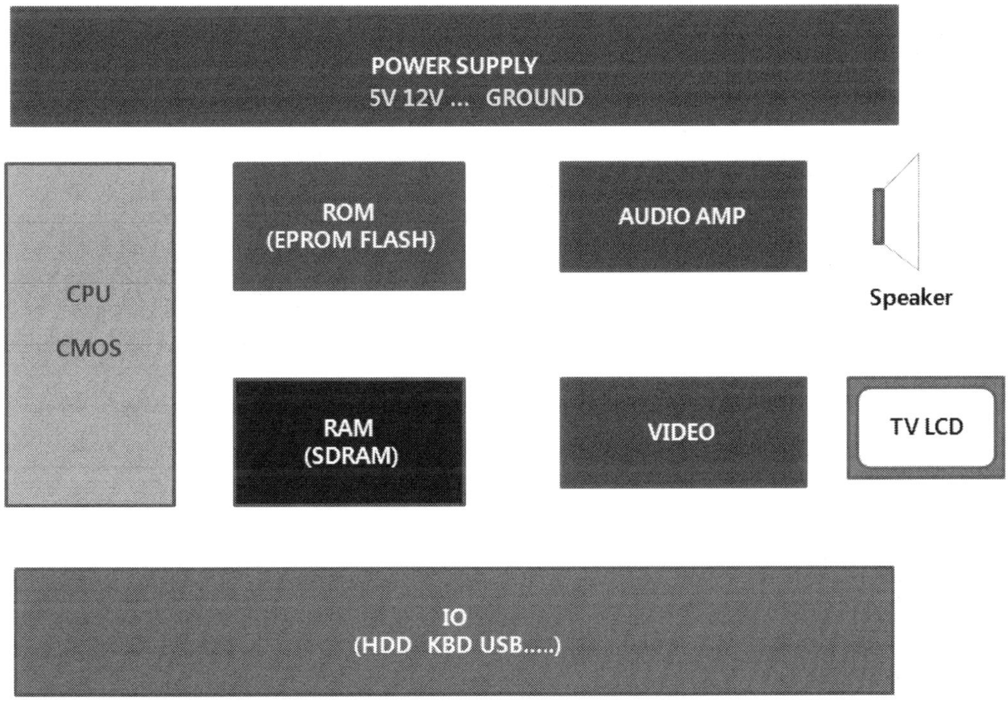

아래 그림은 CPU와 POWER Supply 간의 필요한 전원 3.3V와 GROUND 선이 PCB 도선에 의해 연결된 경우를 보여준다. 전류는 Logic이 "1 → 0" 변하는 순간만 흐른다. CPU는 Clock 입력에 따라 동작한다. 따라서 전류는 Clock에 동기하여 흐른다.

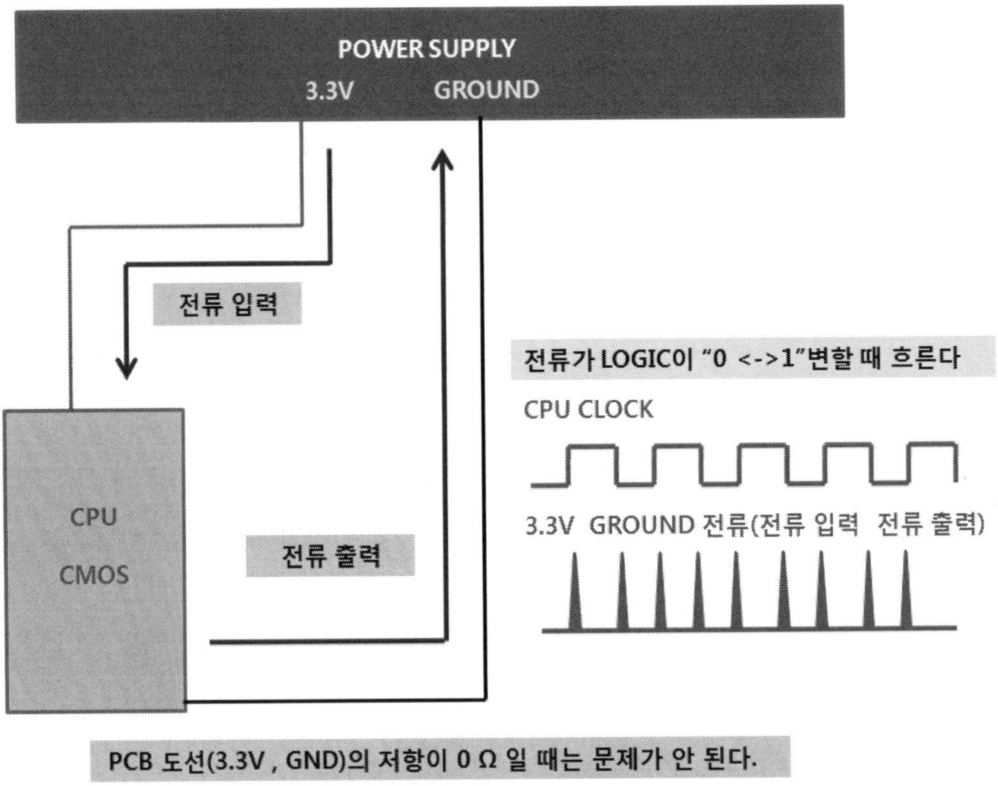

다음 그림은 3.3V와 Ground 연결선(대부분은 PCB Pattern)에 저항이 있을 경우를 표시한다. (일반적으로 도선의 두께, 폭이 얇을수록 주파수가 높을수록 저항은 커진다)

만약 전류를 I_{peak}라 하면 저항×전류만큼의 전압이 감쇄가 된 상태로 CPU의 3.3V Ground에 인가된다.

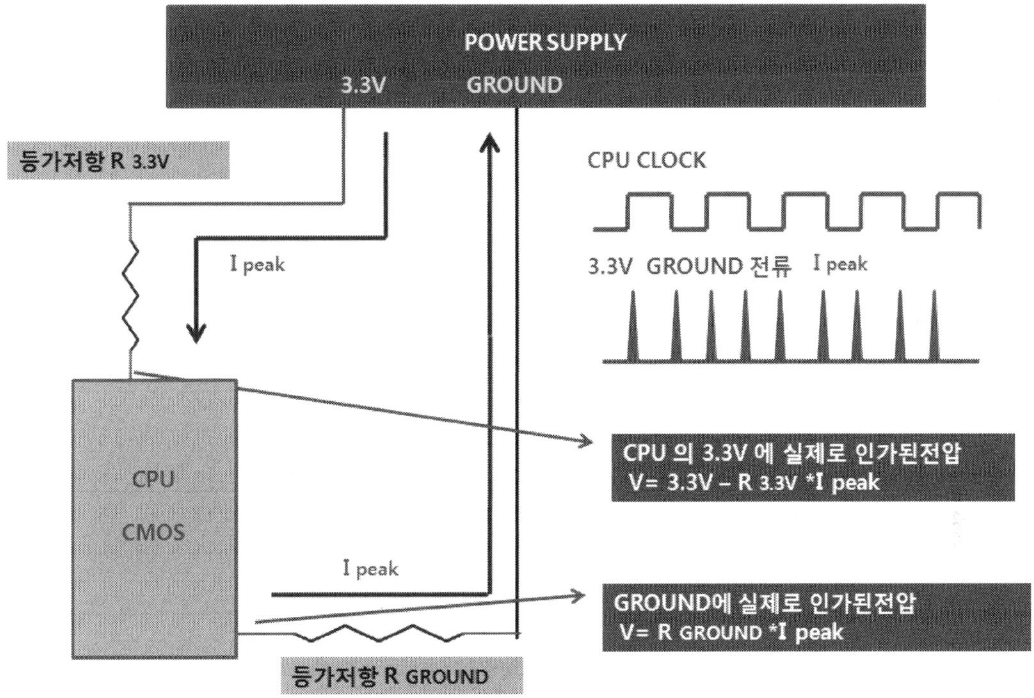

위의 Conduction noise가 Digital Logic에 미치는 영향을 보면

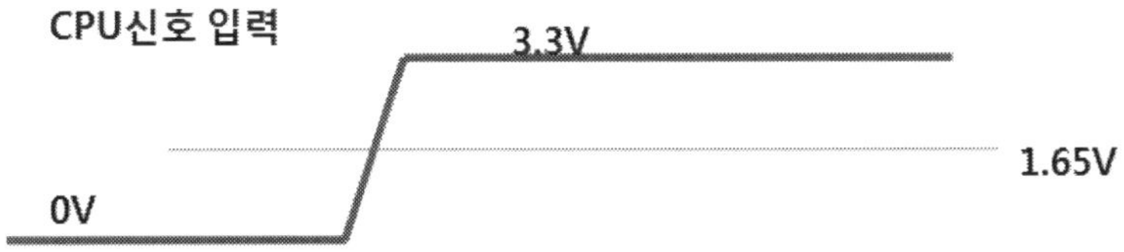

위의 그림은 CPU는 입력 신호이다. 보통의 CMOS 경우 Logic High Low를 3.3V와 Ground의 약 절반에서(1.65V) 인식한다.

PCB 도선상의 저항 값에 의해 실제 전압이 바뀌면 상황이 매우 달라진다.

GND 도선의 저항이 매우 커진 경우 가정해 본다.

저항 R_{GROUND}가 5Ω 전류 I_{peak}가 500mA라 가정하면 “0V” 이어야 할 Ground 전압이 2.5V까지 움직일 수 있다. 아래 그림과 같이 신호에 NOISE가 합쳐진 것과 같은 효과가 일어나 1.65V보다 높일 수 있고 이때는 Logic Low를 High라 인식할 수 있다.

대부분의 경우 위와 같이 극한적인 상황은 매우 일어나기 쉽지 않다. 그러나 조심해서 나쁠 건 없다.

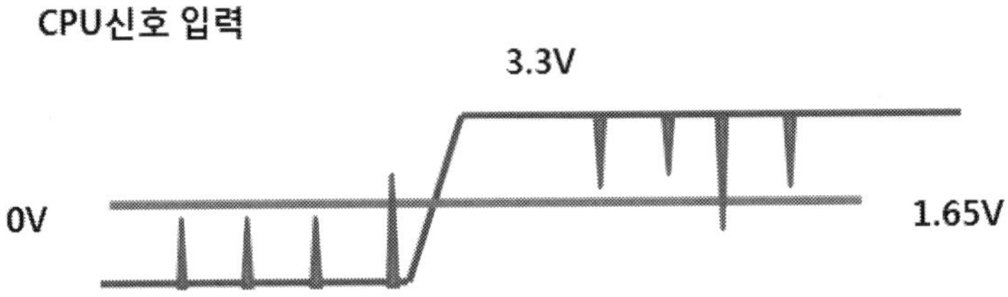

앞의 설명한 종류의 Noise 줄이는 방법은

1. 연결선의 저항을 줄인다

PCB의 경우 연결선의 폭을 넓게 하거나 4 Layer 이상의 PCB을 이용해 V_{DD}와 Ground 면을 따로 사용한다.

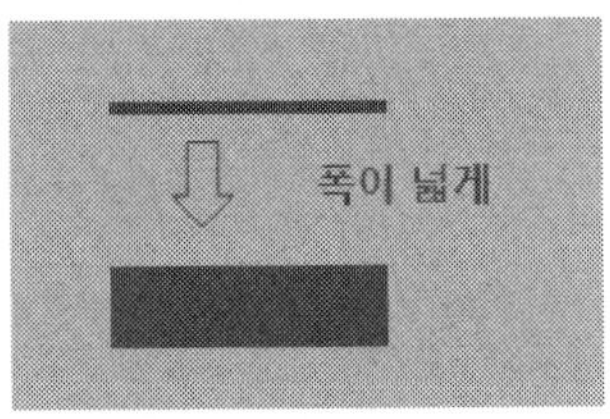

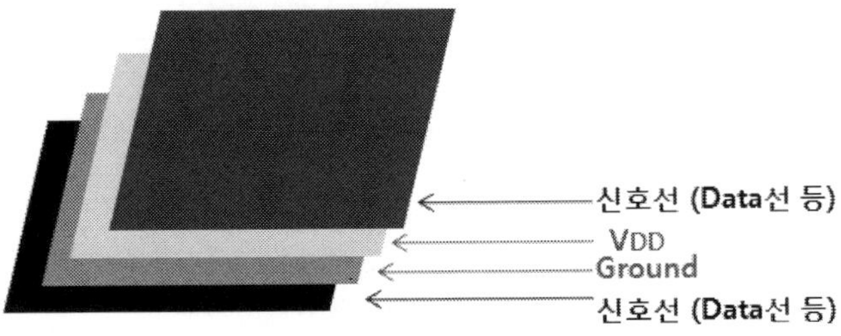

4 Layer PCB

2. Decoupling Capacitor를 V_{DD}와 Ground 사이에 설치

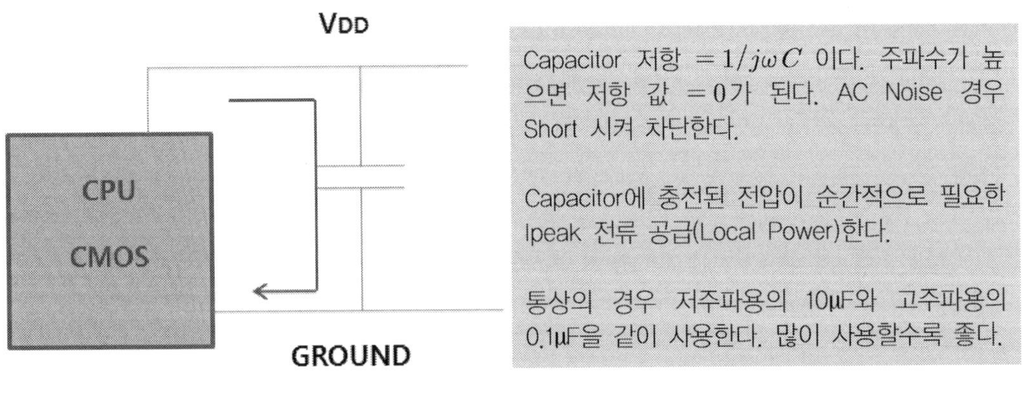

위의 Conduction noise가 Audio Amp와 같은 Analog 회로에 미치는 영향을 보기 위해, 아래 그림과 같이 회로가 연결된 경우를 가정한다. Power Supply에서 CPU ROM RAM을 통해 Audio Amp와 Speaker에 연결되어 있다. 이 경우 Ground 선의 저항을 R_1, R_2, R_3로 표시하였다.

Audio Amp와 Speaker의 Ground에 Conduction Noise $R_3*I_3+R_2*(I_3+I_2)+R_1*(I_3+I_2+I_1)$ 인가 되고, 이것은 Audio Amp Speaker의 Ground에 영향을 미쳐서 Speaker 통해 잡음으로 우리 귀에 들릴 수 있다.

Single Point Ground 구성

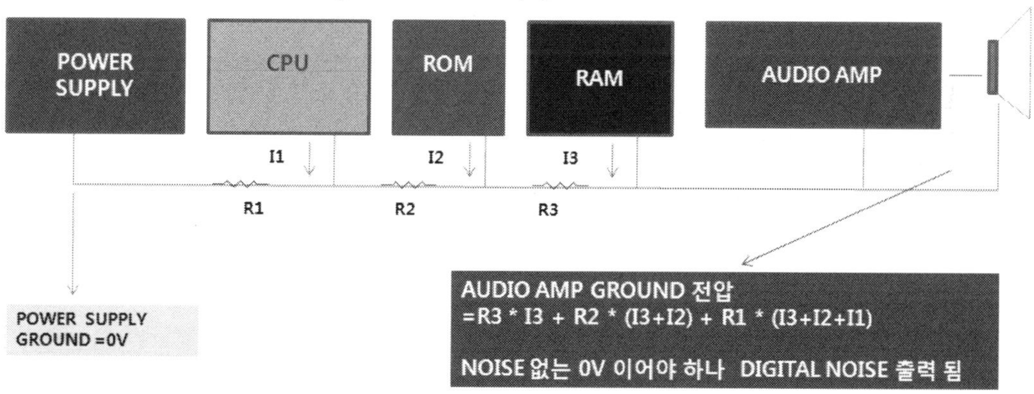

앞의 설명한 종류의 Noise 줄이는 방법은

1. Single Point Ground 대신 Multi Point Ground을 사용해서 Digital과 Analog의 Ground을 분리한다.

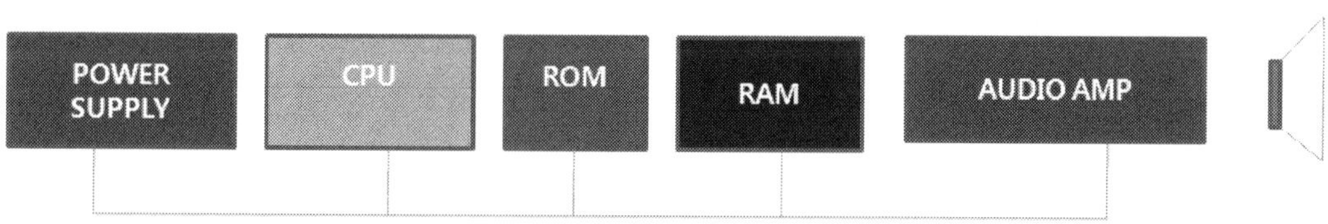

Single Point Ground

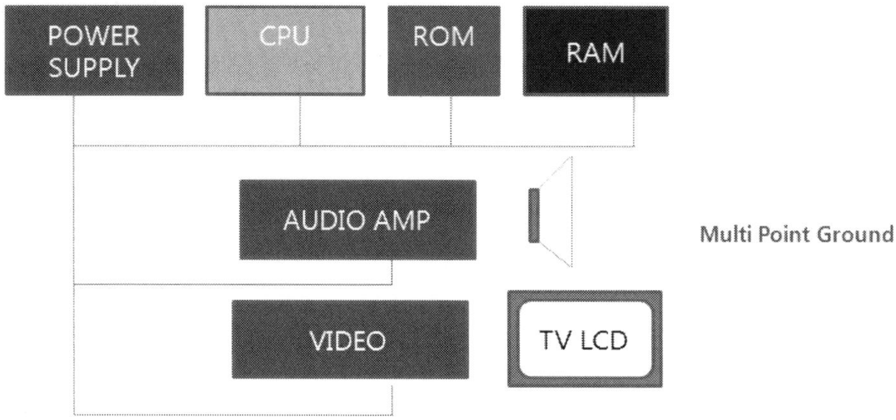

2. V_{DD}를 완전히 분리한다.

V_{DD}를 완전히 분리하면 Noise를 줄일 수 있다.

Power Supply 자체 Noise를 제거할 수 있고, Digital Power의 전류 소모 변동에 따른 Noise 등을 추가로 방지할 수 있다.

Inductor Capacitor의 Low Pass Filter로 DC만 통과시킨다.

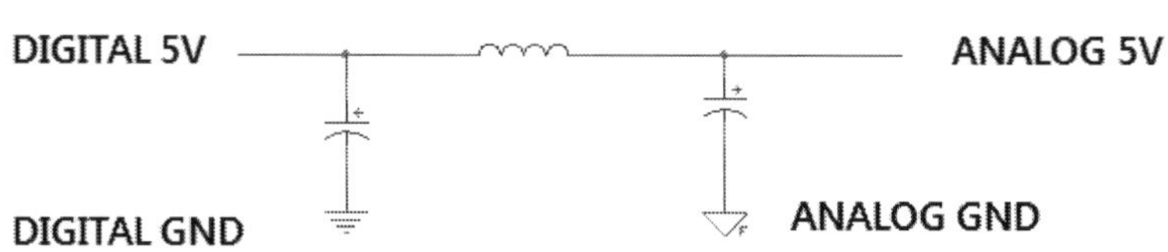

7805 등의 IC Regulator를 이용한 별도로 공급 Analog Power를 공급한다.

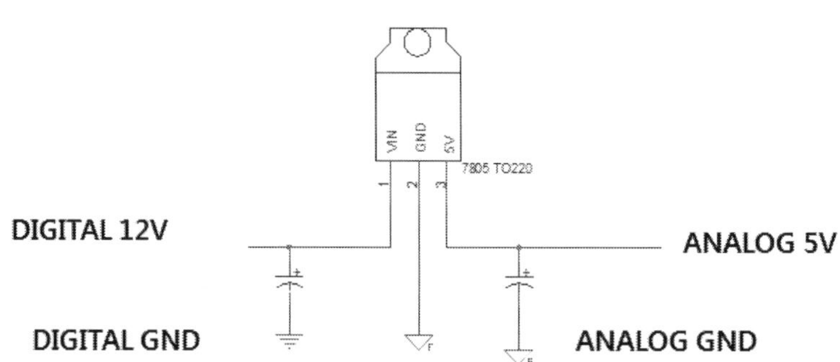

MC7800, MC7800A, LM340, LM340A Series, NCV7805

1.0 A Positive Voltage Regulators

These voltage regulators are monolithic integrated circuits designed as fixed–voltage regulators for a wide variety of applications including local, on–card regulation. These regulators employ internal current limiting, thermal shutdown, and safe–area compensation. With adequate heatsinking they can deliver output currents in excess of 1.0 A. Although designed primarily as a fixed voltage regulator, these devices can be used with external components to obtain adjustable voltages and currents.

- Output Current in Excess of 1.0 A
- No External Components Required
- Internal Thermal Overload Protection
- Internal Short Circuit Current Limiting
- Output Transistor Safe–Area Compensation
- Output Voltage Offered in 2% and 4% Tolerance

STANDARD APPLICATION

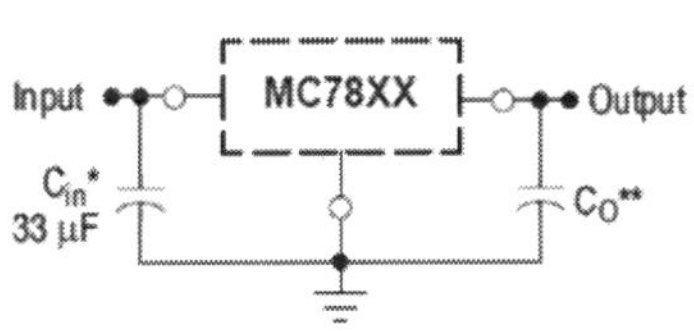

ON Semiconductor®

http://onsemi.com

TO–220
T SUFFIX
CASE 221A

Heatsink surface connected to Pin 2.

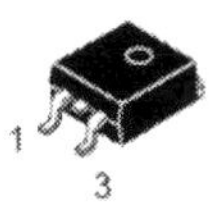

D²PAK
D2T SUFFIX
CASE 936

Pin 1. Input
2. Ground
3. Output

Heatsink surface (shown as terminal 4 in case outline drawing) is connected to Pin 2.

DPAK
DT SUFFIX
CASE 369A

아래 그림은 7805를 이용해 Analog에 별도의 Power를 공급한 예이다.

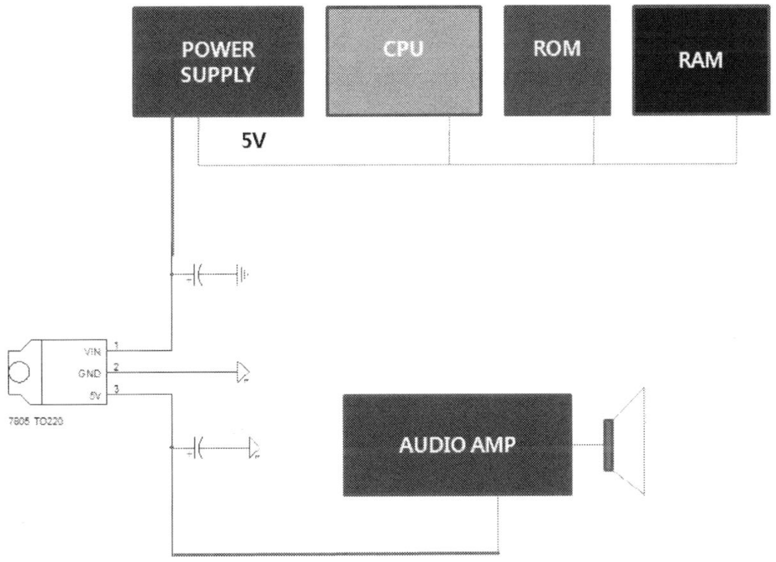

3. Ground를 완전히 분리한다.

아래 그림은 PCB 배치시 Analog 부분을 Digital 부분과 완전히 분리한 그림이다. Analog Ground는 제일 깨끗한 Ground와 연결한다.(어디가 제일 좋을지는 해봐야 안다)

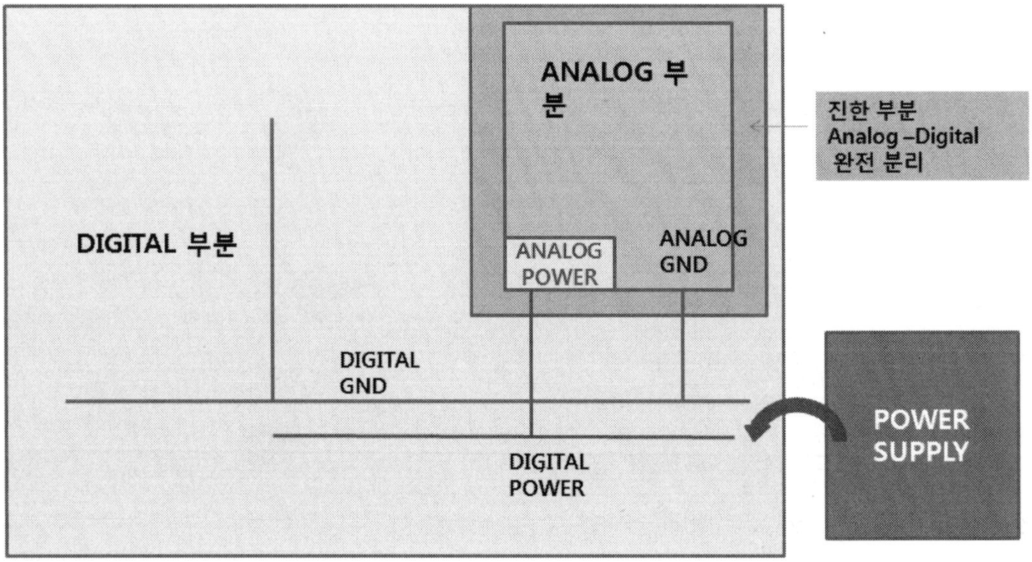

Noise에 민감한 IC는 VCC Ground 등의 연결 방법, IC의 배치 방법들을 Application note 등에 표기되어 있다. 아래 예는 Digital to Analog Converter IC인 "PCM1739" IC의 Recommended PCB Layout(권고 배치안)이다.

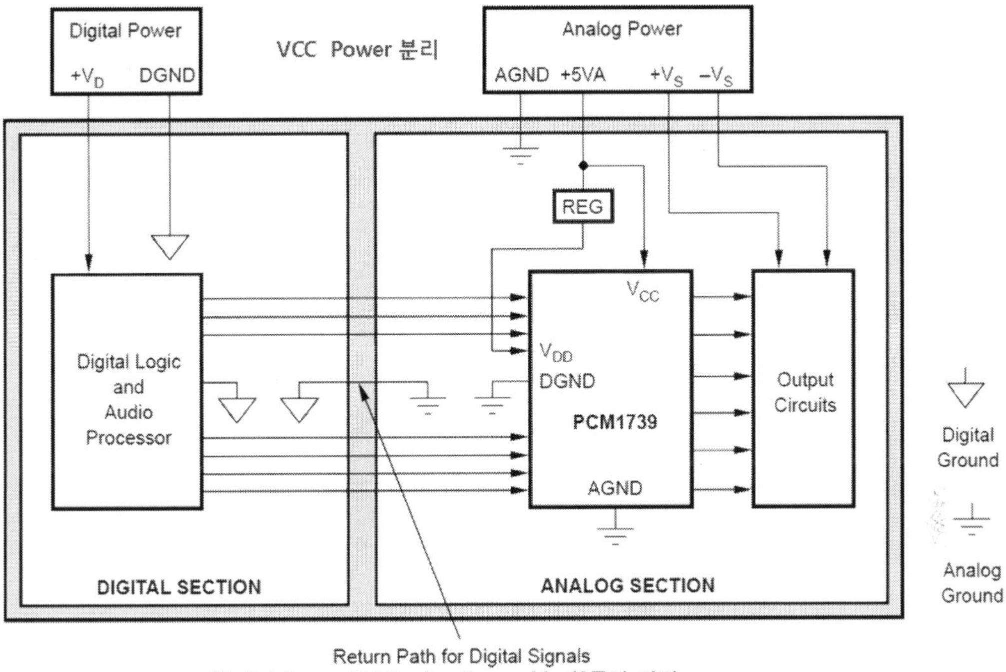

Digital Ground와 Analog Ground 는 한곳만 연결

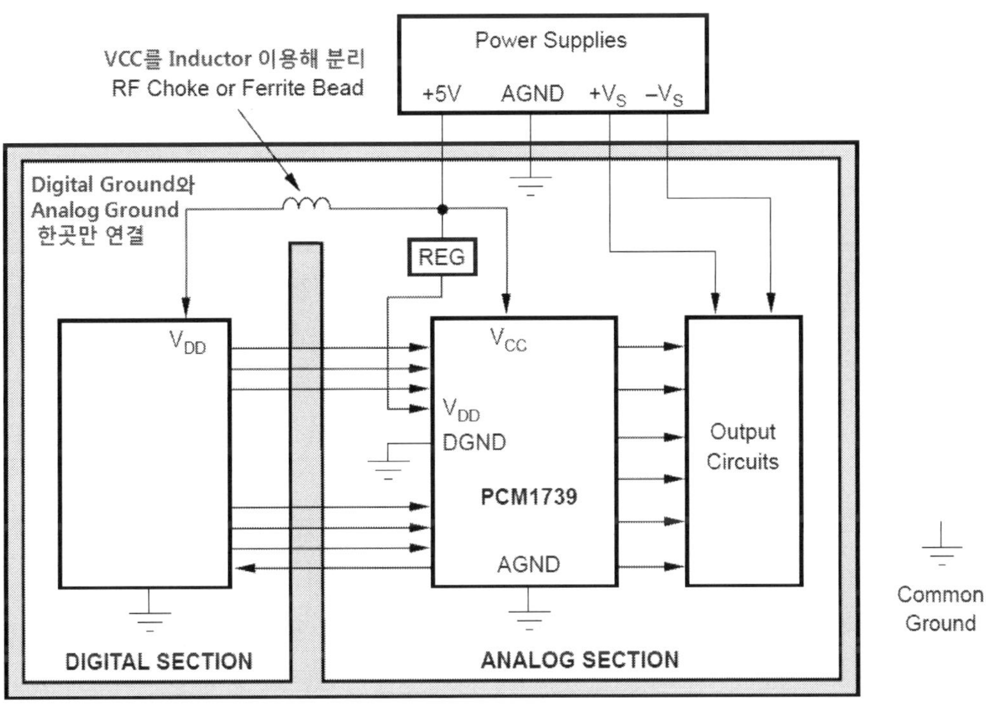

5.2 Radiation Noise – Crosstalk 방사성 잡음

전류가 흐르면 암페어의 법칙에 의해 자기장(H Field)이 발생하고 자기장이 있으면 도선에 전류가 유기된다.

이와 같은 과정에 의해 원하지 않는 잡음이 발생하는 것을 Radiation Noise라고 한다.

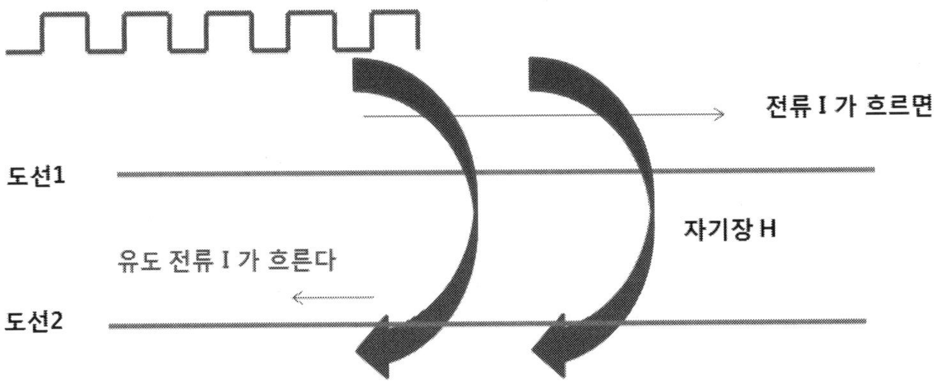

도선 1에 AC 신호가 인가되면 전류가 흐르고 자기장이 발생한다. 발생된 자기장 주변에 도선 2에는 자기장에서 전류가 유기된다. 결국 한 도선의 신호가 다른 도선에 Noise을 주는 것과 같다.(암페어 왼손 오른손 법칙)

보통의 경우 매우 작은 전압이다. Digital 경우 대부분 큰 영향이 없다.

Antenna 통해 신호를 받는(TV, Radio, 이동전화, Navi 등)경우 입력신호가 매우 적다. 이 신호는 증폭되어 사용된다. 이 경우 회로의 타 부분에서 발생하는 Radiation Noise는 심각한 영향을 주어 수신 감도를 나쁘게 할 수 있다.

멀리 분리하면 그 영향이 준다. 또는 수신부등 중요한 부위는 Metal Can 등으로 싸서 외부 Noise로부터 보호한다.(Tuner)

Differential Amp을 기본으로 한 OP Amp을 사용하면 Common mode의 Radiation Noise의 영향을 줄일 수 있다.

이와 같은 Radiation Noise의 유기 전압을 줄이기 위해 Network 등에 사용하는 cable은 Twist pair을 사용한다. 2개의 도선을 꽈서 만든다.

다음 그림에 자기장 H가 인가된 경우 암페어 법칙에 유기 전류를 표시한다.

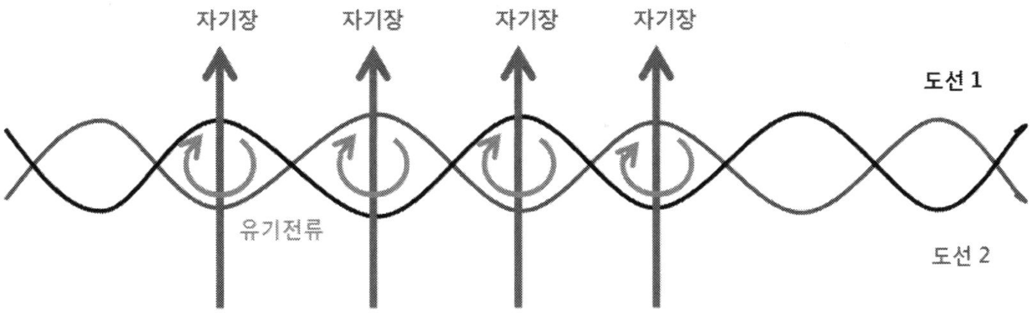

대부분의 자기장은 Twist 된 선에 같은 크기 같은 방향으로 인가되고 그에 따라 유기 전류로 같은 방향으로 loop 안에 형성된다.

위의 그림은 도선2와 유기 전류의 방향을 그린 것이다. 유기 전류의 방향이 서로 상쇄되는 것을 알 수 있다.

Twist Pair cable을 사용하면 Radiation Noise에 강해진다.

CHAPTER

6 OP Amp를 이용한 회로 설계

이 장에서는 실제로 생산되고 있는 회로들을 보여주고, OP Amp를 이용한 회로를 설계한다.

6.1 DVD 회로 1

다음 예시 회로는 DVD 회로 중 일부이다. 대부분의 IC회사는 회로도를 제공한다. DVD 생산자는 그 회로 그냥 쓰든지 또는 일부 변경해서 사용할 수 있다.

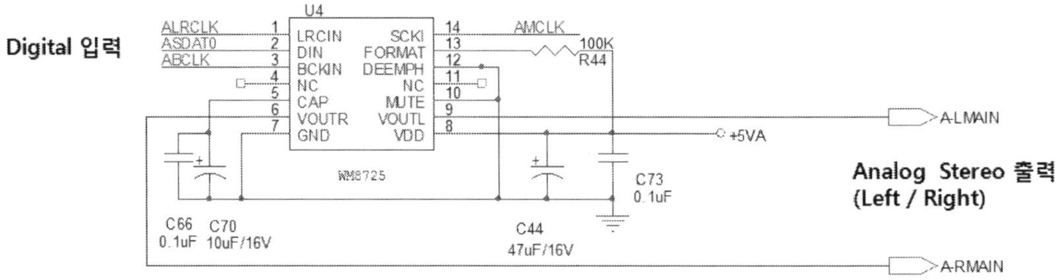

Digital to Analog Converter

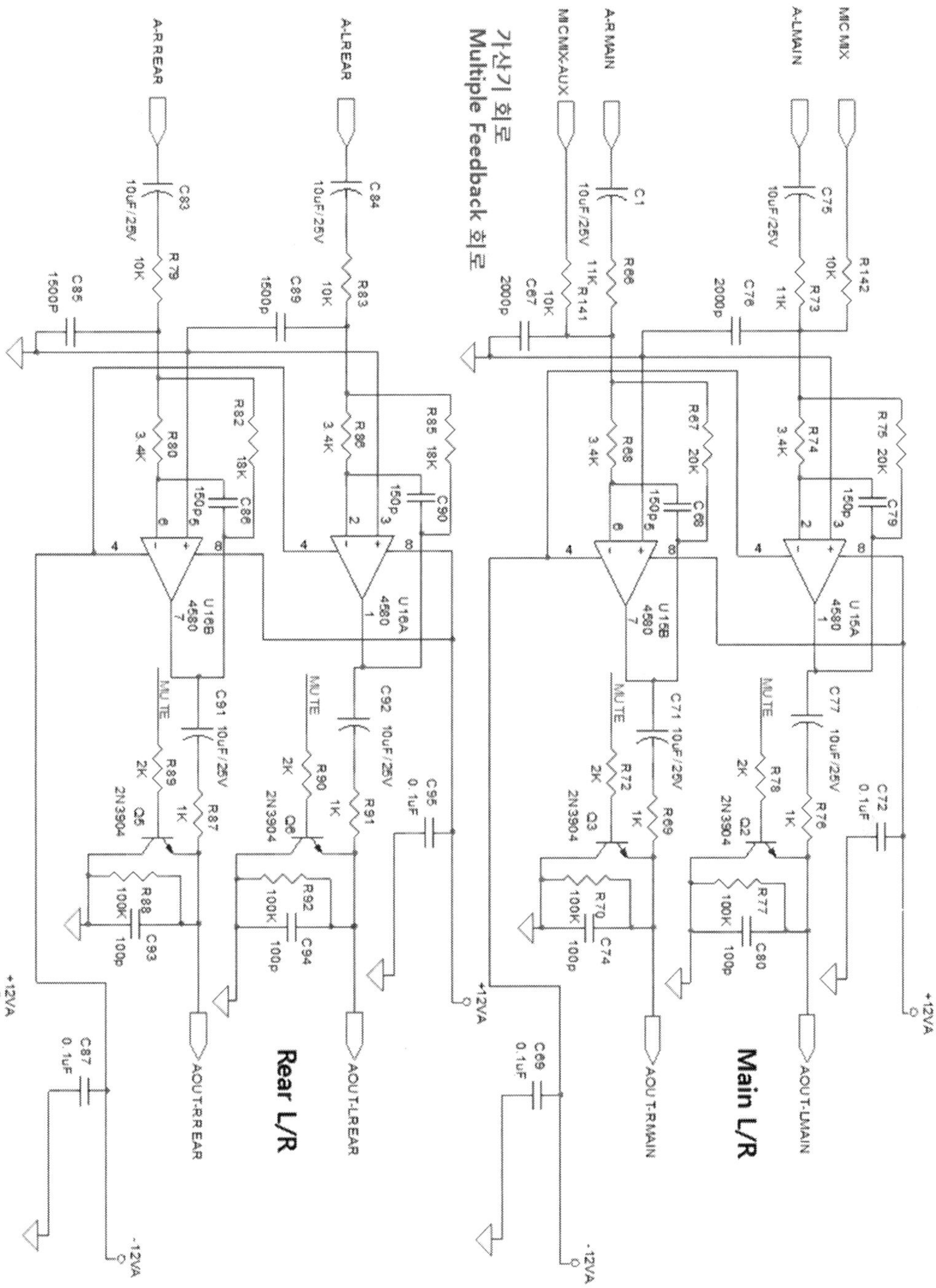

위의 회로는 multiple Feedback loop을 이용한 가산기이다. 증폭률을 계산해본다.

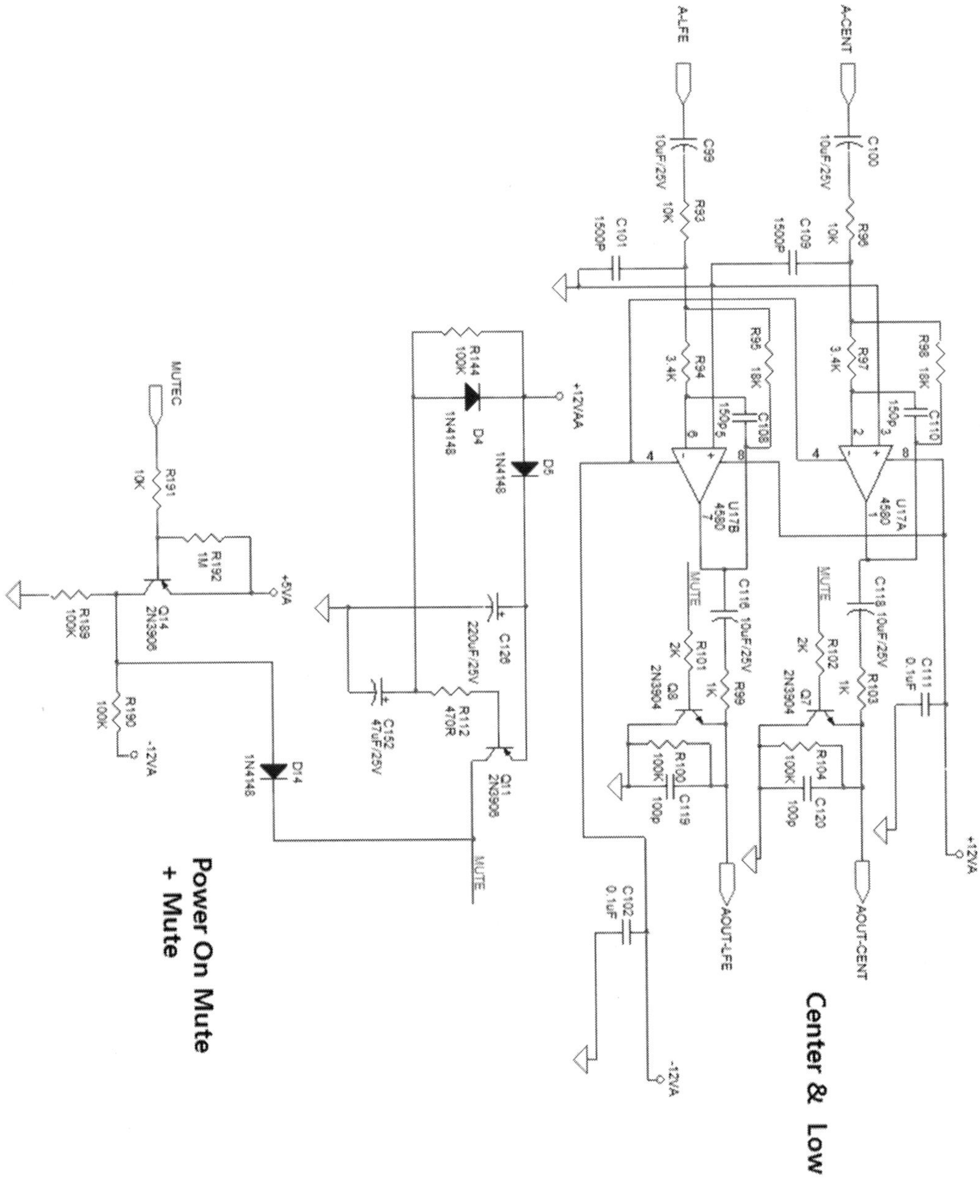

위의 회로는 multiple Feedback loop을 이용한 반전증폭기이다. 증폭률을 계산해본다.

6.2 DVD 회로 2

Ground 분리

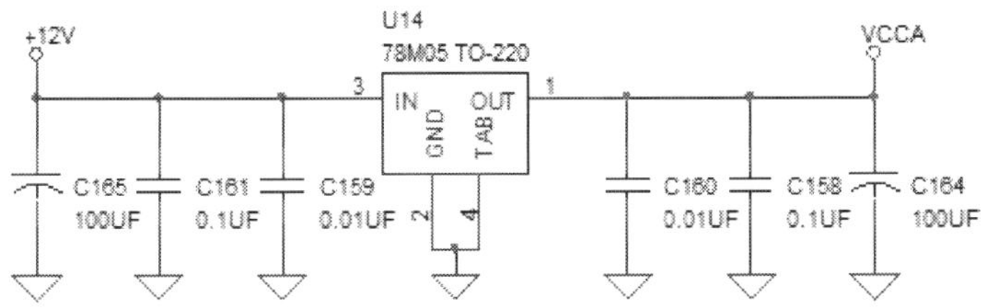

Power 분리
Regulator 사용

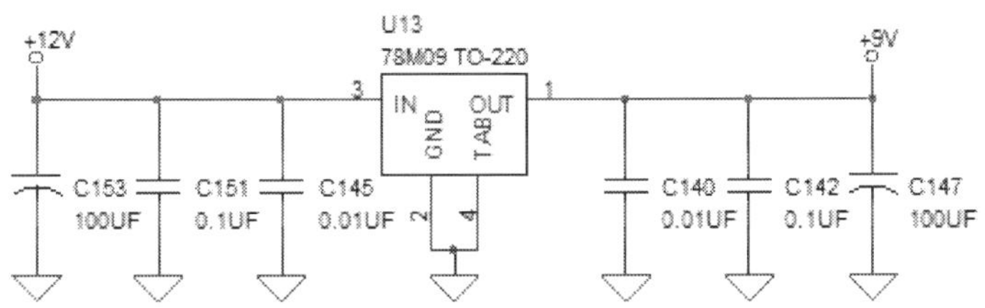

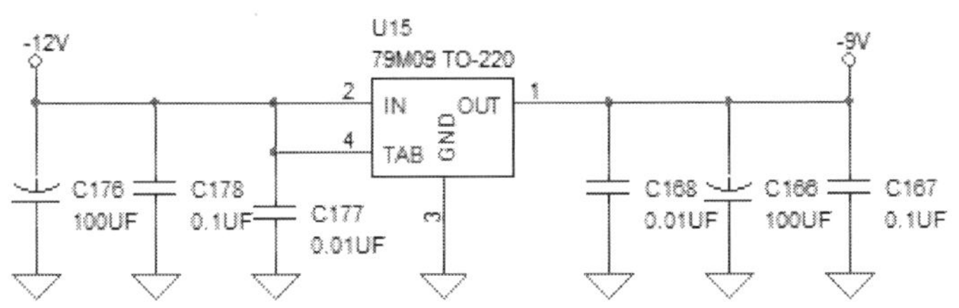

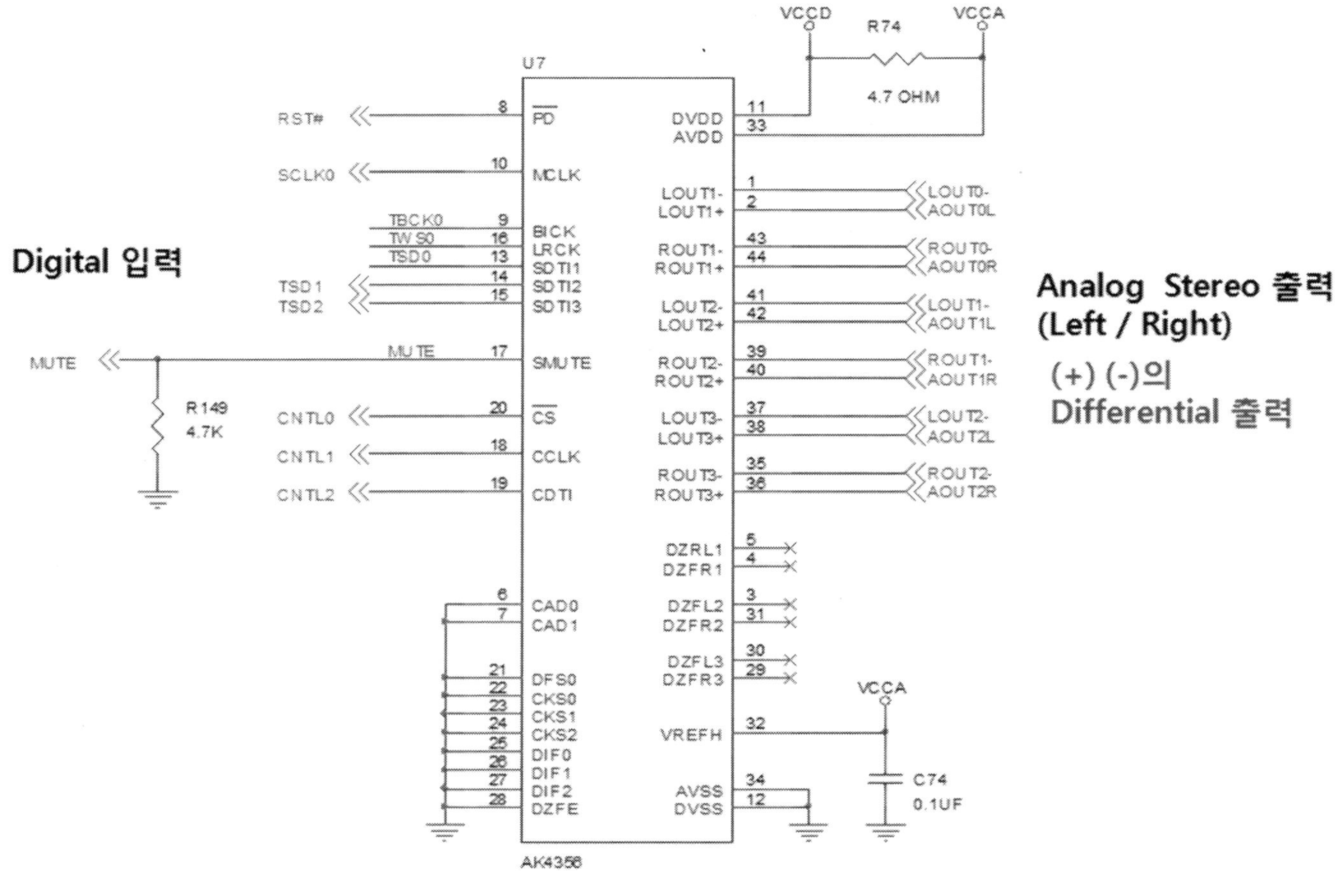

Digital to Analog Converter

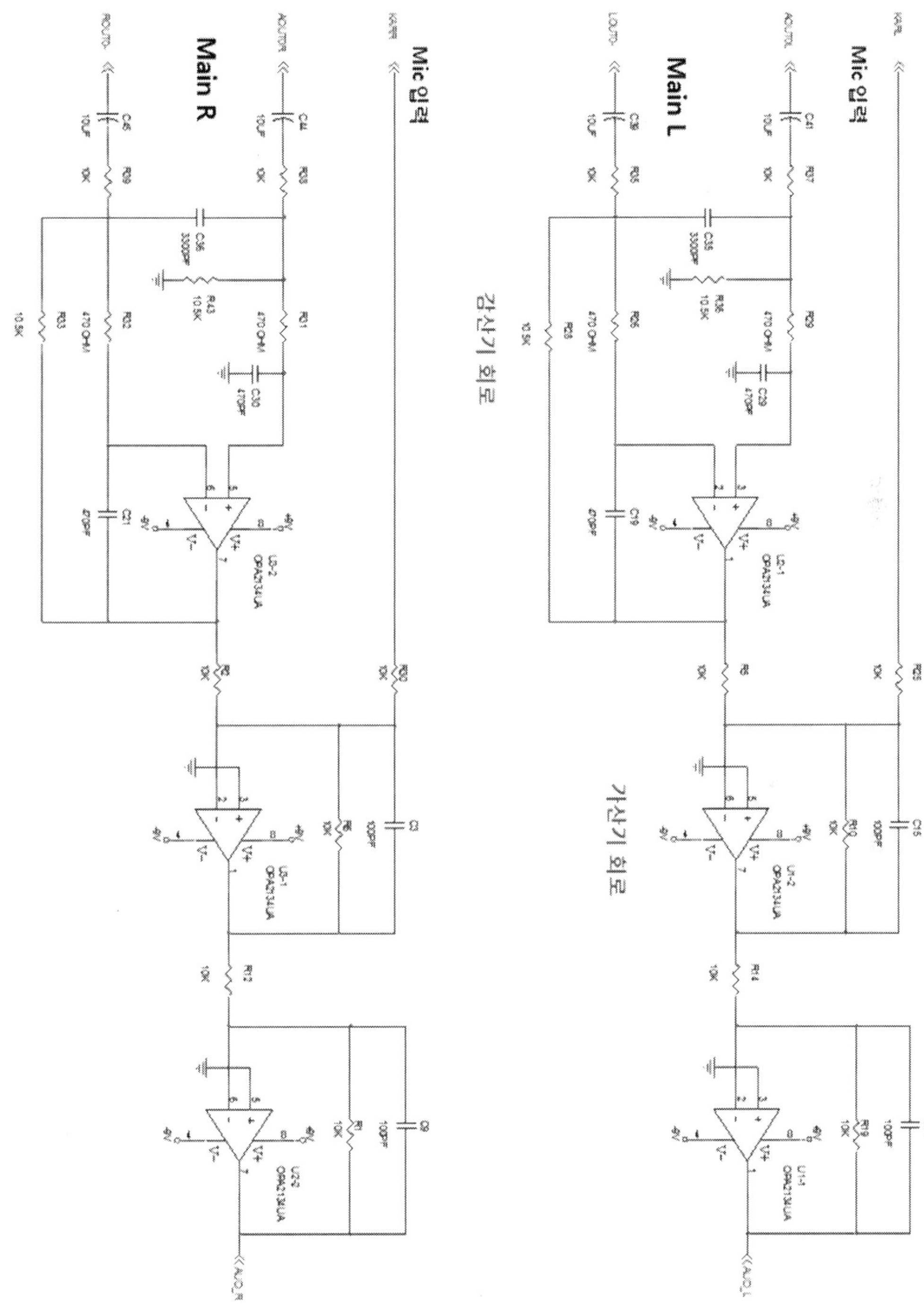

위의 회로는 차동입력을 감산기형태로 출력하여 가산기로 더해져서 반전증폭기로 증폭하는 회로로 구성되어 있다. 각각의 증폭률을 계산해본다.

6.3 회로 설계

아래 그림은 Navigation의 Audio 부분을 가상해서 그렸다. 현재의 Navigation 설계와는 차이가 있으나 회로 설계 연습을 위해 아래와 같이 가정하였다.

MP3 소리, DMB 소리, 노래방 소리는 기능선택에 의해 3중 하나만 출력이 된다(A). 이 소리는 길 안내 소리와 합쳐져서 출력된다(B). 이 경우(MP3 소리, DMB 소리, 노래방 소리)는 길안내 소리가 잘 들리게 하기 위해 소리 크기를 절반으로 줄인다.

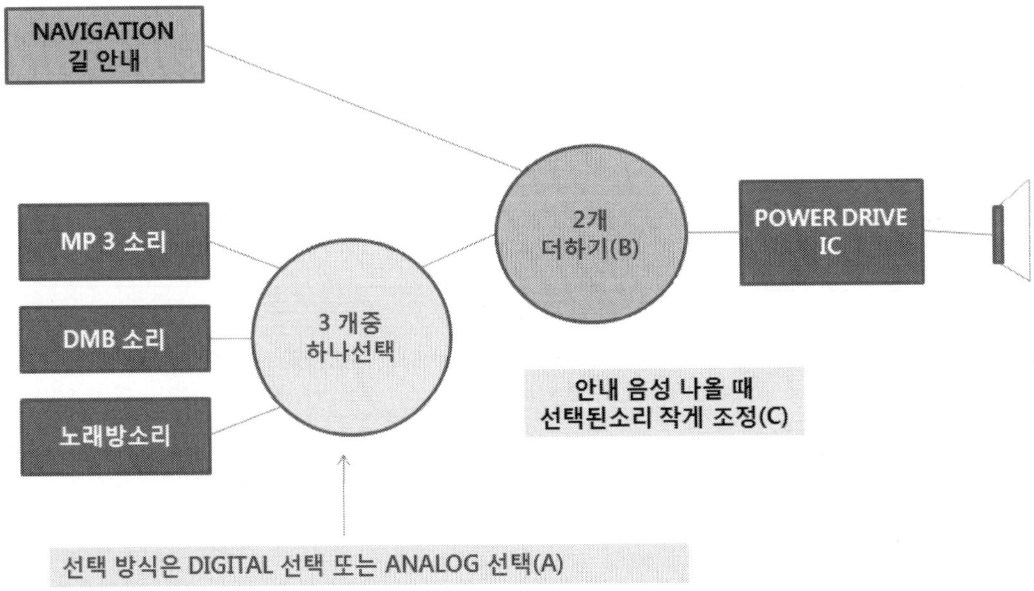

6.3.1 Analog Switch IC

여러 개의 Analog 신호 중 하나만 선택적으로 출력하는 IC로 CMOS gate인 "4052" IC가 있다.

이 IC는 4개의 신호 중 한 개를 선택해서 출력한다.

4052

ANALOG MULTIPLEXERS /DEMULTIPLEXERS

TRUTH TABLE

Control Inputs			ON Switches	
	Select			
Inhibit	B	A		
0	0	0	Y0	X0
0	0	1	Y1	X1
0	1	0	Y2	X2
0	1	1	Y3	X3
1	X	X	None	

* X=Don't Care

PIN ASSIGMENT

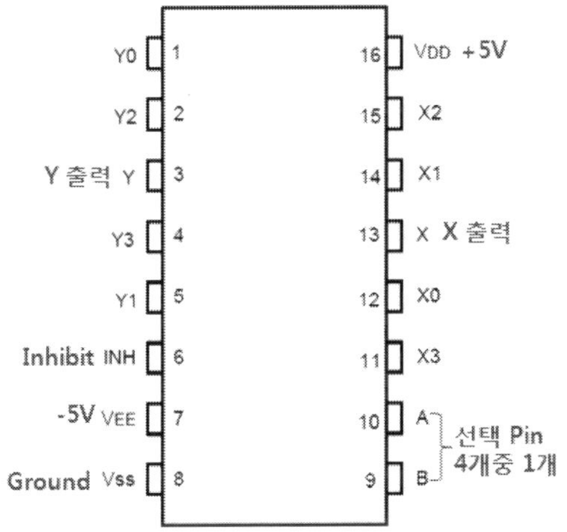

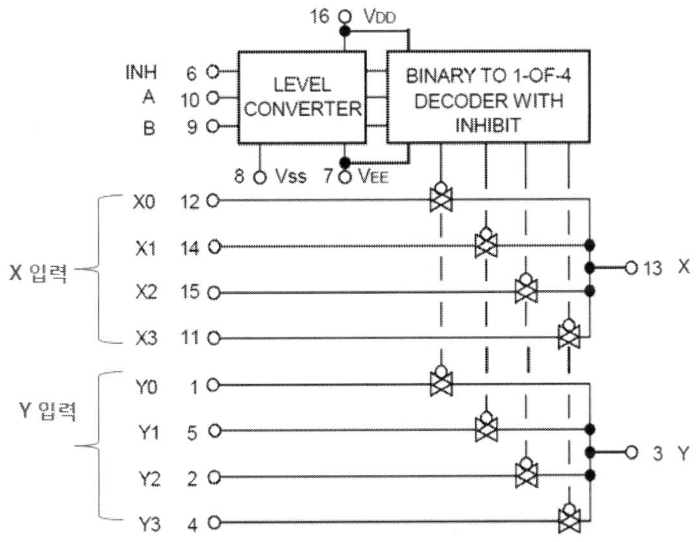

예제 6-3-1

4052를 사용해 Analog A, B SELECT하는 회로 그리기

입력A=Vin-A

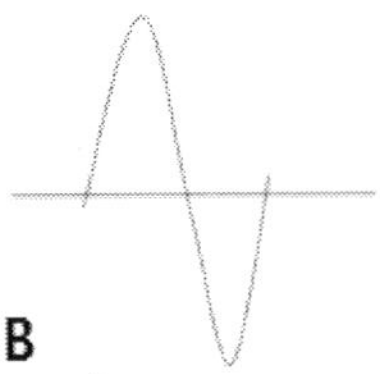

입력B=Vin-B

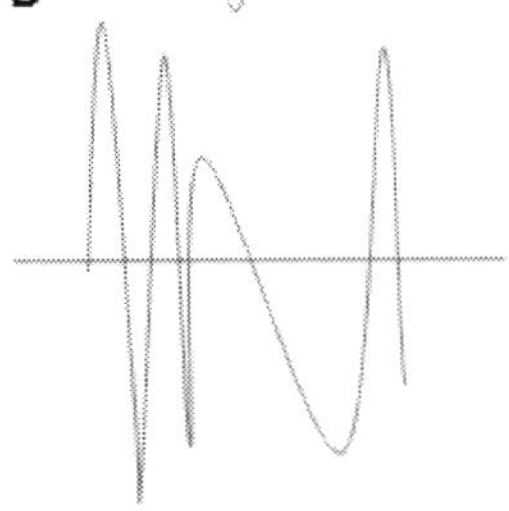

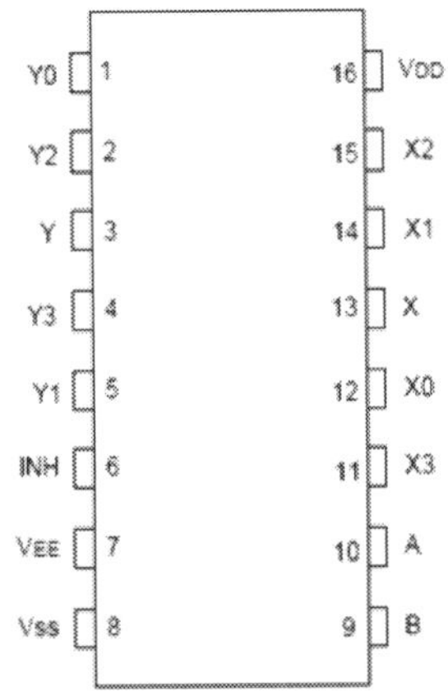

Select 신호 –High A Low B 선택

연습 6-3-1

4052를 사용해 Analog A, B가 Stereo(Left Righr) 신호인 경우 SELECT하는 회로 그리기

6.3.2 Relay

Relay는 전자석을 이용한 기계적 접촉을 한다. Analog Switch와 같은 역할을 한다.

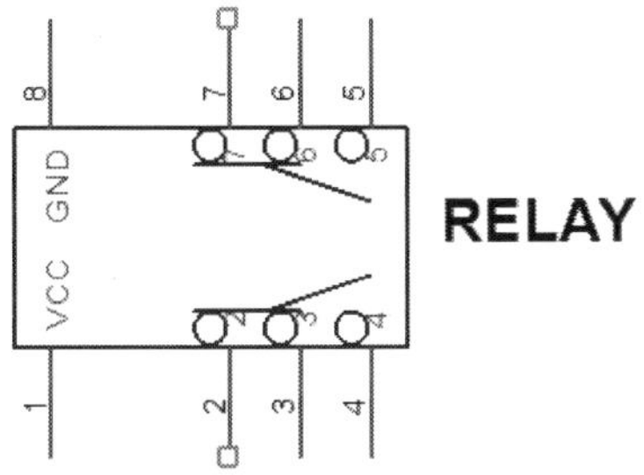

V_{CC} GND 사이에 전류가 흐르면

5-6 Short 6-7 Open 된다.

V_{CC} GND 사이에 전류가 안 흐르면

5-6 Open 6-7 Short 된다.

아래 회로는 Relay를 이용한 Audio Mute 회로이다.

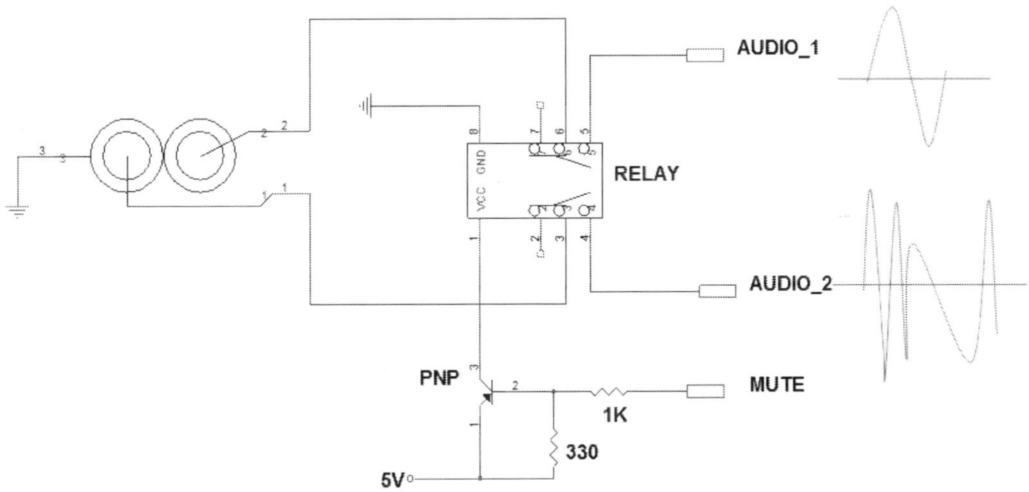

MUTE(조용히)신호

5V이면 TR off 6-7 2-3 short 되어 출력 없음(조용히)

0V이면 TR on 5-6 3-4 short 되어 AUDIO_1, AUDIO_2가 출력된다.

6.3.3 Audio Mute

아래 그림은 2개의 소리를 바꿀 때 두 신호 차이에 의해 신호 변화가 급격히 생길 수 있다. 이때 Speaker 통해 큰 소리가 일어날 수 있다. 이것을 방지하는 것이 Mute 신호다. Power On Off 시도 같은 Noise가 날 수 있다.

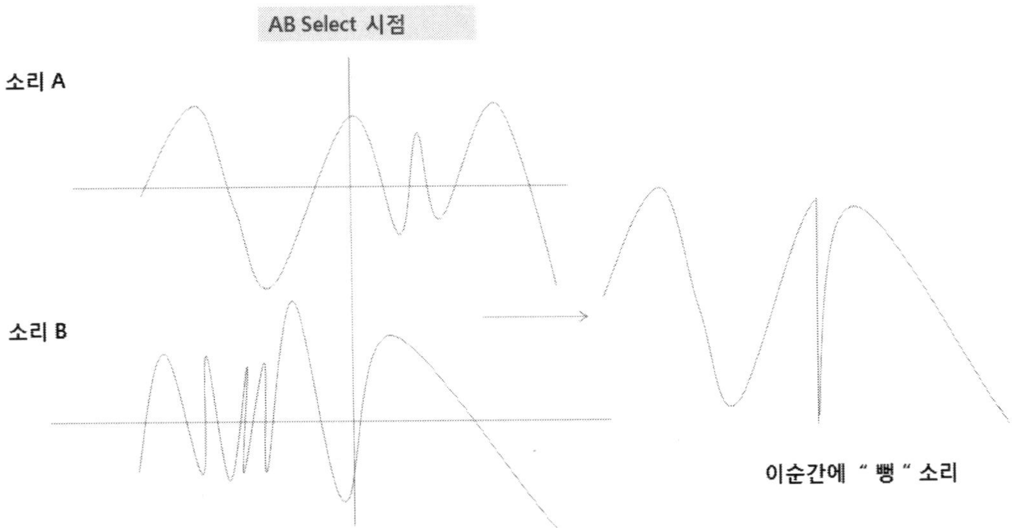

(6.1, 6.2 DVD 회로의 Mute 회로 참조)

가장 이상적인 방법은 아래와 같다. A의 소리를 서서히 작게 한 후 AB 바꾼 후 B의 크기를 크게 한다.

소리를 작게 하는 과정을 Fade Out 크게 하는 과정을 Fade In이라 한다 .

FADE OUT FADE IN …. 위의 SELECT NOISE 감소 목적

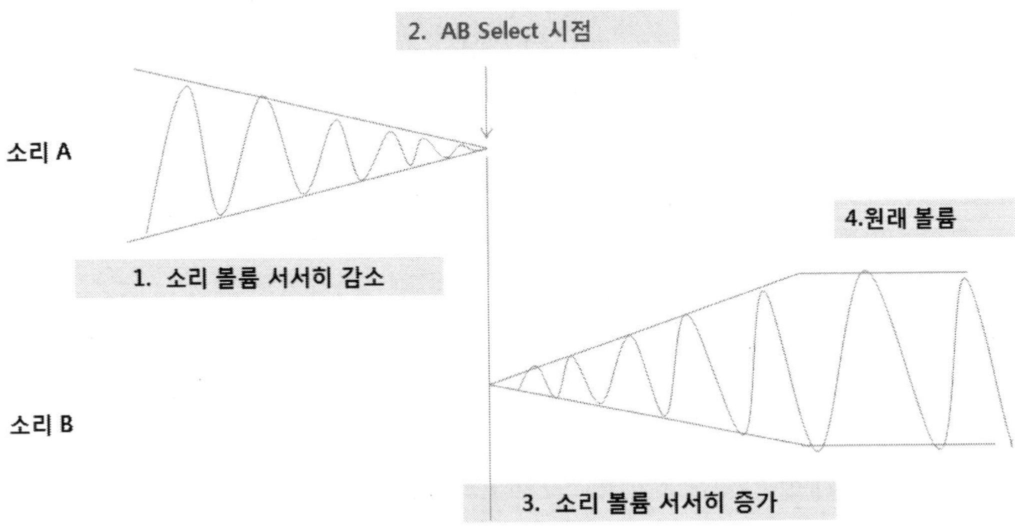

Fade In Out을 하기 위해서는 회로가 필요하다. IC화 되어 있는 경우 채용이 되는 경우가 많다. 외부에서 간단히 Switching하는 경우는 Mute 후 Switching하는 경우가 대부분이다.

예제 6-3-2

회로 설계하세요. - ANALOG 방식으로

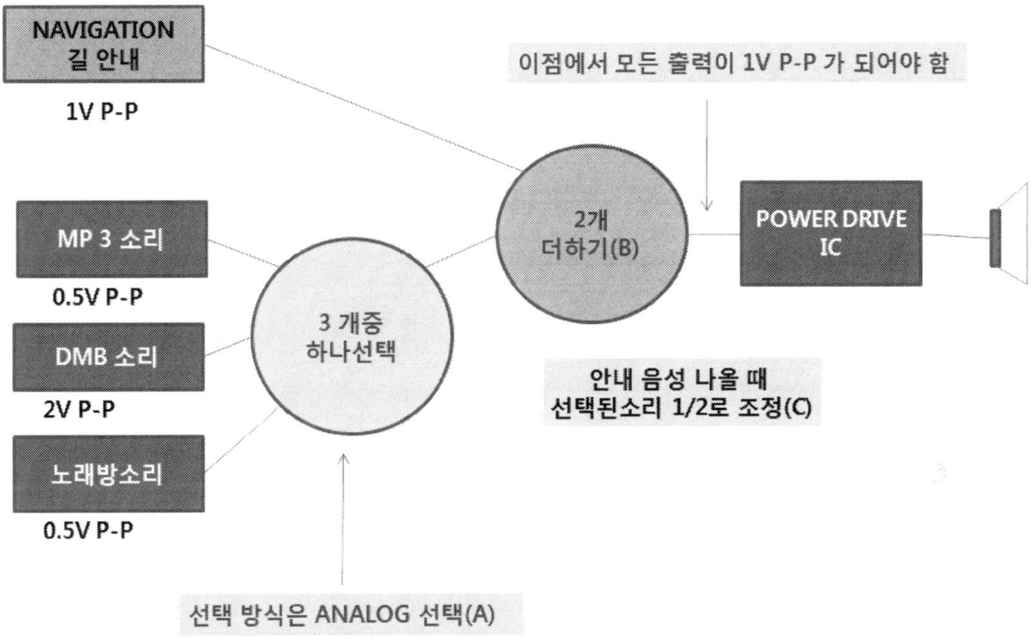

연습 6-3-2

회로 설계하세요. – ANALOG 방식으로

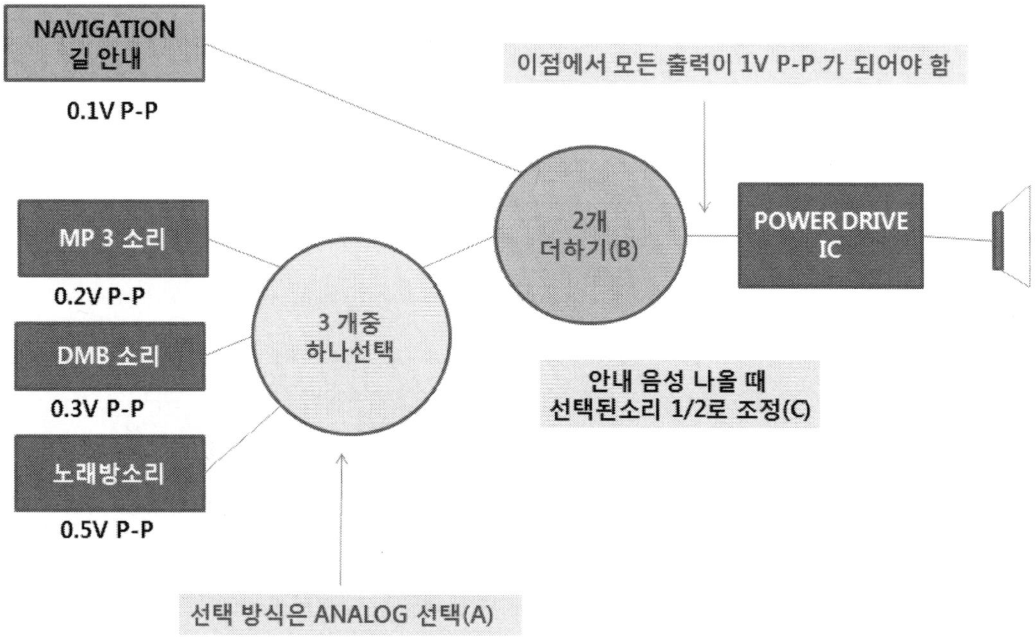

문제풀이 | ANSWER

Linear IC

예제 6-3-1

4052을 사용해 ANALOG A, B SELECT하는 회로 그리기.

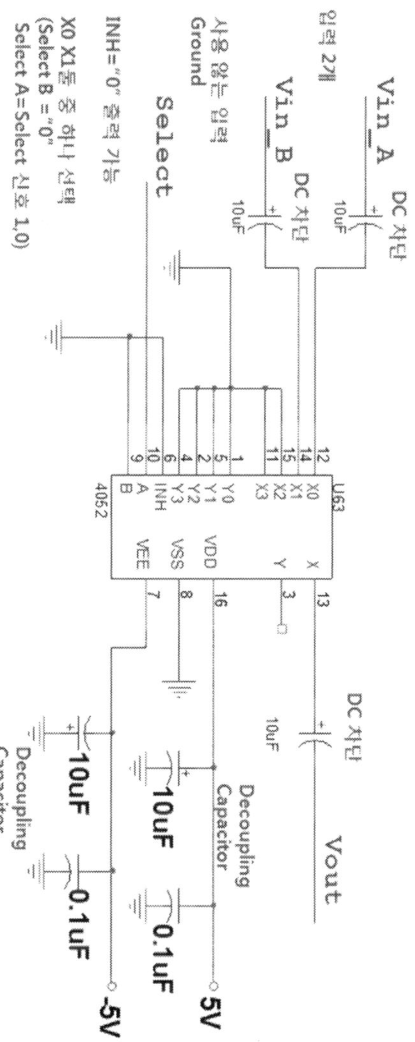

DC 차단 Capacitor와 Decoupling Capacitor는 기능상 일부 제거 가능하다.

예제 6-3-2
회로 설계

전원 분리 & Decoupling Capacitor

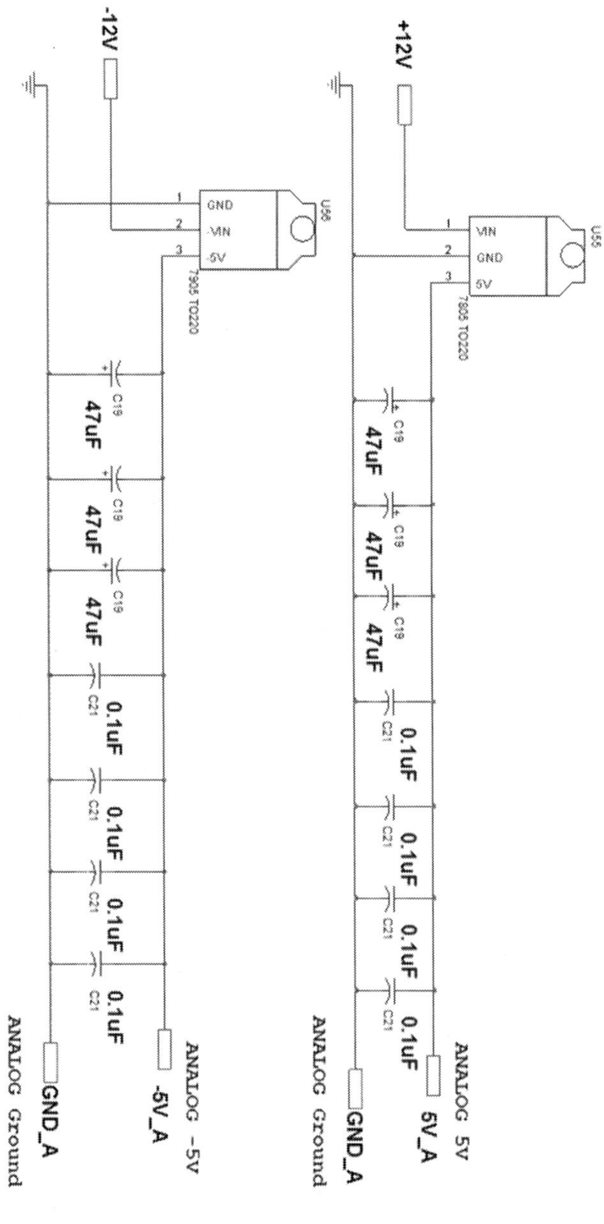

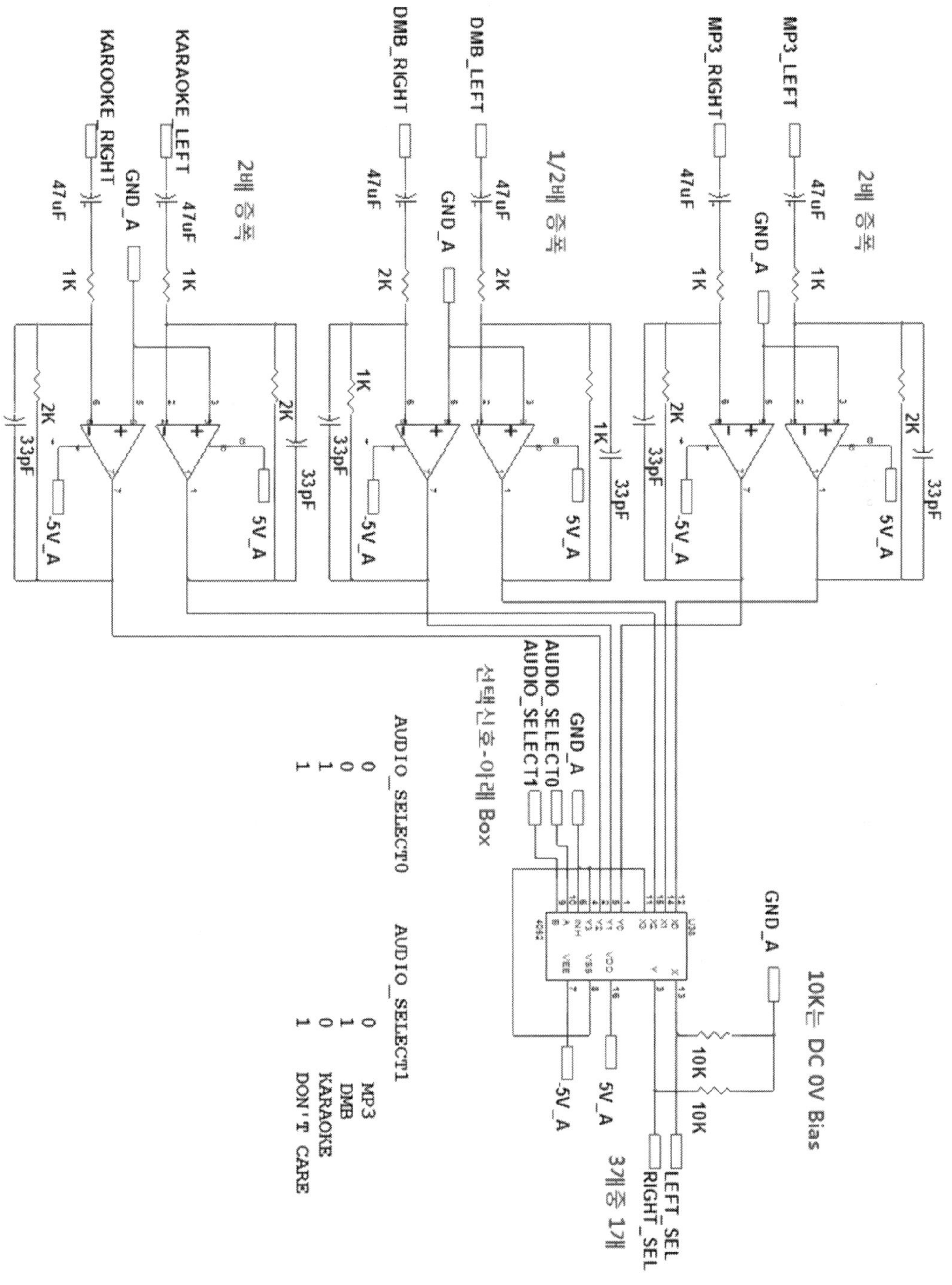
MP3_LEFT
MP3_RIGHT
2배 증폭
GND_A
47uF
1K
2K
33pF
5V_A
-5V_A
DMB_LEFT
DMB_RIGHT
1/2배 증폭
2K
1K
KARAOKE_LEFT
KAROOKE_RIGHT
2배 증폭
GND_A
AUDIO_SELECT0
AUDIO_SELECT1
선택신호-아래 Box
10K는 DC 0V Bias
10K
LEFT_SEL
RIGHT_SEL
3개중 1개
AUDIO_SELECT0 AUDIO_SELECT1
0 0 MP3
0 1 DMB
1 0 KARAOKE
1 1 DON'T CARE

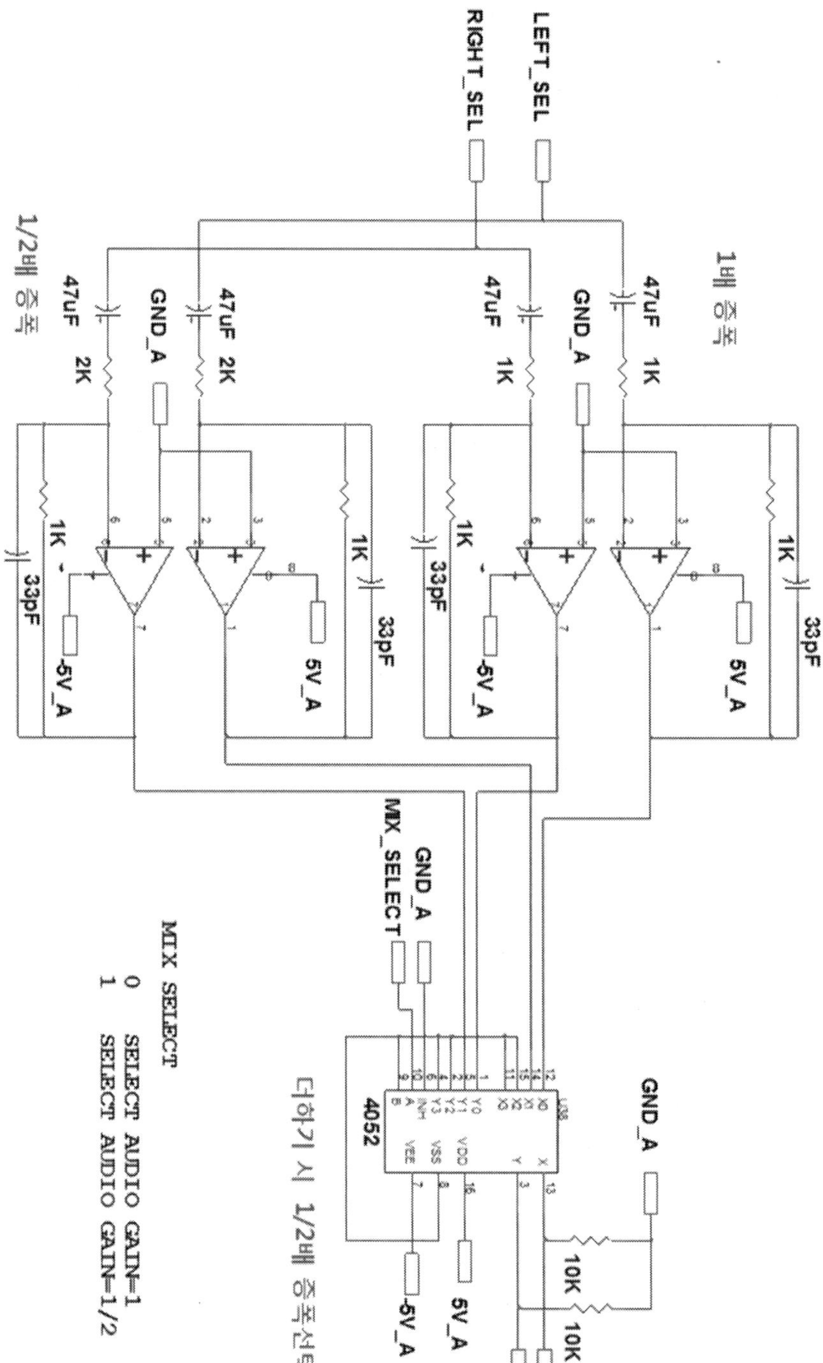
LEFT_SEL
RIGHT_SEL
1배 증폭
1/2배 증폭
47uF
GND_A
1K
2K
33pF
5V_A
-5V_A
GND_A
MIX_SELECT
4052
더하기 시 1/2배 증폭선택
10K
10K
LEFT_MIX
RIGHT_MIX
MIX SELECT
0 SELECT AUDIO GAIN=1
1 SELECT AUDIO GAIN=1/2

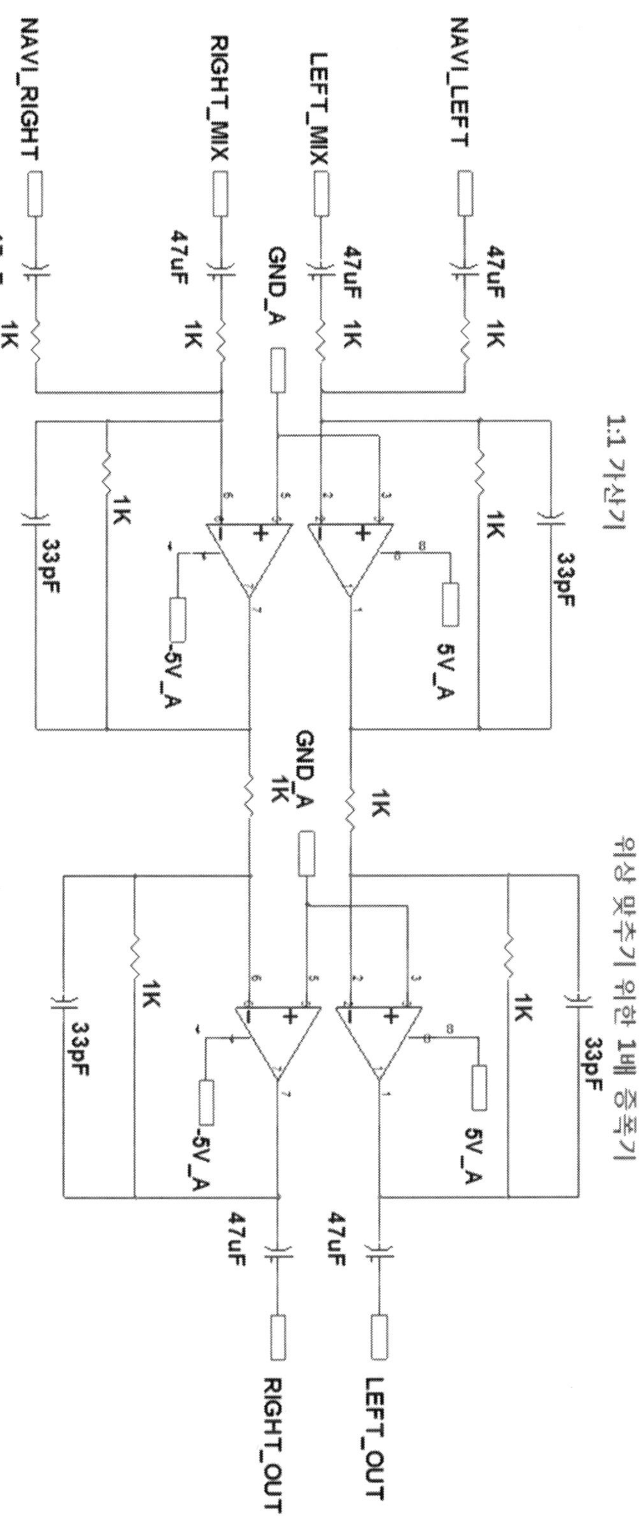
NAVI_RIGHT
RIGHT_MIX
LEFT_MIX
NAVI_LEFT
47uF
1K
GND_A
1:1 가산기
33pF
5V_A
-5V_A
위상 맞추기 위한 1배 증폭기
LEFT_OUT
RIGHT_OUT

위의 회로는 DC 차단용 Capacitor로 47μF를 상당히 많이 사용하였다. OP Amp의 DC Offset 전압 때문이다.

OP Amp의 특성이 좋아지고 있기 때문에 일부는 제거해도 큰문제가 안된다. DC 차단용 Capacitor로 47μF는 저주파에서의 주파수 특성을 좌우한다. 보다 용량이 적은 10μF 정도의 Capacitor를 사용해도 원하는 저주파 특성을 얻을 수 있으면 작은 용량으로 교체하는 것이 좋다.

CHAPTER 7 Power Supply

7.1 Linear Power Supply

220V AC에서 전자 회로에 필요한 5V, 12V DC을 만들어 주는 회로를 Power Supply라고 한다.

이중에서 60Hz를 직접 감압해서 만드는 방식을 Linear Power Supply라고 한다.

220V AC에서 5V DC 만들기

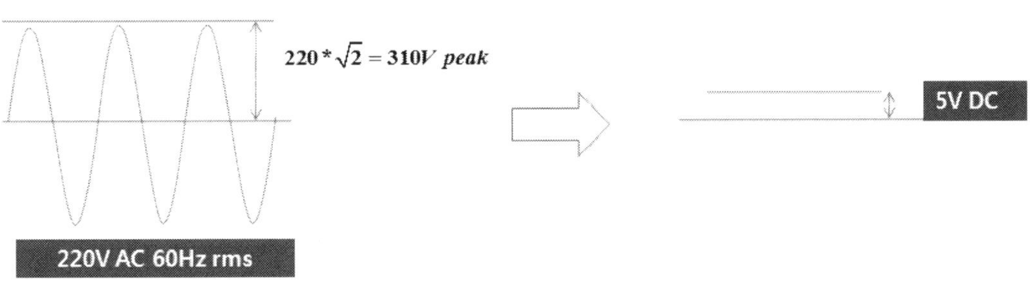

결국 Power Supply는 전압을 작게, AC를 DC로 만드는 것을 말한다.

Step 1) 전압을 작게 만든다.

전압을 작게 만드는 방법은 아래 그림과 같이 Transformer을 사용하는 방법 밖에 없다. Transformer는 DC는 차단하나 AC는 넘어간다. 입력 출력 전압비는 Transformer의 권선비(Turn 수)에 비례한다. 5V DC의 전압을 만들기 위해 (+) peak 전압이 약 8V 되게 Transformer의 권선비를 조절한다.

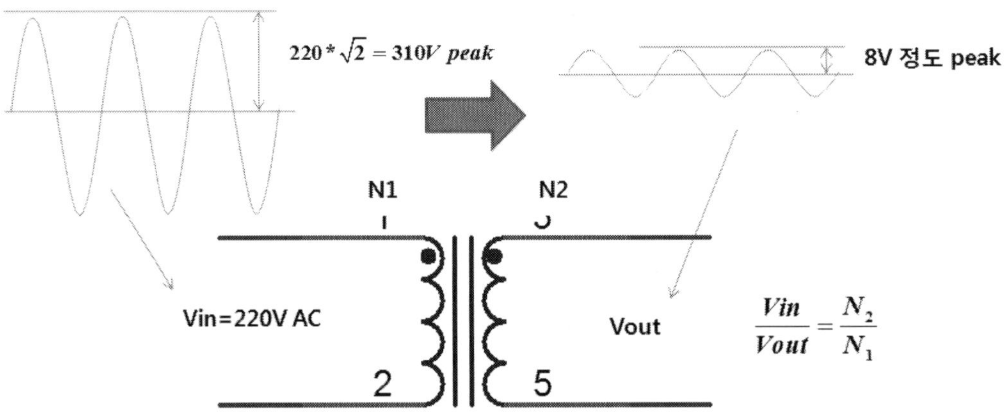

예제 7-1-1

위 경우 권선비는?

연습 7-1-1

출력 Peak를 10V로 하기 위한 권선비는?

Step 2) DC 비슷하게 만든다

AC 신호를 DC 신호로 바꿀 수 있는 방법은 Diode와 Capacitor을 사용한 정류 회로 밖에 없다.

아래 파형은 전파 정류 회로에서의 출력을 그렸다. Capacitor의 충방전 회로를 이용하기 때문에 어쩔 수 없이 삼각파 모양의 Ripple이 생긴다.

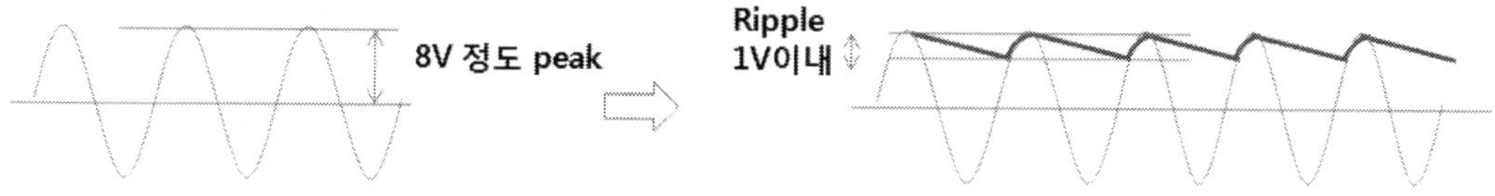

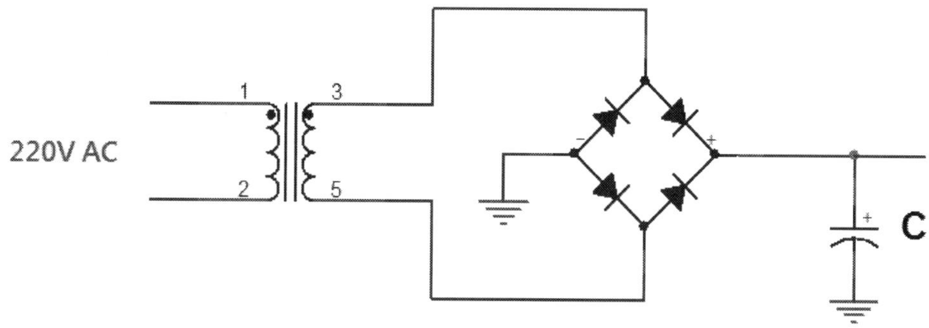

위의 전파 정류 회로는 Bridge Diode 회로이다. Capacitor 값이 크면 Ripple은 상당히 적게 만들 수 있다.

Step 3) Ripple이 거의 없게 만든다(1% 이내 등등).

Ripple이 거의 없어야 DC 전압의 역할을 충실히 한다. (1% 이내)

보통의 경우 정 전압 회로 또는 Regulator IC을 사용해서 만든다. 5V IC인 7805을 사용한 경우를 표시한다. 일반적으로 Regulator가 정상 동작하기 위해서는 입력이 출력보다 커야 한다.

7805 경우는 약 2V 이상이어서 7805 입력전압이 최소 7V 이상이 되어야 정상 작동한다.

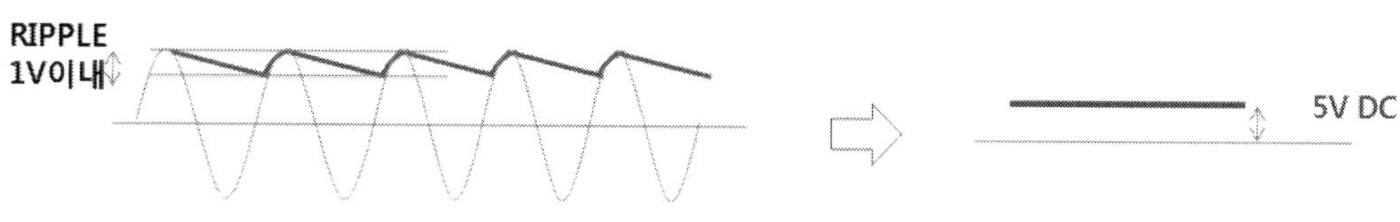

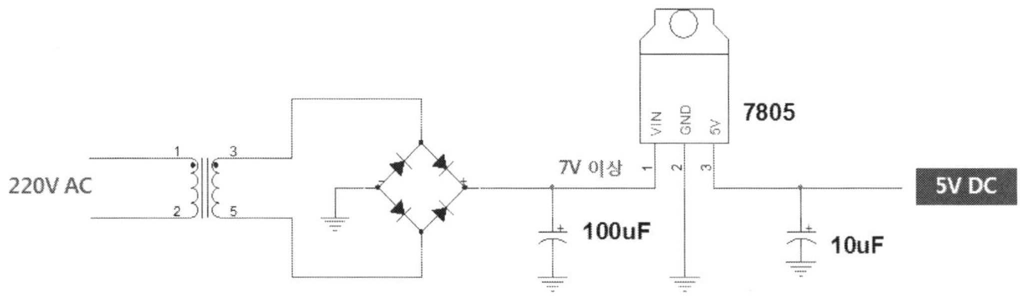

Regulator IC는 5V(7805), 6V(7806), 9V(7809), 12V(7812), … 등의 DC 전압을 만들어 준다.

최대 공급 전류는 1A이다 .

MC7800, MC7800A, LM340, LM340A Series, NCV7805

1.0 A Positive Voltage Regulators

These voltage regulators are monolithic integrated circuits designed as fixed–voltage regulators for a wide variety of applications including local, on–card regulation. These regulators employ internal current limiting, thermal shutdown, and safe–area compensation. With adequate heatsinking they can deliver output currents in excess of 1.0 A. Although designed primarily as a fixed voltage regulator, these devices can be used with external components to obtain adjustable voltages and currents.

- Output Current in Excess of 1.0 A
- No External Components Required
- Internal Thermal Overload Protection
- Internal Short Circuit Current Limiting
- Output Transistor Safe–Area Compensation
- Output Voltage Offered in 2% and 4% Tolerance
- Available in Surface Mount D^2PAK, DPAK and Standard 3–Lead Transistor Packages

MAXIMUM RATINGS (T_A = 25°C, unless otherwise noted.)

Rating	Symbol	Value	Unit

ON Semiconductor®

http://onsemi.com

TO–220
T SUFFIX
CASE 221A

Heatsink surface connected to Pin 2.

D^2PAK
D2T SUFFIX
CASE 936

Pin 1. Input
2. Ground
3. Output

Heatsink surface (shown as terminal 4 in case outline drawing) is connected to Pin 2.

DPAK
DT SUFFIX
CASE 369A

STANDARD APPLICATION

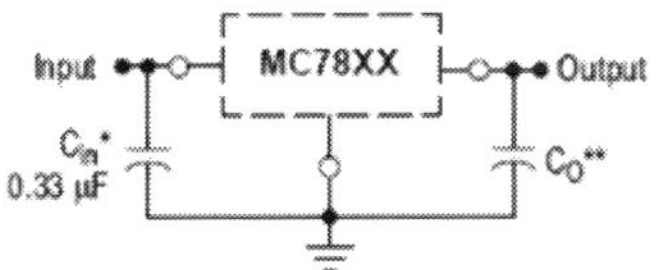

A common ground is required between the input and the output voltages. The input voltage must remain typically 2.0 V above the output voltage even during the low point on the input ripple voltage.

XX. These two digits of the type number indicate nominal voltage.

* C_{in} is required if regulator is located an appreciable distance from power supply filter.

** C_O is not needed for stability; however, it does improve transient response. Values of less than 0.1 μF could cause instability.

종류 – 7805, 7806, 7808, 7809, 7812, 7815, 7818, 7824

78M05 = 0.5A, 78L05 = 0.1A

78xx Regulator IC Spec

MC7800, MC7800A, LM340, LM340A Series, NCV7805

ELECTRICAL CHARACTERISTICS (V_{in} = 10 V, I_O = 500 mA, $T_J = T_{low}$ to T_{high} [Note 1], unless otherwise noted.)

Characteristic	Symbol	MC7805B, NCV7805			MC7805C/LM340T–5			Unit
		Min	Typ	Max	Min	Typ	Max	
Output Voltage (T_J = 25°C)	V_O	4.8	5.0	5.2	4.8	5.0	5.2	Vdc
Output Voltage (5.0 mA ≤ I_O ≤ 1.0 A, P_D ≤ 15 W) 7.0 Vdc ≤ V_{in} ≤ 20 Vdc 8.0 Vdc ≤ V_{in} ≤ 20 Vdc	V_O	– 4.75	– 5.0	– 5.25	4.75 –	5.0 –	5.25 –	Vdc
Line Regulation (Note 2) 7.5 Vdc ≤ V_{in} ≤ 20 Vdc, 1.0 A	Reg_{line}	–	5.0	100	–	0.5	20	mV
8.0 Vdc ≤ V_{in} ≤ 12 Vdc		–	1.3	50	–	0.8	10	
Load Regulation (Note 2) 5.0 mA ≤ I_O ≤ 1.0 A	Reg_{load}	–	1.3	100	–	1.3	25	mV
5.0 mA ≤ I_O ≤ 1.5 A (T_A = 25°C)		–	0.15	50	–	1.3	25	
Quiescent Current	I_B	–	3.2	8.0	–	3.2	6.5	mA
Quiescent Current Change 7.0 Vdc ≤ V_{in} ≤ 25 Vdc 5.0 mA ≤ I_O ≤ 1.0 A (T_A = 25°C)	ΔI_B	– –	– –	– 0.5	– –	0.3 0.08	1.0 0.8	mA
Ripple Rejection 8.0 Vdc ≤ V_{in} ≤ 18 Vdc, f = 120 Hz	RR	–	68	–	62	83	–	dB
Dropout Voltage (I_O = 1.0 A, T_J = 25°C)	$V_I - V_O$	–	2.0	–	–	2.0	–	Vdc
Output Noise Voltage (T_A = 25°C) 10 Hz ≤ f ≤ 100 kHz	V_n	–	10	–	–	10	–	μV/V_O
Output Resistance f = 1.0 kHz	r_O	–	0.9	–	–	0.9	–	mΩ
Short Circuit Current Limit (T_A = 25°C) V_{in} = 35 Vdc	I_{SC}	–	0.2	–	–	0.6	–	A

Line Regulation : 입력 전압 변동에 따른 출력 전압 변화
Load Regulation : 출력 전류 변동에 따른 출력 전압 변화
Ripple Rejection : Ripple 제거 비
Drop out Voltage : 입력 출력간의 최소 차이 전압

79xx Series는 (-) 전압을 만들어 준다. 7905는 -5V, 7912는 -12V DC를 만들어 준다.

MC7900 Series

1.0 A Negative Voltage Regulators

ON Semiconductor®

http://onsemi.com

The MC7900 series of fixed output negative voltage regulators are intended as complements to the popular MC7800 series devices. These negative regulators are available in the same seven-voltage options as the MC7800 devices. In addition, one extra voltage option commonly employed in MECL systems is also available in the negative MC7900 series.

Available in fixed output voltage options from −5.0 V to −24 V, these regulators employ current limiting, thermal shutdown, and safe-area compensation – making them remarkably rugged under most operating conditions. With adequate heatsinking they can deliver output currents in excess of 1.0 A.

- No External Components Required
- Internal Thermal Overload Protection
- Internal Short Circuit Current Limiting
- Output Transistor Safe-Area Compensation
- Available in 2% Voltage Tolerance (See Ordering Information)

TO-220
T SUFFIX
CASE 221A

Heatsink surface connected to Pin 2.

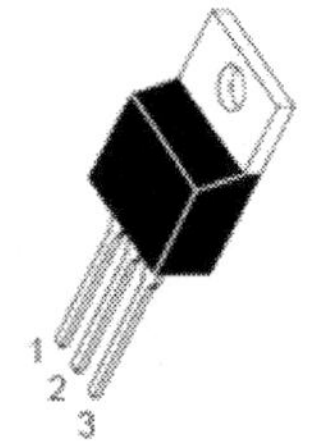

Pin 1. Ground
2. Input
3. Output

D²PAK
D2T SUFFIX
CASE 936

STANDARD APPLICATION

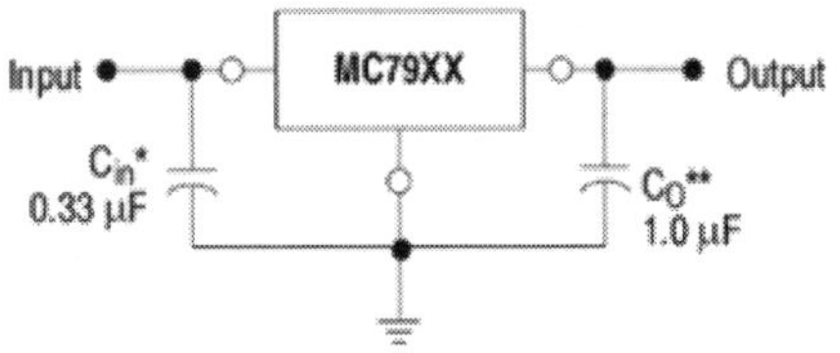

A common ground is required between the input and the output voltages. The input voltage must remain typically 2.0 V above more negative even during the high point of the input ripple voltage.

XX, These two digits of the type number indicate nominal voltage.

* C_{in} is required if regulator is located an appreciable distance from power supply filter.

** C_O improve stability and transient response.

78xx Series의 입력 출력 차이가 2V 이상이 되어야 정상적인 동작이 가능하다. 전압 차이가 높으면 전력 소모만 커진다. 전력 소모를 줄이기 위해서는 입력과 출력 전압의 차이가 작으면 좋다. 이런 목적으로 개발된 Regulator IC을 LDO(Low Drop out) Regulator라고 한다. 다음 Spec을 보면 "1V" 로 적음을 알 수 있다.

MC33269, NCV33269

800 mA, Adjustable Output, Low Dropout Voltage Regulator

The MC33269/NCV33269 series are low dropout, medium current, fixed and adjustable, positive voltage regulators specifically designed for use in low input voltage applications. These devices offer the circuit designer an economical solution for precision voltage regulation, while keeping power losses to a minimum.

The regulator consists of a 1.0 V dropout composite PNP–NPN pass transistor, current limiting, and thermal shutdown.

Features

- 3.3 V, 5.0 V, 12 V and Adjustable Versions
  2.85 V version available as MC34268
- Space Saving DPAK, SO–8 and SOT–223 Power Packages
- 1.0 V Dropout
- Output Current in Excess of 800 mA
- Thermal Protection
- Short Circuit Protection
- Output Trimmed to 1.0% Tolerance
- Pb–Free Packages are Available
- NCV Prefix for Automotive and Other Applications Requiring Site and Control Changes

DEVICE TYPE/NOMINAL OUTPUT VOLTAGE

ON Semiconductor®

http://onsemi.com

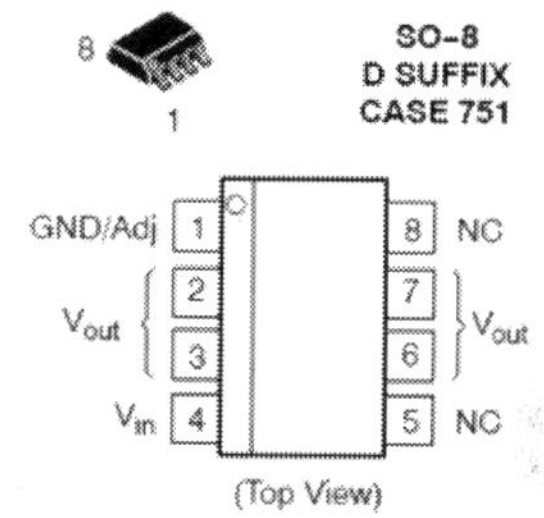

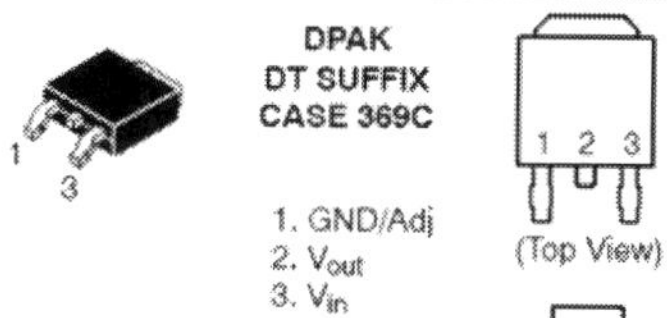

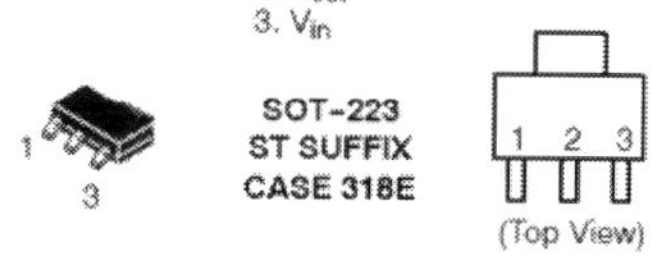

7.2 Switching Mode Power Supply (SMPS)

위와 같은 과정을 거쳐 만들어진 Linear Power Supply는 60Hz AC 위한 감압을 위한 Transformer가 너무 크고 무겁다. 효율도 좋지 않다. 현재는 거의 사용이 되지 않고 있다. 60Hz 대신 주파수가 높으면(예 : 80kHz 등등…) Transformer의 크기를 매우 작게 할 수 있다.

Switching Mode Power Supply(SMPS)가 개발되었고 현재 대부분의 Power는 Switching Mode Power Supply(SMPS)을 사용하고 있다. 물론 효율도 좋다.

SMPS는 60Hz 대신 80kHz 이상의 높은 주파수를 사용한다. 220V 60Hz 신호를 정류 회로 이용해 거의 DC 전압을 만들고 80kHz 정도의 Switching Pulse을 이용해 1차 측 Transformer을 On Off 시켜 2차 측엔 80kHz 정도의 AC 전압이 만들고, 정류해 5V DC 등을 얻는다. 이때 Pulse의 On Off 주기를 변화해서 출력 전력을 조절한다.

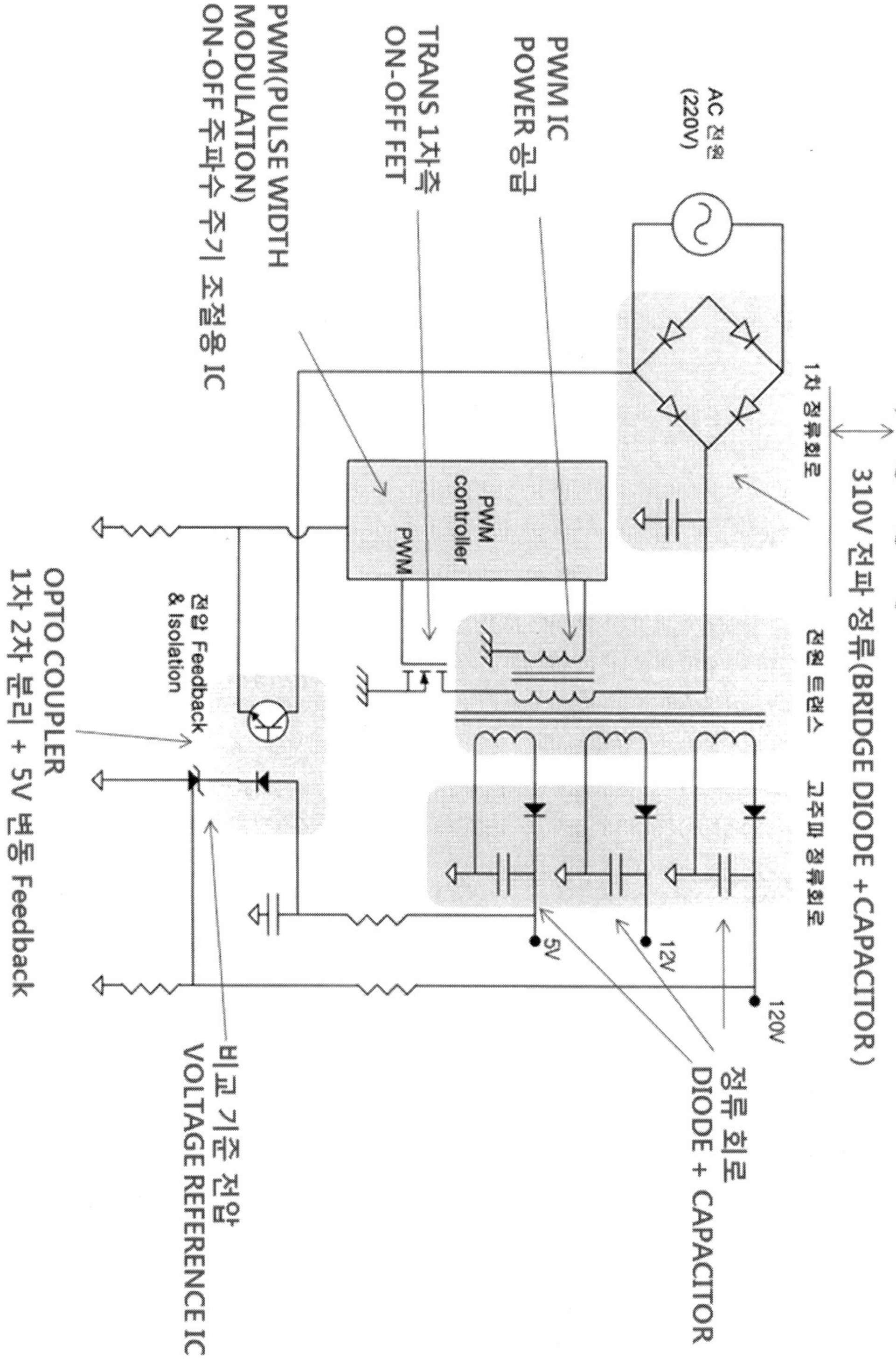
AC 전원
(220V)
PWM IC
POWER 공급
TRANS 1차측
ON-OFF FET
PWM(PULSE WIDTH
MODULATION)
ON-OFF 주파수 주기 조절용 IC
310V 전파 정류(BRIDGE DIODE +CAPACITOR)
1차 정류회로
전원 트랜스
고주파 정류회로
PWM
controller
PWM
120V
12V
5V
정류 회로
DIODE + CAPACITOR
전압 Feedback
& Isolation
OPTO COUPLER
1차 2차 분리 + 5V 변동 Feedback
비교 기준 전압
VOLTAGE REFERENCE IC

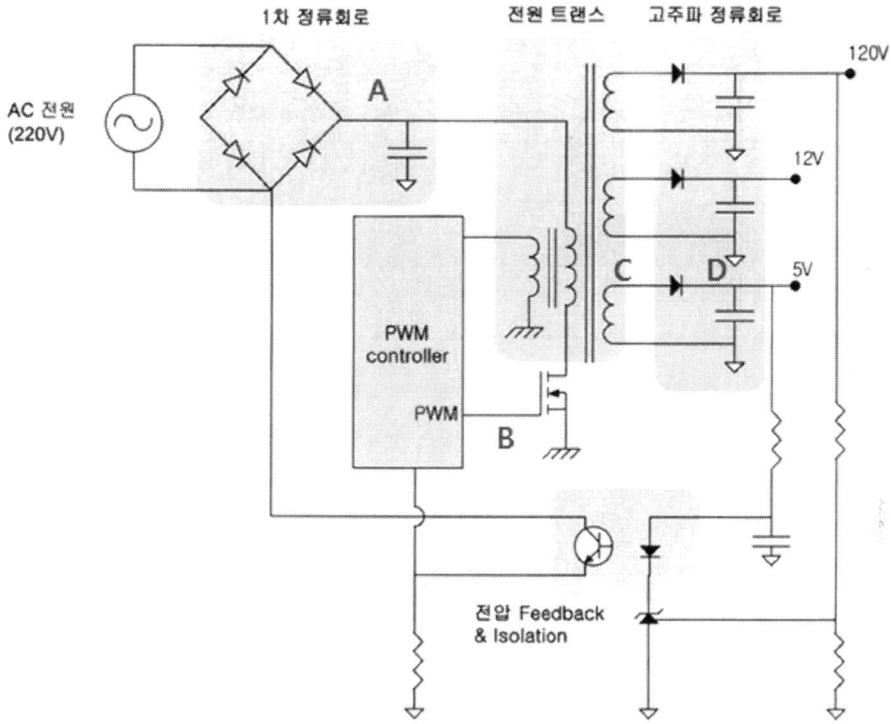

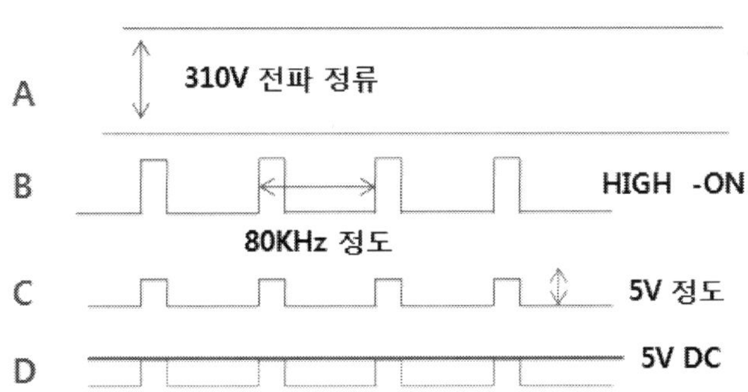

위 그림은 A, B, C, D점에서의 전압 파형을 표시한다.

A - Bridge 정류회로로 310V 정도의 DC전압을 출력한다.

B - PWM IC에서 Transformer 1차 측 ON OFF Pulse를 만든다.
ON 될 경우 2측으로 Power 전달하고 OFF 시 Power 전달 없다.
ON 시간이 길면 Power 전달 많아지고 전류가 많이 흐를 수 있다.

C - Transformer 2차 측 전압 DC 전압에 맞게 2차 측 권선비 조정한다.

D - Diode 정류 회로로 DC 만든다.

5V 전류 소모가 많아 전압이 낮아질 경우

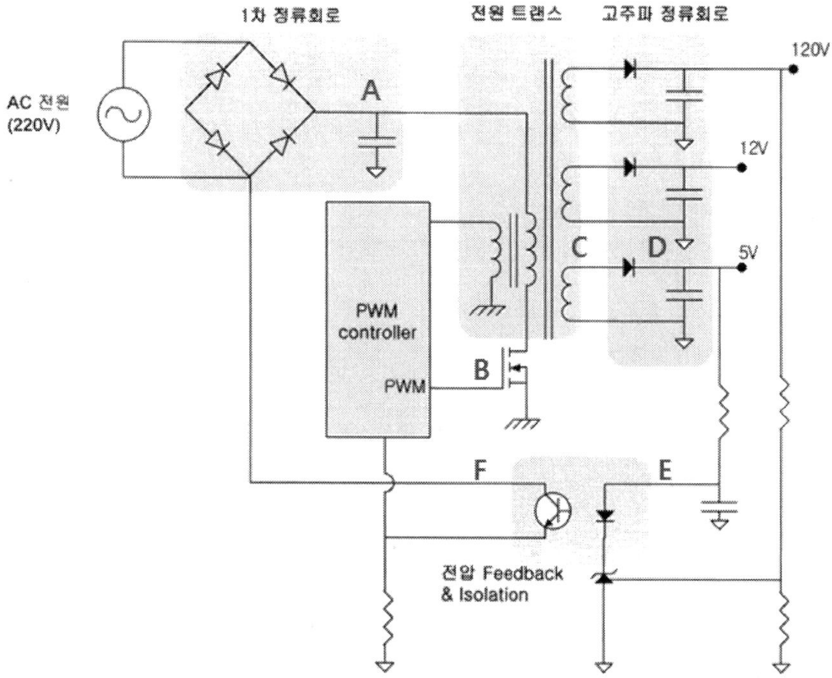

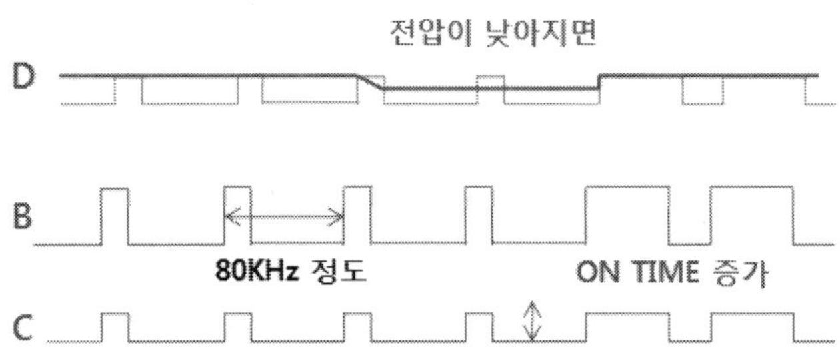

(1) 5V(D)가 작아지면

(2) Optocoupler 입력 전압(E)가 작아지고 출력(F)가 작아진다.

(3) PWM IC는 PWM 출력폭(B)을 키운다.

(4) On 시간이 길어져 더 많은 POWER가 전달되어 5V가 회복된다.

예제 7-2-1

출력 5V가 커질 경우 5V로 회복되는 과정을 설명하시오.

5V Adpaptor SMPS 예

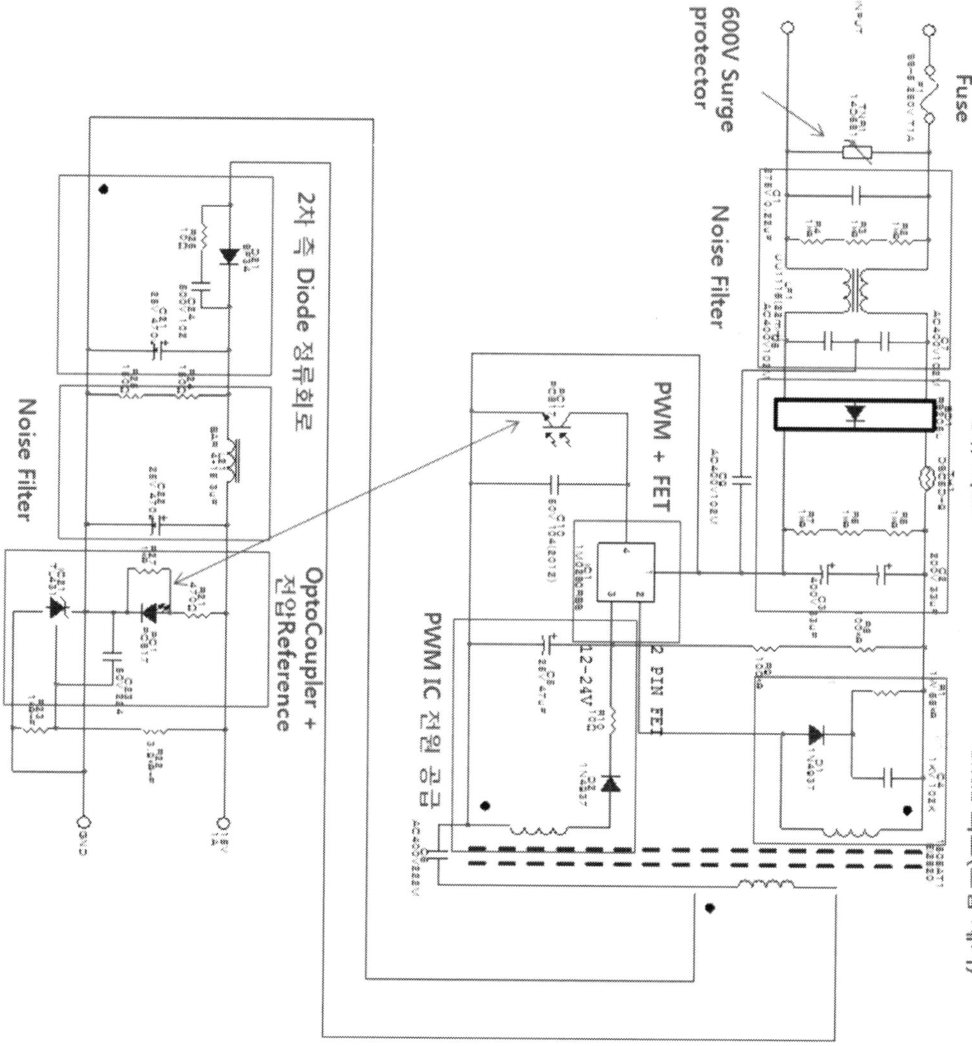

문제풀이 | ANSWER

Linear IC

예제 7-1-1

위 경우 권선비는?

$$\frac{N_2}{N_1} = \frac{8}{310} = 38.75 \rightarrow 38:1$$

CHAPTER 8 발진기(Oscillator)

전자 회로의 가장 기본이 되는 신호인 Clock 신호를 만드는 Oscillator에 대해 살펴본다.

8.1 Oscillator 동작 원리

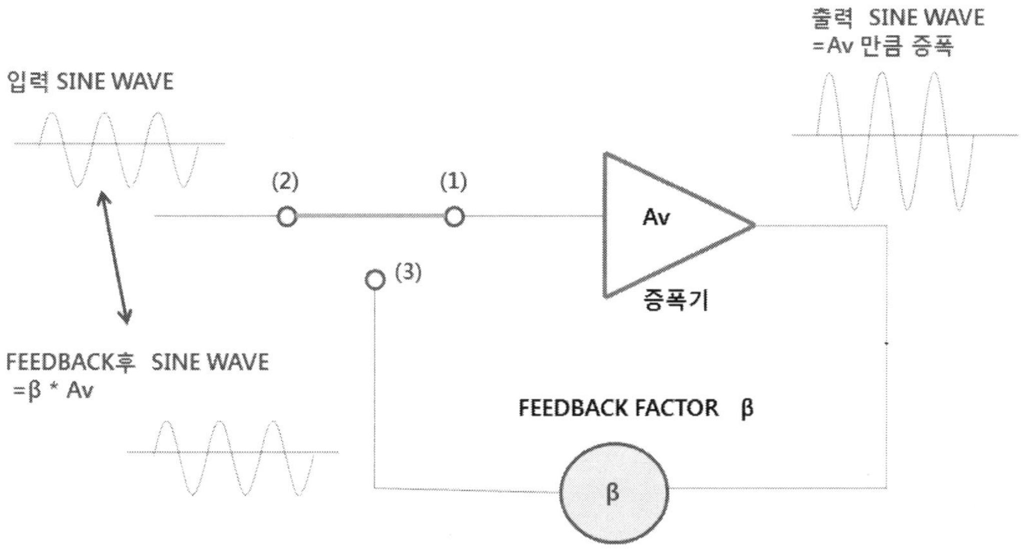

(1)과 (2)가 연결되어 있는 경우

출력은 증폭기의 증폭률 A_V만큼 증폭되어 출력에 나타난다.
Feedback 회로가 연결되어 있으면 Feedback 후는 $\beta * A_V$배만큼 나타난다.

이 경우 입력과 Feedback 후 신호의 크기 위상이 같으면

(1)과 (2)로 연결된 것을 (1)과 (3)으로 연결이 바뀌어도 출력은 계속될 것이다.

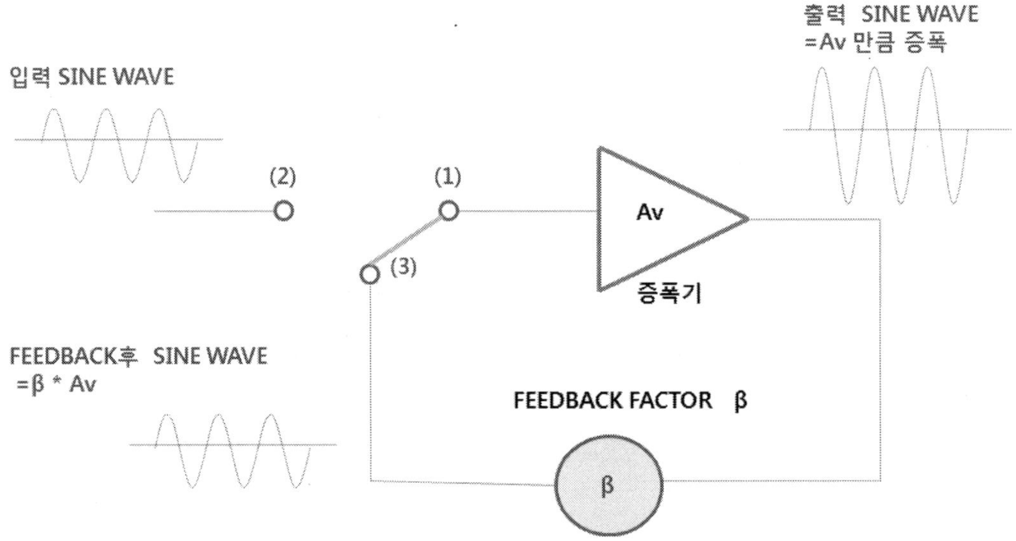

입력 신호가 없어도 출력이 계속 나온다. 이것을 발진 Oscillation이라 한다.
이 경우 Feedback 신호는 입력과 같은 부호이다. 즉 Positive Feedback이다.

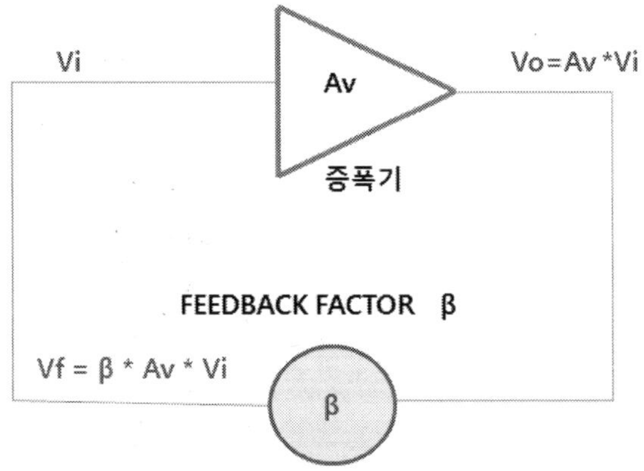

V_i가 FEEDBACK 후 $V_f = \beta * A_V * V_i$와 크기 위상이 같을 때 발진이 일어난다. $\beta * A_V \geq 1$ 조건을 바크하우젠의 발진조건이라 한다.

8.2 이상형 발진기

아래 회로는 이상형 발진기의 회로를 나타낸다. Amp는 증폭과 위상 180도 반전을 이루는 반전 증폭기이다.

출력에 연결될 RC는 출력 파형의 위상을 60도씩 변화시킨다. 따라서 동일한 RC 회로 3개를 거치면 180도 위상 변화가 생긴다. 결과적으로 360도 위상 변경이 이루어져 발진이 된다.

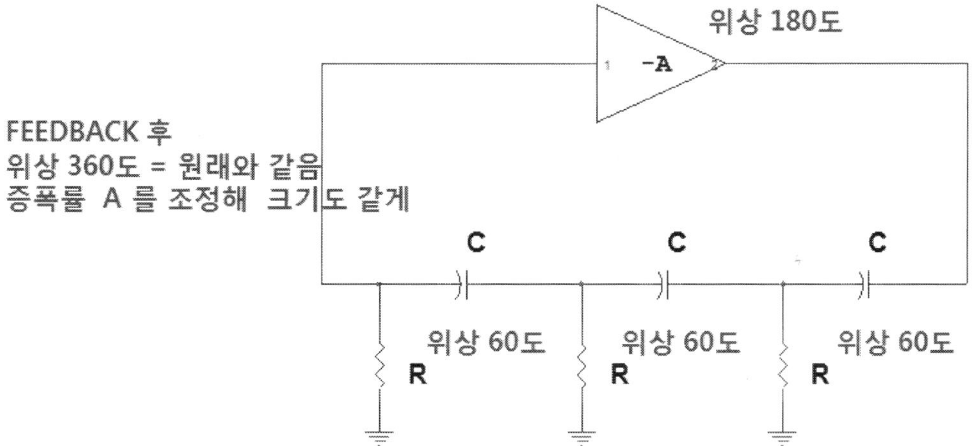

발진주파수	$f = \dfrac{1}{2\pi RC\sqrt{6}}$
증폭률	$A > 29$

8.3 발진기들

위상 변화를 L과 C의 조합으로 구성한 발진기 형태를 콜피츠 발진기, 하틀레이 발진기라고 한다.

콜피츠 발진기

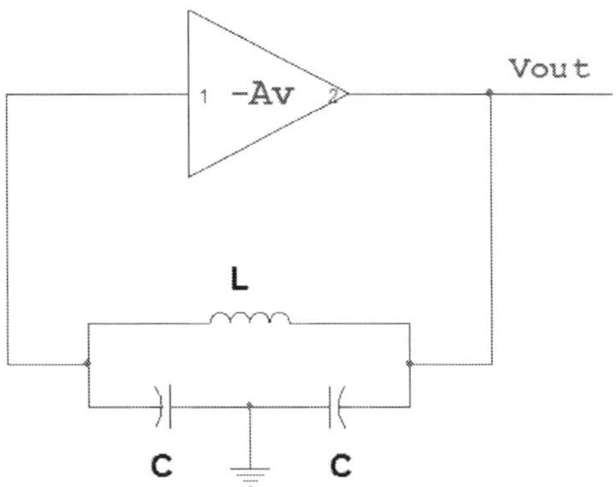

하틀레이 발진기

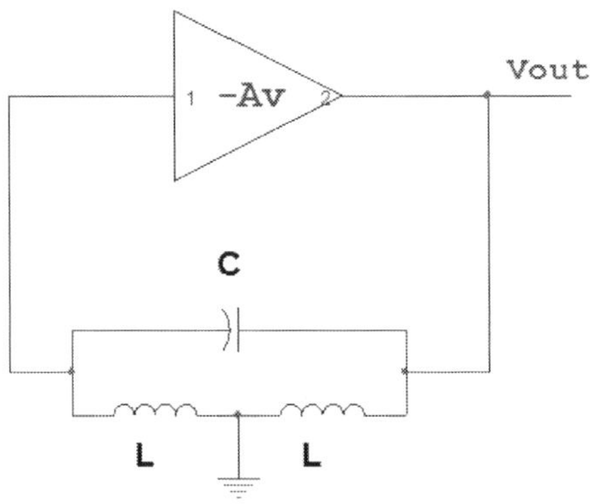

8.4 수정 발진기 Crystal Oscillator

앞의 발진기들은 R, L, C을 사용한다. 이 부품들은 오차가 있다. 표준 저항의 경우 약 5% 정도이다. 보다 정밀한 Clock을 만들기 위해 사용하는 것이 Crystal 발진기이다. Crystal 발진기의 경우 오차가 10ppm 정도이다.(ppm = part per million, 백만분의 1 10ppm = 백만분의 10 = 0.000001 = 0.0001 % 오차)

Crystal의 모양과 회로기호 및 등가회로는 아래 그림과 같다.

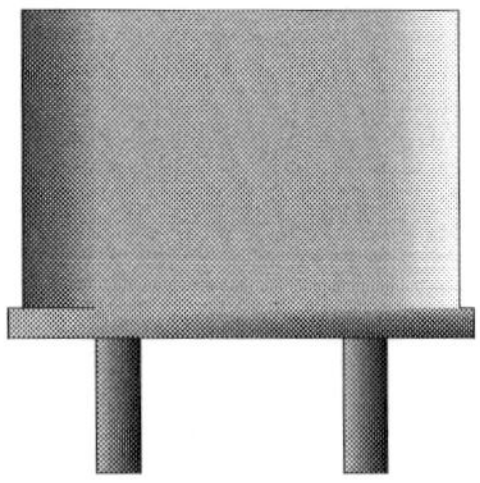

외곽 모양

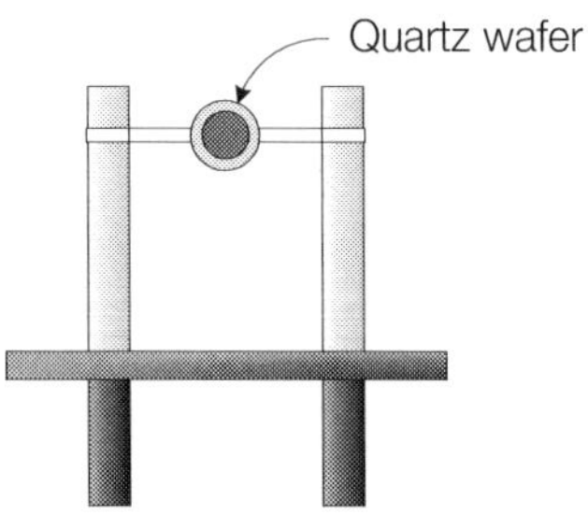

내부 모양

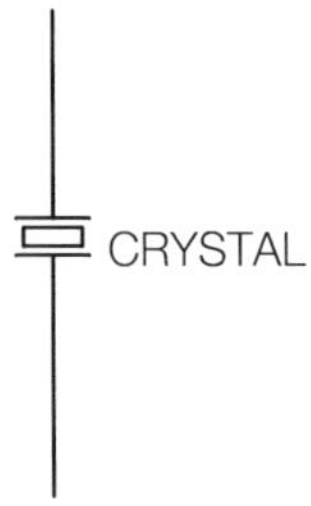

회로기호

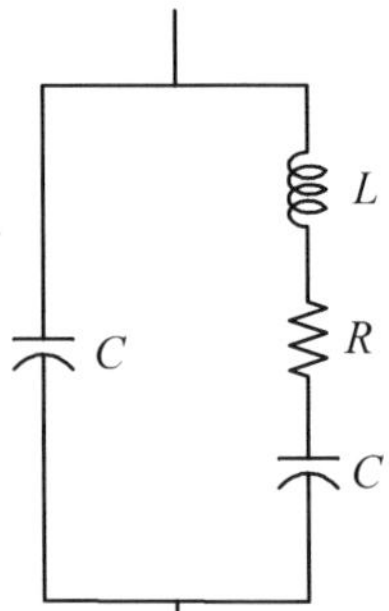

등가회로

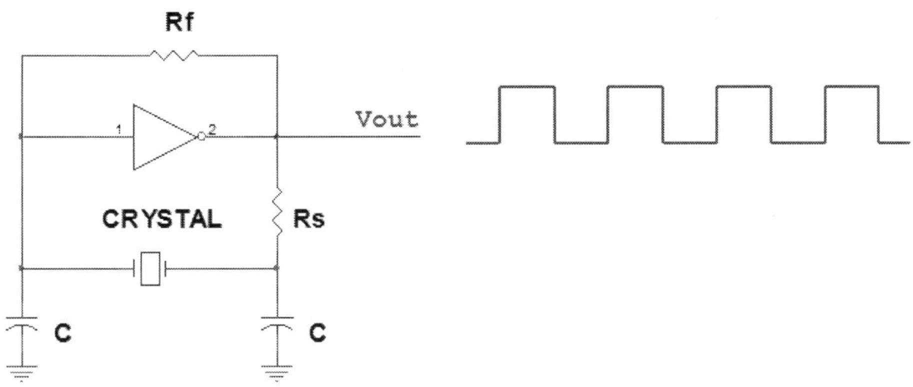

Oscillator회로

위의 그림은 Crystal을 사용한 일반적인 발진 회로이다.

NOT gate(Inverter)와 Crystal을 사용한다.

발진 주파수는 Crystal 제작시 정해진다.

Capacitor C는 Crystal Spec에 따라 다르나 보통 10~20pF의 값을 사용한다. 발진 안정을 위한 Rf 값은 〉1MΩ 이상 값을 주로 사용한다. Rs 값은 거의 0Ω을 사용한다.

Crystal 발진 회로는 10MHz 이상의 높은 주파수를 만들기 때문에 굉장히 민감하다. 이런 문제를 근본적으로 해결하기 위해 "Crystal 발진 회로를 하나의 부품 Packaging한 것을 Oscillator" 라고 한다.

외부에 5V Ground만 연결해주면 Clock 이 발생한다.

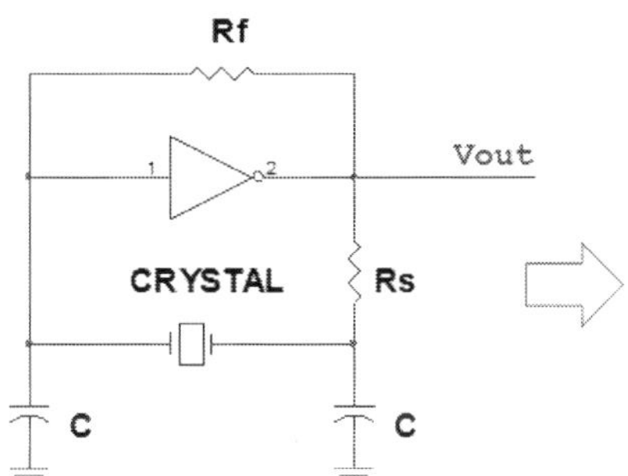

Metal Can type

Surface Mount

참고로 아래 그림은 Crystal 발진기를 만드는 과정을 보여준다.

수정 원석

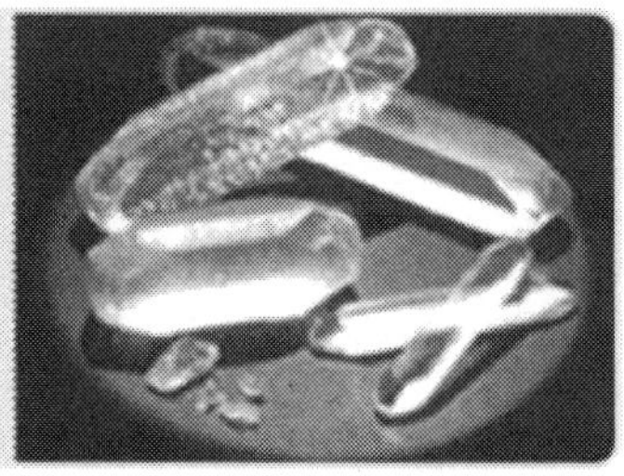

Wafer 절단

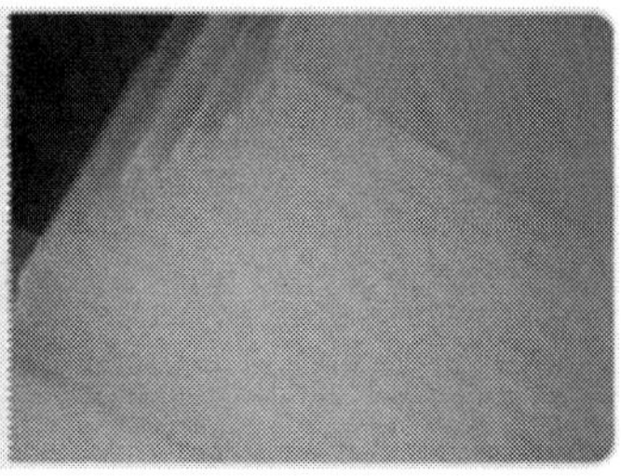

수정편 제작

전극막 형성

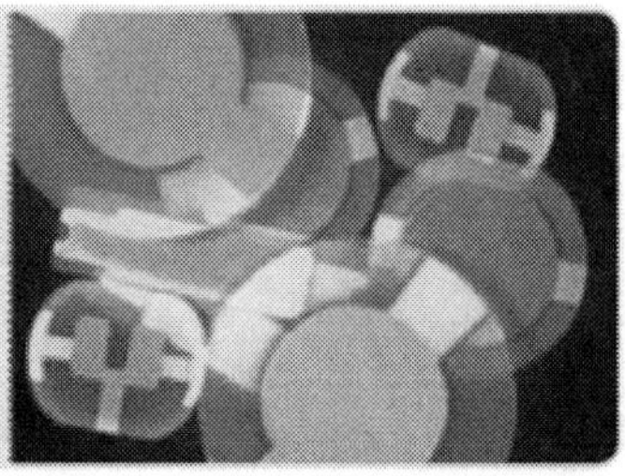

조립, 접착

수정 진동자 (ATS)

조립, 접착

수정 진동자 (HC-49/U)

조립, 접착

수정 발진자 (OSC, VCXO)

조립, 접착

수정 Filter (MCF)

제품 완성

수정 진동자 (ATS)

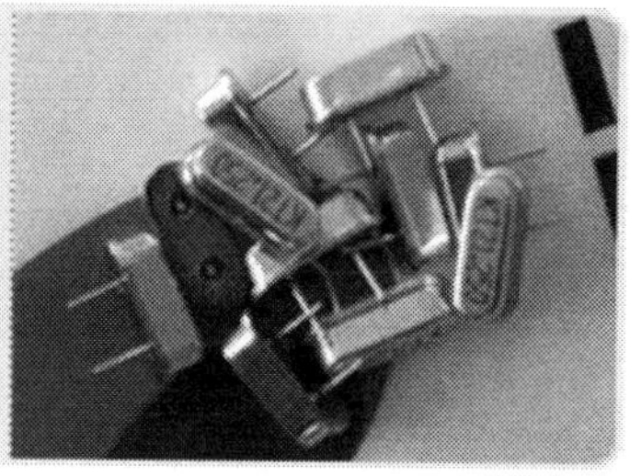

제품 완성

수정 진동자 (HC-49/U)

제품 완성

수정 발진자 (OSC, VCXO)

제품 완성

수정 Filter (MCF)

참고 : www.sunny.co.kr

저 자 소 개

유 근 형 (han84726@dongyang.ac.kr)

- □ 서울대학교 전자공학과 공학사
- □ KAIST 전자공학과 공학석사
- □ LG전자 정보기기연구소 책임연구원
- □ 한아텍 대표
- □ 現 동양미래대학 전자과 교수

안 태 원 (twahn@dongyang.ac.kr)

- □ 서울대학교 전자공학과 공학사
- □ 서울대학교 전자공학과 공학석사
- □ 숭실대학교 전자공학과 공학박사
- □ 삼성전자 반도체 SYSTEM LSI 책임연구원
- □ 現 동양미래대학 전자과 교수

저자와의
협의에 의해
인지 생략

Linear Integrated Circuit

선형 IC 실무이론

1판 4쇄 2016년 8월 25일

저 자	유근형 / 안태원
발행인	송광헌
발행처	복두출판사
주 소	서울특별시 영등포구 경인로82길 3-4 센터플러스 807호 (우) 07371
전 화	02-2164-2580~1
FAX	02-2164-2584
등 록	1993. 11. 22. 제 10-902 호

정가 : 15,000원

ISBN : 978-89-8000-651-9 93560

한국과학기술출판협회 회원사